大阪大学出版会

理工系の量子力学

掛下知行 KAKESHITA Tomoyuki

糟谷 正 KASUYA Tadashi

中谷亮一 NAKATANI Ryouichi

序
―夜空の星はなぜ見えるか―

　今から110年ほど前の1905年に，アインシュタインは現代の科学技術の基礎のみならず思想にも大きな影響を及ぼす三つの論文を発表しました．その論文は，読者の皆様もご存知のように，光電効果の理論，ブラウン運動の分子運動学理論そして特殊相対論であります．このうち，光電効果の理論に対して1921年にノーベル物理学賞が授与されました．

　著者のひとりは，高校時代にこのアインシュタインの考えに触れさせ，感動を与えてくださった先生のことを思い出します．先生は授業で突然に「北極星はほぼ1000光年（現在ではおよそ433光年）のかなたにあるから，平安時代に放たれた光を見ていることになりますね．ところで君たちは，夜空の星がなぜ見えるか考えたことがありますか」と言われました．私は，先生の真意を理解しておらず，なんて当たり前のことを聞くのだろうと思い，「光は波でそれが宇宙空間を伝わるからです」と答えました．先生は，「それはある意味で正しいですね」とにこやかに答えられ，「では光を波として考えると北極星から放たれるエネルギーはどのくらいになりますか」と問われました．誰も答えることができないのを見て，「いつか考えてみてください」と言われました．しばらくこのことを忘れていましたが，大学時代にふと思い出し，計算をしてみて，はじめて先生の真意を理解するとともに，今では当たり前となっている量子論に基づく現象（半導体，磁石，超伝導，化学反応，原子の存在等）が，私たちの身のまわりに見られることを知りました．実に，学生に興味をわかせる名講義でありました．

　その私が，現在，3人の先生方とともに，大学で材料系教室の学部2年生に量子力学の講義をしています．名講義とは程遠いのですが，その授業を通

して，学生諸君がわかりにくいところや，自分自身が学生のときにわからなかった量子力学の基礎をできるだけ丁寧に書きました．特に，すべての物理量がエルミート演算子に対応することと不確定性原理があげられますが，これらは，古典物理学には現れないこともあり，著者らもそうですが，学生諸君にはわかりにくいところです．また，この本の内容の流れは，一電子系，多電子系，多原子系の順に展開しています．これは，実際の材料としての固体は，多原子系であることを意識したものです．さらに，量子力学を学ぶにあたって，学生諸君にはこれだけは理解してほしいという基礎事項や基礎問題を精選し，計算過程はほぼ省略せずかつ詳細に記しました．これらの内容と過程が，量子力学の基礎をなす考えの把握につながることはもちろんのこと，量子力学と同じように学ばなくてはならない線形代数，フーリエ級数，微積分，常微分・偏微分方程式，複素関数等の理解にもつながるからと考えているからです．さらに，近い将来，計算科学がAIとともに発展し，新規機能性材料の予測が可能となる（マテリアルデザインとかマテリアルインフォーマティクスと呼んでいる分野です）ことから，それを手段として使用する際の基礎にもなると思っているからなのです．

　最後になりましたが，不備や誤植等はもちろんのこと内容に関するご意見も読者諸賢から頂くことができれば幸いです．

　また，本書の成立につきまして，大阪大学出版会，編集部の栗原佐智子様，藤村行俊様（旧株式会社ピアソン桐原）を始め多くの方にいろいろとお世話になりました．ここに，厚く謝意を表明します．

2018年4月1日

掛下　知行
糟谷　　正
中谷　亮一

目　　次

序 ………………………………………………………………………… iii

第1章　量子力学の歴史と理工系分野への貢献 ……………………… 1
1.1　量子力学の誕生 ………………………………………………… 1
1.2　理工系分野と量子力学 ………………………………………… 3

第2章　量子力学の基礎原理 …………………………………………… 5
2.1　ド・ブロイの物質波およびシュレディンガー方程式 ……… 5
2.2　物理量と演算子 ………………………………………………… 11
2.3　量子化の手続き ………………………………………………… 13
2.4　波動関数の意味 ………………………………………………… 16
　　2.4.1　波動関数の解釈と議論 …… 17
　　2.4.2　波動関数のボルンの解釈 …… 21
2.5　例題：1次元箱型ポテンシャル ……………………………… 23
2.6　重ね合わせの原理 ……………………………………………… 27
2.7　不確定性原理 …………………………………………………… 35

第3章　具体的問題 ……………………………………………………… 39
3.1　周期的境界条件 ………………………………………………… 39
3.2　ブロッホの定理とクローニッヒ-ペニーモデル …………… 46
3.3　1次元調和振動子 ……………………………………………… 58
3.4　矩形型ポテンシャル問題 ……………………………………… 68

第4章 水素原子1（球面調和関数） ································· 79
- 4.1 シュレディンガー方程式と極座標表示 ························· 79
- 4.2 ルジャンドルの多項式 ···································· 84
- 4.3 ルジャンドルの陪多項式 ·································· 92
- 4.4 球面調和関数 ·· 94
- 4.5 球面調和関数と角運動量 ·································· 99

第5章 水素原子2（動径波動関数） ································ 101
- 5.1 動径方向のシュレディンガー方程式 ························· 101
- 5.2 動径波動関数 ·· 106
- 5.3 水素原子の波動関数 ······································ 114
- 5.4 水素原子のまとめ ·· 119

第6章 エルミート演算子と交換子 ································· 121
- 6.1 エルミート演算子 ·· 121
- 6.2 ディラックのデルタ関数と位置演算子 ······················· 127
- 6.3 物理量の期待値 ·· 130
- 6.4 演算子の交換関係 ·· 132
- 6.5 不確定性原理の数学的表現 ································ 139
- 6.6 生成，消滅演算子 ·· 146
- 6.7 演算子の行列表示 ·· 153

第7章 角運動量 ··· 157
- 7.1 角運動量演算子 ·· 157
- 7.2 昇降演算子 ·· 162
- 7.3 ボーア磁子 ·· 167
- 7.4 ゼーマン効果 ·· 172
- 7.5 スピン角運動量 ·· 174
- 7.6 角運動量の合成 ·· 177

7.7 合成角運動量の固有関数 ··· 184

第 8 章　多電子系 ·· 189
8.1 多電子系のハミルトニアン ··· 189
8.2 対称な波動関数と反対称な波動関数 ····································· 195
8.3 パウリの原理 ··· 199
8.4 周期律表 ··· 204
8.5 フントの規則 ··· 208

第 9 章　多原子系　―水素分子― ·· 211
9.1 水素分子のシュレディンガー方程式 ····································· 211
9.2 エネルギーの計算 ··· 216
9.3 スピンも考慮した波動関数 ··· 221

第 10 章　近似解法 ··· 225
10.1 摂動法 ·· 225
 10.1.1 時間に依存しない摂動法……225
 10.1.2 ヘリウム原子への摂動法の適用……231
 10.1.3 水素原子に電場を印加したときの電気分極
  ―シュタルク効果（Stark effect）―……237
 10.1.4 時間に依存する摂動論……241
 10.1.5 遷移の選択則（1 次元調和振動子）……245
 10.1.6 遷移の選択則（水素原子）……246
10.2 変分法 ·· 250
 10.2.1 変分法の概要……250
 10.2.2 ヘリウム原子への変分法の適用……251

第 11 章　材料の物性と分析 ··· 257
11.1 半導体 ·· 257

11.1.1　不純物の影響……257
　　11.1.2　p-n 接合……259
　　11.1.3　発光ダイオード……260
　　11.1.4　トンネルダイオード……261
　　11.1.5　半導体レーザー……263
　11.2　磁　性……263
　　11.2.1　磁性材料……263
　　11.2.2　室温における強磁性体材料……264
　　11.2.3　結晶場，軌道角運動量の消失……265
　　11.2.4　合金の磁気（双極子）モーメント……268
　11.3　超伝導……273
　11.4　特性 X 線……276
　11.5　電子線，電子顕微鏡……278
　11.6　光電子分光法およびその他の分光分析……282

付録 A　古典物理学の問題点……285
　A1　空洞放射……285
　A2　光電効果……289
　A3　ボーアの量子化条件と水素原子モデル……294
　A4　ド・ブロイの物質波……301
　A5　物理定数と記号……303
　付録 A の問題解答……306

付録 B　本文中の問題解答……311

付録 C　参考書……351

索引……353
執筆者紹介……356

第1章

量子力学の歴史と理工系分野への貢献

　この章では、量子力学誕生の経緯について簡単に触れ，その量子力学が特に理工系の分野においてとても大切な学問であることについて述べる．

1.1　量子力学の誕生

　19世紀の代表的な産業に鉄鋼業がある．鉄は，当時から最も重要な素材の一つであり，高品質な鋼材を製造するため，技術者は日夜努力を重ねていた．鉄を作るためには原料である鉄鉱石を溶かす工程が必要であるが，高品質な鋼材製造のためには溶鉱炉内の温度を正確に知る必要があった．すなわち，溶鉱炉内から出る光の波長と温度の関係を求めること，これが量子力学形成のきっかけの一つとなる空洞放射の問題である．この問題を通して得られた成果は，この問題が古典電磁気学では解決できず，新たな物理の存在を示唆していることがわかったことである．この物理として，「振動数νの光の放射吸収に際し，光は連続的なエネルギー値をとることが出来ず，$h\nu$の整数倍（hはプランク定数）の値，すなわち離散的な値でしかやり取りできない」，という仮説が得られたことである．この仮説は，プランク（Max Planck）の量子仮説（1900年）と呼ばれているが，なぜこのような考えが成り立つのかについては，彼自身解答を持ち合わせていなかった．しかし，エネルギーという物理量は連続的な値をもつ，とそれまで考えられていたため，それは革命的な考えであった．

空洞放射に続き，古典物理学では説明できない例として，光電効果がある．光電効果とは，金属の表面に光を当てたとき，金属から電子が飛び出す現象であるが，ある振動数 ν_0 より低い振動数 ν の光を金属表面に当てた場合，その光がどんなに強くても光電効果が起きず，逆に，$\nu > \nu_0$ ならば，どんなに弱い光を当てても光を当てた瞬間電子が飛び出す，という性質があることがわかった．古典物理学では，光のエネルギーはその振幅の2乗に比例する．そのため，振動数の値にかかわらず十分強い光を当てると電子が飛び出すものと期待されるが実際はそうではなかった．このような特徴をもつ光電効果を説明するために，アインシュタイン（Albert Einstein）(1879–1955, ドイツ)は，1905年に，光は粒子，すなわち光子であると考え（アインシュタインの光子説），光子1個あたりのエネルギー E は $h\nu$ で与えられるとした．また，このこととアインシュタインの特殊相対論を考慮して，運動量 p は，$p = \dfrac{h\nu}{c} = \dfrac{h}{\lambda}$ となることを導いた．c は光速を，λ は波長を表す．すなわち，光子は運動量をもつことになる．運動量をもつということは，静止している電子に光子を当てると，衝突後の光子と電子は，運動量保存則とエネルギー保存則で記述できるはずである．これを実験的に確認したのがコンプトン（Arthur H. Compton）(1892–1962, アメリカ)であり，これをコンプトン効果（1923年）と呼ぶ．

水素原子のスペクトルも同様に，古典物理学では説明できなかった問題である．具体的には，水素原子から出てくる光を分光器で観測すると，ある波長のところにだけ輝線とよばれる線スペクトルが現れる．つまり，水素原子から出てくる光の波長は決まっていて，古典電磁気学から予想される連続スペクトルではない．また，水素原子の古典モデルではもう一つ問題点がある．それは，電子が円運動しているときには，電磁波を発生しその分エネルギーが散逸することに起因する問題である．すなわち，電子のもつ力学的エネルギーは，次第に減少し，その結果，電子軌道半径 r が小さくなり，最終的には，$r = 0$ となり，水素原子がつぶれてしまう，という結論を得ることになる．このことは，古典物理学では，水素原子が安定的に存在できないこ

とになる．

　これらの問題点に対し，ボーア（Niels Bohr）$^{(1885-1962,\text{デンマーク})}$は仮説（1923年）を導入することで現象論的な解決をはかった．この仮説は，エネルギーが連続的でないという水素スペクトルデータを考慮して，電子の軌道も連続的には変化できないという，古典物理学にはない新たな電子軌道に関する条件を述べたものである．しかしながら，ボーアは，なぜこのような仮定を置くのか，その背景については説明していない．それは，ド・ブロイ（Louis–Victor Prince de Broglie）$^{(1892-1987,\text{フランス})}$が物質波という考えを提唱するまで待たなければならなかった（1924~1925年の学位論文）．すなわち，ある運動量 p をもつ電子は，$\lambda = \dfrac{h}{p}$ で与えられる波動の性質をもつのではないか，という概念である．

　以上に示した経緯を経て，シュレディンガー（Erwin Schrödinger）$^{(1887-1961,\text{オーストリア})}$が，量子（電子・原子等）が満たす波動方程式を1926年に導出した．現在までこの式から得られる結果に反するものは見つかっていない．この学問を量子力学と呼んでいるが，現在でも議論があり，熱力学と同様に完全な学問と言い切るまでに至っていない．

　なお，上記に述べた量子力学形成に関する歴史的問題について，付録Aに詳しく書いたので，ぜひ一度目を通していただきたい．

1.2　理工系分野と量子力学

　いまだ完全な学問と言い切るに至らないまでも，量子力学は，原子構造などのミクロな現象を理解するだけではなく，材料のマクロな特性を理解する上でも必要なものである．そのため，理工系の分野において量子力学はきわめて重要な学問であり，その恩恵を多大に受けている．

　p型・n型半導体，青色発光ダイオード，レーザー発振などの半導体材料の開発は，今日の情報化社会をもたらしたが，これら材料の物性の理解や創

製には量子力学の知識が不可欠である．鉄は磁石にくっつくが，今日の磁性材料は単純な鉄ではなく，いろいろな用途に応じた材料（Fe-Nd-B，Sm-Co）が開発されており，電力の省エネルギー化に貢献している．また，エネルギー輸送に大いなる夢を与える高温超伝導材料の開発が望まれている．これら磁性材料ならびに超伝導材料の物性の理解や創製にも量子力学の知識は不可欠である．さらには，量子力学などの基本原理の習得から始めて，経験則に頼らずに物理現象の解明や新たな材料開発（マテリアルデザイン，あるいはマテリアルインフォーマティクス）を計算で行うことが，計算機の性能の飛躍的向上もあり，可能になりつつある．これは，材料の物性が，古典力学に量子力学（場合によっては相対論）を加えることで，その本質が理解できる，という確信があるからであり，実際それは正しいと思われる．しかしながら，過信することは危険である．計算どおりの物性をもつ材料であるかを検討するためには，その材料を正確に分析評価する必要がある．この評価として，X線・電子線回折や，電子顕微鏡などでの観察があげられる．これらの分析原理と解析にも量子力学の知識が必要になる．

　このように，理工系を志す者にとって，量子力学の習得は必要不可欠なものになっている．

　なお，上記に述べた半導体，磁性，超伝導材料の物性の量子力学による解釈を第11章に紹介した．ただし，これら材料は，それだけで本が何冊も書けるきわめて範囲の広い分野である．興味をもった読者は，ぜひさらなる学習に進んでほしい．また，第11章の最後には，X線や電子線顕微鏡などによる分析原理を，量子力学の知識をもとに解説した．一度目を通していただきたい．また，巻末の付録Cに量子力学の参考書を載せている．

第2章

量子力学の基礎原理

　この章では，電子が満足するべき波動方程式，いわゆるシュレディンガー方程式を導出する．量子力学は，シュレディンガー方程式が正しい，とするところから始まるのであり，以下の内容は，読者にできるだけ納得してもらえるようにするためのものである．したがって，必ずしもシュレディンガーの導出に沿っているわけでもなく，また，シュレディンガー方程式を，より基礎的な理論から導き出している，というわけでもないことを強調しておこう．その後，物理量は演算子に対応することならびに波動関数の意味について述べる．以上の知識をもとに一つの例題を示し，その結果から，シュレディンガー方程式の線形性（重ね合わせの原理，不確定性原理の理解につながる）について紹介する．

2.1　ド・ブロイの物質波およびシュレディンガー方程式

　まずは，代表的な波動である電磁波について述べることとし，その後，その類推からシュレディンガー方程式を導出することにする．

　ここでは，電場 E' を例にとる（E' としたのはエネルギーとして使用する E と重ならないようにするためである）．また，c を光速とする．

　電場の位置 (x) と時間 (t) に関する情報は，マックスウェル方程式より得られる．すなわち，

$$\frac{1}{c^2}\frac{\partial^2 E'}{\partial t^2} = \frac{\partial^2 E'}{\partial x^2} \tag{2.1-1}$$

となる．この解を求めるために，

$$E' = E'_0 \sin(kx - \omega t) \tag{2.1-2}$$

と置き，(2.1-1)式に代入すると，

$$\text{左辺} = -(\omega/c)^2 E', \quad \text{右辺} = -k^2 E' \tag{2.1-3}$$

となる．左辺＝右辺とすると

$$\omega^2 = c^2 k^2 \tag{2.1-4}$$

すなわち，$\omega = ck$ を得る．k は波数と呼ばれるもので，単位長さ当たりの波の数なら，$k = 1/\lambda$ となるが，一般には，$k = 2\pi/\lambda$ で定義される．この場合，(2.1-2)式からわかるように，ちょうど波長分 x がずれた位置では，E' の値は同じになる．ω は角振動数なので振動数 ν とは，$\omega = 2\pi\nu$ の関係がある．そのため，$\omega = ck$ は，$c = \nu\lambda$ となり，これは高等学校で習う波動の公式（速さを v，振動数を f とすると，$v = f\lambda$）である．k と ω の関係は分散関係と呼ばれていて，電場 E' が満たすマックスウェル方程式からこの分散関係が出てくることがわかる．

この分散関係がきわめて重要であると考えたシュレディンガーは，電子の状態を表す波動関数 ψ（E' に対応する）が満たすべき方程式は，電子の分散関係が出てくるような方程式に違いない，と考えた．ここで，波動関数 ψ が何を意味しているのかは，後に述べることとし，ここでは深く考えないこととしよう．

では，電子における分散関係とは何であろうか．それこそ，ド・ブロイが，1924～1925年の彼の学位論文で提唱した物質波の概念から導かれるものであると考えられる．それを以下に簡単に述べよう．詳細に関しては，付録Aを参照していただきたい．

ド・ブロイがこの概念にたどり着いたのは，アインシュタインの光子説（1905年）がそのきっかけであった．アインシュタインの光子説では，波長と運動量（p）の関係は

$$p = \frac{h\nu}{c} = \frac{h}{\lambda} \tag{2.1-5}$$

となることを導いた．h はプランク定数（6.6261×10^{-34} J·S）を表す．アインシュタインによれば，ある波長（または振動数）の光は，ある運動量をもつ粒子の振る舞いをする，ということで，この粒子を光子と呼んだ．ド・ブロイは，この考えを逆に電子に適用してみた．つまり，ある運動量をもつ電子は，(2.1-5)式で与えられる波動の性質をもつのではないか，と考えたのである．すなわち，(2.1-5)式を変形して，

$$\lambda = \frac{h}{p} \tag{2.1-6}$$

とし，これが，電子に対して成り立つとした．以上が，ド・ブロイが提唱した物質波の概念である．

この概念を用いて，電子の分散を自由電子に対して求めてみよう．運動量である p は，k を用いると，$p = \hbar k$ となる．ただし，$\hbar = h/(2\pi)$ であり，ディラック定数とも呼ばれることもある．一方，エネルギー E は，電子が波動の性質をもつと考えるので，$E = h\nu = \hbar\omega$ である．電子が自由に運動している状態を考えると，このエネルギーは，電子の質量を m_e とすると，電子の運動エネルギー，$p^2/(2m_\mathrm{e})$ でもあるので，

$$E = \hbar\omega = \frac{p^2}{2m_\mathrm{e}} = \frac{\hbar^2 k^2}{2m_\mathrm{e}} \tag{2.1-7}$$

となる．(2.1-7)式は，自由電子における ω と k の関係を与えてくれる．

シュレディンガーは，波動関数 ψ が満たす方程式は，この分散関係を導

き出せるような方程式であると考えた．そこで，しばらく1次元問題とし，波動関数 ψ なるものを考え，$\psi = A \sin(kx - \omega t)$ とし，$\hbar\omega = \hbar^2 k^2/(2m_\mathrm{e})$ が導出できるようにしてみよう．(2.1-7)式を見ると，右辺に k^2 がある．この k^2 を引き出すために ψ を x で2回微分すると，

$$\frac{\partial^2 \psi}{\partial x^2} = -k^2 A \sin(kx - \omega t) \qquad (2.1\text{-}8)$$

を得る．次に，(2.1-7)式左辺の ω を引き出すために，t で1回微分すると，

$$\frac{\partial \psi}{\partial t} = -\omega A \cos(kx - \omega t) \qquad (2.1\text{-}9)$$

となる．しかし，これでは，sin 関数，cos 関数であるため，等号で結びつけることができず，ψ が満たすべき方程式を導くことができない．すなわち，このままでは，ド・ブロイの関係式から出てきた分散関係(2.1-7)式が出てこないのである．電磁波の場合の(2.1-4)式と比較してみるとわかるように，(2.1-7)式の場合，座標 x と時間 t の微分回数をそれぞれ2回，1回と，互いに異なる回数にしなければならず，三角関数では方程式を導出できないのである．シュレディンガーは，当初悩んだようであるが，この問題を解決するために，微分しても関数形が変わらないようにと，波動関数 ψ を複素数まで広げることとした．すなわち，

$$\psi = A \exp\{\mathrm{i}(kx - \omega t)\} \qquad (2.1\text{-}10)$$

と仮定して，再度実施してみた．k^2 を引き出すために x で2回微分し，

$$\frac{\partial^2 \psi}{\partial x^2} = -k^2 A \exp\{\mathrm{i}(kx - \omega t)\} = -k^2 \psi \qquad (2.1\text{-}11)$$

を得る．次に，ω を引き出すために t で1回微分し，

$$\frac{\partial \psi}{\partial t} = -\mathrm{i}\omega A \exp\{\mathrm{i}(kx - \omega t)\} = -\mathrm{i}\omega \psi \qquad (2.1\text{-}12)$$

を得る．これら結果と，(2.1-7)式を見比べて，

$$\mathrm{i}\hbar \frac{\partial \psi}{\partial t} = -\frac{\hbar^2}{2m_\mathrm{e}} \frac{\partial^2 \psi}{\partial x^2} \qquad (2.1\text{-}13)$$

とすればよいことがわかる．以上は 1 次元の話であるが，3 次元へ拡張する場合は，

$$\mathrm{i}\hbar \frac{\partial \psi}{\partial t} = -\frac{\hbar^2}{2m_\mathrm{e}} \Delta \psi, \quad \Delta = \frac{\partial^2}{\partial x^2} + \frac{\partial^2}{\partial y^2} + \frac{\partial^2}{\partial z^2} \qquad (2.1\text{-}14)$$

とする．ここで Δ はラプラシアンと呼ばれる演算子である．このときのエネルギー E は，(2.1-7)式を参照して，

$$E = \hbar\omega = \frac{p^2}{2m_\mathrm{e}} = \frac{\hbar^2 k^2}{2m_\mathrm{e}} = \frac{\hbar^2}{2m_\mathrm{e}}(k_x{}^2 + k_y{}^2 + k_z{}^2), \ k^2 = k_x{}^2 + k_y{}^2 + k_z{}^2 \qquad (2.1\text{-}15)$$

とし，ψ を，

$$\psi = A \exp\{\mathrm{i}(k_x x + k_y y + k_z z - \omega t)\} \qquad (2.1\text{-}16)$$

と置けば，(2.1-14)式が満足される．(2.1-14)式が，波動関数 ψ が満たすべき方程式である．(2.1-14)式は，電子の運動エネルギーのみ考慮していたが，ポテンシャル V の中で運動している場合は，どうであろうか．シュレディンガーは，(2.1-15)式の代わりに，

$$E = \frac{p^2}{2m_\mathrm{e}} + V = \frac{\hbar^2 k^2}{2m_\mathrm{e}} + V \qquad (2.1\text{-}17)$$

と考え，

$$i\hbar \frac{\partial \psi}{\partial t} = \left(-\frac{\hbar^2}{2m_e} \Delta + V \right) \psi = \hat{H} \psi, \quad \hat{H} = -\frac{\hbar^2}{2m_e} \Delta + V \quad (2.1\text{-}18)$$

と置けばよいとした．これが求める方程式であり，シュレディンガー方程式と呼ばれている．

 ここまでの議論でわかったように，波動関数 ψ は複素数関数であるという点が特徴的で，これは，x と t の微分回数が異なるところからくる．では，複素数である ψ は，いったい何を表しているのであろうか．エネルギーや運動量，あるいは電子の位置 x など，いわゆる物理量はすべて実数で表されているはずである．複素数で表現されているわけではない．これは大きな問題であり，その詳細は第 6 章に示した．なお，(2.1-18)式中の $\hat{H}$ は，量子力学では特に重要で，ハミルトニアンと呼ばれているが，記号 H が帽子（ハット）をかぶっている形からエイチハットと読む場合もある．一般に，この山型の記号が上についている場合は，それが演算子であることを示している．$\hat{H}$ の場合は，Δ で微分する，V という値を掛け算する，という演算をすることを意味している．(2.1-18)式は，左辺が時間 t の微分を含んでいるので，「時間を含むシュレディンガー方程式」と呼ばれる．

 多くの場合，ポテンシャル V は座標のみの関数で時間に依存しない場合が多い．このとき，波動関数 ψ を変数分離の形に記述できる．すなわち，

$$\psi = f(t)\, \varphi(x, y, z) \quad (2.1\text{-}19)$$

とし，これを(2.1-18)式に代入すると，

$$\frac{1}{f(t)} i\hbar \frac{df(t)}{dt} = \frac{1}{\varphi(x, y, x)} \hat{H} \varphi(x, y, z) \quad (2.1\text{-}20)$$

となる．(2.1-20)式の左辺は時間のみの関数，右辺は座標のみの関数で，両者が等しいのは，左辺，右辺共に定数のときである．これを E と置く．このとき，

$$\mathrm{i}\hbar\frac{\mathrm{d}f(t)}{\mathrm{d}t} = Ef(t), \quad \therefore f(t) = \mathrm{C}\cdot\exp\left(-\mathrm{i}\frac{E}{\hbar}t\right) \quad (2.1\text{-}21)$$

$$\hat{H}\varphi(x,y,z) = E\varphi(x,y,z), \quad \hat{H} = -\frac{\hbar^2}{2m_\mathrm{e}}\Delta + V \quad (2.1\text{-}22)$$

となる.なお,この定数 E は(2.1-17)式で計算されるエネルギーである.(2.1-21)式における指数関数の引数部分を見ると,t の比例定数部分が,$-\mathrm{i}E/\hbar$ となっており,これにより $E/\hbar$ が角振動数 ω であることがわかる.つまり,$E = \hbar\omega$ となるので E はエネルギーである.(2.1-22)式は時間に依存しない形であるので,これを,「時間を含まないシュレディンガー方程式」と呼ぶ.

以上,得られたシュレディンガー方程式をここでまとめておこう.$\hat{H}$ が座標と時間の両方を含む場合は,以下の時間を含むシュレディンガー方程式となる.

$$\mathrm{i}\hbar\frac{\partial\psi}{\partial t} = \hat{H}\psi, \quad \hat{H} = -\frac{\hbar^2}{2m_\mathrm{e}}\Delta + V(x,y,z,t) \quad (2.1\text{-}23)$$

一方,$\hat{H}$ が座標のみを含む場合には,以下の時間を含まないシュレディンガー方程式となる.

$$\hat{H}\varphi = E\varphi, \quad \hat{H} = -\frac{\hbar^2}{2m_\mathrm{e}}\Delta + V(x,y,z) \quad (2.1\text{-}24)$$

ここで,(2.1-24)式の定数 E はエネルギーを表している.また,ψ は(2.1-19)式で記述される.

2.2 物理量と演算子

シュレディンガー方程式を導き出したときのことを,もう少し考えてみよ

う．時間を含まないシュレディンガー方程式(2.1-22)式は，$\hat{H}$をφに作用させると，φの前にEが出てくる形になっている．右辺のEはエネルギー，すなわち，ある数値であるが，左辺の$\hat{H}$は波動関数φに作用する演算子である．すなわち，波動関数φに演算子$\hat{H}$を作用させると，エネルギーEという数値が波動関数φの前に出てきたことになる．もともと，$\hat{H}$は，(2.1-17)式が出てくるような方程式を見出そうとした結果であるので，演算子$\hat{H}$はエネルギーEに対応しているとも考えられる．

　エネルギーはいわゆる物理量であるが，物理量は，それ以外にも，運動量，角運動量などがある．これら物理量も，何かしらの演算子が対応しているのではないだろうか．そこで，(2.1-16)式の座標に依存する部分を，

$$\varphi = A \exp\{i(k_x x + k_y y + k_z z)\} \qquad (2.2\text{-}1)$$

と置いて考察してみよう．$p = \hbar k$であるから，例えばx方向の運動量p_xは，$p_x = \hbar k_x$であり，これを波動関数φから引き出すための運動量演算子，$\hat{p}_x$は以下のように定めればよいことがわかる．

$$\hat{p}_x = \frac{\hbar}{i} \frac{\partial}{\partial x} \qquad (2.2\text{-}2)$$

こうすることで，

$$\hat{p}_x \varphi = \hbar k_x \varphi \quad (= p_x \varphi) \qquad (2.2\text{-}3)$$

となり，運動量p_xを波動関数φから取り出すことができる．

　以上のことから，量子力学では，このように物理量と演算子が対応していると考えている．これまでの議論から，

$$E \to \hat{H}, \quad p_x \to \frac{\hbar}{i} \frac{\partial}{\partial x} \qquad (2.2\text{-}4)$$

の対応がわかる．結論からいうと，物理量と演算子には，以下の対応がある．

位置： $x \to \hat{x} = x, \quad y \to \hat{y} = y, \quad z \to \hat{z} = z$ (2.2-5)

運動量：$p_x \to \hat{p}_x = \dfrac{\hbar}{\mathrm{i}} \dfrac{\partial}{\partial x}, \quad p_y \to \hat{p}_y = \dfrac{\hbar}{\mathrm{i}} \dfrac{\partial}{\partial y}, \quad p_z \to \hat{p}_z = \dfrac{\hbar}{\mathrm{i}} \dfrac{\partial}{\partial z}$

(2.2-6)

運動量演算子については，(2.2-2)〜(2.2-4)式に示す通りであるが，位置演算子に関しては，座標の値を掛け算する，という演算子である．この演算子から，座標値を取り出せる関数はなかなかイメージしにくい．この関数は，ディラックのデルタ関数と呼ばれるものであるが，これについては，第6章で説明したいと思う．これら物理量以外にも，重要な物理量として，角運動量がある．角運動量の x, y, z 成分をそれぞれ ℓ_x, ℓ_y, ℓ_z と置くと，それに対応する角運動量演算子は，

角運動量：$\ell_x \to \hat{\ell}_x = \dfrac{\hbar}{\mathrm{i}} \left(y \dfrac{\partial}{\partial z} - z \dfrac{\partial}{\partial y} \right), \quad \ell_y \to \hat{\ell}_y = \dfrac{\hbar}{\mathrm{i}} \left(z \dfrac{\partial}{\partial x} - x \dfrac{\partial}{\partial z} \right),$

$\ell_z \to \hat{\ell}_z = \dfrac{\hbar}{\mathrm{i}} \left(x \dfrac{\partial}{\partial y} - y \dfrac{\partial}{\partial x} \right)$ (2.2-7)

である．角運動量についても，後に章を改めて第7章で詳しく説明をする．

2.3　量子化の手続き

　量子力学では，演算子と物理量が対応していることを述べた．これを利用して対象となる問題のシュレディンガー方程式を作ることができる．それには，まず，問題となる系の全エネルギーを古典力学の範囲で求める必要がある．なお，そのときの変数は，座標と運動量である．解析力学では，これをハミルトニアンと呼ぶが，演算子ではないので，H (山型の帽子，＾，がない) と表現されている．ポテンシャル V 中を運動する電子の場合，運動エネルギーとポテンシャルエネルギーの合計で全エネルギーが計算できるので，

$$H = \frac{1}{2m_\mathrm{e}}(p_x{}^2 + p_y{}^2 + p_z{}^2) + V(x, y, z, t) \qquad (2.3\text{-}1)$$

とすればよい．その後，この H に，対応している演算子（(2.2-5)式，(2.2-6)式参照）を代入し $\hat{H}$ とする．この $\hat{H}$ を用いて(2.1-18)式を作れば，それが，以下に示す問題としている系の時間を含むシュレディンガー方程式になる．

$$\left(-\frac{\hbar^2}{2m_\mathrm{e}}\Delta + V(x, y, z, t)\right)\psi = \mathrm{i}\hbar \frac{\partial \psi}{\partial t} \qquad (2.3\text{-}2)$$

(2.3-1)式の V は時間の関数でもあるが，時間に依存せず座標のみに依存する場合も多い．

　量子化の手続きを理解しやすくするために，ここで具体例を紹介しよう．
　一つ目の例として 1 次元調和振動子のシュレディンガー方程式を作ってみよう．1 次元調和振動子とは，角振動数 ω で振動している粒子である．座標 x のときのポテンシャルエネルギーが，古典力学では $V = m_\mathrm{e}\omega^2 x^2/2$ と表される．このように，V が時間に依存しない場合，H から $\hat{H}$ を作り，その後は，(2.1-22)式または(2.1-24)式を作れば，時間を含まないシュレディンガー方程式となる．具体的に述べると以下のようになる．すなわち，

$$H = \frac{1}{2m_\mathrm{e}}p_x{}^2 + \frac{1}{2}m_\mathrm{e}\omega^2 x^2 \qquad (2.3\text{-}3)$$

が，古典力学におけるハミルトニアンである．これに，対応する演算子を代入し，

$$\hat{H} = -\frac{\hbar^2}{2m_\mathrm{e}}\frac{\mathrm{d}^2}{\mathrm{d}x^2} + \frac{1}{2}m_\mathrm{e}\omega^2 x^2 \qquad (2.3\text{-}4)$$

が量子力学におけるハミルトニアンである．よって，求めるシュレディンガー方程式は，

$$\hat{H}\varphi = -\frac{\hbar^2}{2m_\mathrm{e}} \frac{\mathrm{d}^2\varphi}{\mathrm{d}x^2} + \frac{1}{2}m_\mathrm{e}\omega^2 x^2 \varphi = E\varphi \qquad (2.3\text{-}5)$$

である．本書では，(2.3-4)式のような，時間を含まないシュレディンガー方程式を扱う場合が多い．時間依存が無いということは，定常状態になっていることを意味しているが，物理的に重要な現象を多く扱うことができる．なお，調和振動子の波動関数がどのような関数で表されているかは，第3章に詳しく説明するが，ここでは，上記のようなシュレディンガー方程式を作る一般的な方法を覚えよう．これを，量子化の手続きとよぶ．

二つ目の例として，水素原子の場合について述べる．陽子が動かず中心にあるとしたときは，クーロンポテンシャルとして，

$$V = -\frac{1}{4\pi\varepsilon_0}\frac{e^2}{r}, \quad r = \sqrt{x^2 + y^2 + z^2} \qquad (2.3\text{-}6)$$

とすればよいことになる．水素原子の場合，以下の式を得る．

$$\hat{H}\varphi = E\varphi, \quad \hat{H} = -\frac{\hbar^2}{2m_\mathrm{e}}\Delta - \frac{1}{4\pi\varepsilon_0}\frac{e^2}{\sqrt{x^2 + y^2 + z^2}} \qquad (2.3\text{-}7)$$

以上の話しは電子が1個の場合であるが，電子が複数個存在する場合も古典力学におけるハミルトニアン H を作成し，その後演算子を代入して量子力学におけるハミルトニアン $\hat{H}$ を求めればよい．時間依存がない場合を例にとると，電子が2個ある場合（それぞれの座標を $\vec{r}_1$, $\vec{r}_2$ とする）では，全エネルギーは各電子が単独に存在するときのハミルトニアン，$H_1(\vec{r}_1)$, $H_2(\vec{r}_2)$ に加え，電子間の相互作用による $H_{12}(\vec{r}_1, \vec{r}_2)$ も加える必要がある．そのため，

$$H(\vec{r}_1, \vec{r}_2) = H_1(\vec{r}_1) + H_2(\vec{r}_2) + H_{12}(\vec{r}_1, \vec{r}_2) \qquad (2.3\text{-}8)$$

となり，量子力学におけるハミルトニアン $\hat{H}$ も，

$$\hat{H}(\vec{r}_1, \vec{r}_2) = \hat{H}_1(\vec{r}_1) + \hat{H}_2(\vec{r}_2) + \hat{H}_{12}(\vec{r}_1, \vec{r}_2) \qquad (2.3\text{-}9)$$

の形になる．シュレディンガー方程式は，上記ハミルトニアンを用いて，

$$\hat{H}(\vec{r}_1,\vec{r}_2)\varphi(\vec{r}_1,\vec{r}_2) = E\varphi(\vec{r}_1,\vec{r}_2) \qquad (2.3\text{-}10)$$

となる．

　ここでもう一度，量子化の手続きをまとめておこう．まず，最初に行うべきことは，古典力学の範囲で，全エネルギー H を求めることである．一般には，運動エネルギーとポテンシャルエネルギーの合計である．このとき，運動エネルギーは，速度ではなく運動量を用いて表しておく．次に，物理量と演算子の対応を示した(2.2-5)式，(2.2-6)式を用いて，H に演算子を代入し，H を $\hat{H}$ にする．この $\hat{H}$ が，量子力学におけるハミルトニアンである．このハミルトニアンを(2.1-18)式や(2.1-22)式に代入すれば，それぞれ時間を含むシュレディンガー方程式，時間を含まないシュレディンガー方程式となる．あとは，それぞれの問題に応じて，すなわち，境界条件を考慮して，この方程式を解く，すなわち，この式を満たす φ と E の組を求めることになる．このような手法が正しいかどうかは，この方程式の解が実験事実に合うかどうかだけで決まる．シュレディンガー自身は，この手法で水素原子に対する波動関数，エネルギー準位を求め，その結果がボーアの理論と完全に一致することを示した．また，その計算結果は，現在に至るまで，実験結果を否定するものではない．前にも述べたが，量子力学はシュレディンガー方程式が正しいというところから始まる．この考え方の正当性は，これを否定する実験事実がないという点にある．

2.4　波動関数の意味

　これまで述べてきたように，電子は粒子とともに波動でもあるという性質をもつため，波動関数の物理的意味と解釈について，数多くの議論がなされてきた．この議論の中には，物理量の観測ならびに電子の収束などのきわめて重要な概念の議論があり，いまだ，解決していない問題もある．始めにこ

の議論と問題について触れた後，現在正しいとされている波動関数に関するボルンの解釈について述べる．少し長いが，ボルンの解釈だけでも読んでいただければと思う．

2.4.1 波動関数の解釈と議論

波動関数 ψ は本質的には複素数の値をとるので，エネルギーなどの物理量になっているとは考えにくい．ただ，シュレディンガー方程式の発見者，シュレディンガー自身は，電子そのものは粒子ではなく，雲のように広がりをもっていて，その密度分布が $|\psi|^2$ に比例すると考えていた．電子が波として実在しているという意味で，この考え方は実在波と呼ばれている．

例えば，図 2.4.1-1 では，二つのスリットとスクリーンを置き，左から電子が移動してくる場合の実験を考えたものである．始めに，スリット P_1 のみ開いていて，スリット P_2 は閉じていた場合を考えよう．このとき，電子は，スリット P_1 を通り抜け，右側にあるスクリーンに到達するが，スクリーンに到達する電子の数の分布を計測すると，図 2.4.1-1(a) のようになる．スリット P_1 を閉じて，スリット P_2 をあけて同様の実験をすると，図 2.4.1-1(b) の結果を得る．そして，スリット P_1，P_2 両方をあけて実験す

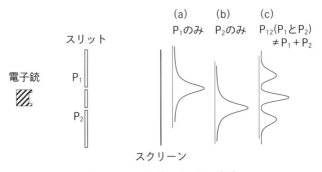

図 2.4.1-1　2重スリットの実験
(a)：P_1 のみ開，(b)：P_2 のみ開，(c)：P_1 と P_2 が開

ると図 2.4.1-1(c) の結果が得られる．注意すべきは，図 2.4.1-1(a)，(b) を合わせても，図 2.4.1-1(c) の結果とは一致しない点である．このような現象は，光学におけるヤングの実験でも同様な結果が得られ，高校物理の波動で習った，という記憶がある読者も多いはずだ．波の代表である電磁波では，スリット P_1，P_2 からスクリーンに到達した電磁波の干渉で説明できる．ということは，実際に電子が波の状態で存在しているとすると，理解しやすいではないか．シュレディンガーはこのように考え，波動関数の絶対値の 2 乗，$|\psi|^2$ は，電子の密度を表していると主張した．

シュレディンガーのこの考え方は，当初うまく実験データを説明できていたが，少しずつ問題が出てきた．例えば，図 2.4.1-2(a) のような，電子がある領域に閉じ込められているものとしよう．このとき，対称性から，電子密度は，左右対称に分布しているはずである．具体的な波動関数としては，次節で示す箱型ポテンシャルの例がある．そこで，図 2.4.1-2(b) のように突然，中心部に壁を挿入したらどうなるのであろうか．実際は，電子はどちらかの部屋に存在していて，両方の部屋に電子の一部が存在しているということはない．すなわち，電子のかけらはいかなる場合でも見つかっていない．常に，完全な粒子の状態で観察されるのである．もし，波のように電子密度が分布しているとすれば，少しは電子のかけらなるものが観察されてもいいような気がするのであるが，そのような経験はない．

これに対し，シュレディンガーは，波のように分布していた電子は，壁を

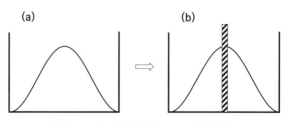

図 2.4.1-2　箱型ポテンシャル電子分布
(b) は (a) に壁を挿入した場合

挿入した瞬間，その波が収縮する，とした．ただ，この考えにも問題があった．この場合，波の収縮は瞬間に生じる，すなわち，波の収縮が超光速で生じることになり，この考えは，アインシュタインから反対された．もともと，アインシュタインは，ハイゼンベルグ(Werner Karl Heisenberg)^(1901-1976, ドイツ)のように，電子がどうなっているかのイメージはそれほど重要ではない，という考えには反対で，シュレディンガーのように波のイメージをもてる考えには賛成であったようである．しかし，超光速での収縮は，アインシュタイン自身の相対性理論に反するため，賛成しかねた．そこで，再び図 2.4.1-1 に戻ってみると，スクリーンで観察される電子数であるが，この場合も，電子のかけらなるものは観察されていない．電子数の分布は，$|\psi|^2$ で説明できるのであるが，$|\psi|^2$ そのものが電子密度の分布と考えるのは，だんだん難しくなってきた．やはり，電子は粒子と考えるべきなのであろうか．

このような状況に対し，一つの解決策を提供したのがボルン(Max Born)^(1882-1970, ドイツ)であった．ボルンの解釈（ボルンの確率解釈）とは次のようなものである．電子は，粒子であるが，そこに存在している確率は $|\psi|^2$ で与えられる．すなわち電子は粒子であり，波の状態で存在しているのではないが，その振る舞いが $|\psi|^2$ にしたがうので，図 2.4.1-1 のような現象が生じるというのである．これを，ボルンの確率解釈という．この考えには，アインシュタイン，シュレディンガー，さらにはド・ブロイも反対の立場であった．しかし，ボルンの確率解釈を支持するほうが多く，現在ではこの考え方が正しいとされている．

ボルンの確率解釈にそって図 2.4.1-1 を考えてみよう．スクリーン上のどこに電子が到達したか，を観察した瞬間，電子の位置が特定される．観察する直前までは，電子の存在する場所の確率は空間的に広がっていたが，観測した瞬間に場所が特定される．波動関数は電子が存在する確率を表しているのだから，波動関数も観測する前は空間的に広がりをもっているのだが，観測した瞬間に，波動関数の値は，電子が観察された位置近傍で有限の値をもち，離れたところではほとんど 0 という関数になることになる．これを波

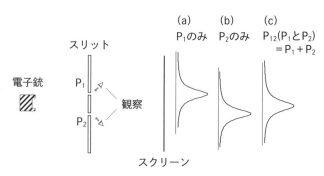

図 2.4.1-3　2重スリットの実験（スリット直後で電子が通過したスリットを観察）
(a)：P_1 を通過した電子のみ，(b)：P_2 を通過した電子のみ，
(c)：P_1 を通過した電子と P_2 を通過した電子の合計

束の収縮という．この観測という点がなかなか理解しにくい点である．図 2.4.1-3 では，スリットのすぐ後で，電子がどちらのスリットを通ってきたか，を観察している人の目が描かれている．図 2.4.1-1(a)，(b)，(c) では，電子位置をスクリーンで観測することになるが，もし，図 2.4.1-3 のように，電子がスリットを通り抜けたすぐ後に観測したらどうなるのであろうか．図 2.4.1-3(a) は，スリット P_1 を通過した電子がスクリーンに到達したときの分布を表しており，図 2.4.1-3(b) は，スリット P_2 を通過した電子の分布を表している．図 2.4.1-3(a) は，P_1 を通過した後の電子の運動で決まるので，これは，P_2 を閉じて，P_1 のみ開いている図 2.4.1-1(a) と同じ結果となる．図 2.4.1-3(b) も図 2.4.1-1(b) と同じである．

それでは，図 2.4.1-3 の場合で，スリット P_1 とスリット P_2 を通った電子両方のスクリーン上での分布はどうなるのであろうか．これは，もう答えが出ている．図 2.4.1-3(a)，(b) の合計である．図 2.4.1-3(c) は，(a) と (b) の合計と等しい．これを，図 2.4.1-1(c) と比較して欲しい．違いは，スリットの後で，電子がどちらのスリットを通り抜けたかという観測をするだけの違いで，その他は同じである．図 2.4.1-3 の場合，スリット直後でどちらのスリットを通過してきたかを観察しているので，その瞬間波束の収縮

が生じている．これが図 2.4.1-1 (c) と図 2.4.1-3 (c) の違いを生じさせている．図 2.4.1-1 (c) の場合，電子がどちらかのスリットを通っていることを知らないのは観測者だけで，実際は，どちらかを通りスクリーンに到達している，と考えることができるのであろうか．もし観測者が知らないだけなら，図 2.4.1-1 (c) と図 2.4.1-3 (c) では同じ結果となってもいいような気がするが，実際はそうではない．このような観測の問題はきわめて難しい問題で，本書ではこれ以上深入りすることはしない．ただ，現在でも未解決の問題とされている．

2.4.2 波動関数のボルンの解釈

　以上に述べたように，波動関数の意味について多くの議論がある中，現在では，ボルンの解釈が，波動関数の物理的意味を示すものとして正しいとされている．すなわち，$\vec{r}$ の位置にある微小体積 $d\nu$ 中に電子を見出す確率は，電子の情報をもつ波動関数 ψ の絶対値の 2 乗を用いると，$|\psi|^2 d\nu$ で表されるというものである．この解釈によると，電子が複数個の場合は次のようになる．例えば，電子 2 個の場合，ボルンの確率解釈では，電子 1 が $\vec{r}_1 \sim \vec{r}_1 + d\vec{r}_1$ の間に，電子 2 が $\vec{r}_2 \sim \vec{r}_2 + d\vec{r}_2$ の間に見出す確率が $|\varphi(\vec{r}_1, \vec{r}_2)|^2 d\nu_1 d\nu_2$ で与えられる．これは，図 2.4.2-1 のように，電子 1 が $\vec{r}_1$ にある微小体積 $d\nu_1$ の中に，電子 2 が $\vec{r}_2$ にある微小体積 $d\nu_2$ の中に見出される確率が $|\varphi(\vec{r}_1, \vec{r}_2)|^2 d\nu_1 d\nu_2$ であると考えれば，通常の 3 次元空間で理解することができる．この考えは，電子が何個あっても同じように通常の 3 次元空間を用いて理解することができる．電磁波における座標は，空間の場所を表しているのに対して，波動関数の $\vec{r}_1$，$\vec{r}_2$ は電子の位置を指定する物理量である．電子の位置を指定するというのは，いかにも電子を粒子として扱っていることになるが，波を表す波動関数がこの電子の位置を変数として扱っている点で波動性と粒子性を統合しているといえる．ボルンの確率解釈は，このようにして粒子性と波動性の統合を実現した．

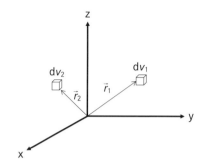

図 2.4.2-1　3 次元空間と二つの電子の存在確率

　これまで，波動関数 ψ が何を表しているか，など，抽象的な話が続いたので，復習の意味で，シュレディンガー方程式と波動関数についてまとめておこう．始めに，座標 x, y, z と運動量 p_x, p_y, p_z を用いて全エネルギー H を求める．次に，(2.2-5)式，(2.2-6)式をこの H に代入し $\hat{H}$ を作る．ポテンシャル V が時間に依存するときは(2.1-18)式，依存しないときは(2.1-22)式にしたがって，それぞれ時間を含むまたは含まないシュレディンガー方程式を作る．これらシュレディンガー方程式を解いて得られた波動関数 ψ は，$\vec{r}$ の位置にある微小体積 $d\nu$ 中に電子を見出す確率が $|\psi|^2 d\nu$ であることを示している．また，見出される電子は一つの完全な粒子としての電子であり，粒子の一部，すなわちかけらなどではないことに注意しよう．なお，本書で扱うのは，既に述べているが，時間を含まないシュレディンガー方程式である場合が多い．最後に，上述した電子を見出す確率 $|\psi|^2 d\nu$ について，補足する．シュレディンガー方程式は(2.3-2)式に示されている偏微分方程式なので，ある波動関数 ψ を定数倍しても同じシュレディンガー方程式を満たす．しかし，この定数については，以下に示す式を満たすようにすることで決めることができる．

$$\int \psi^* \psi \, d\nu = \int |\psi|^2 d\nu = 1 \qquad (2.4.2\text{-}1)$$

この場合，$|\psi|^2 d\nu$ は絶対確率を表すことになる．これを規格化するという．

詳細は次節に示した．

2.5 例題：1次元箱型ポテンシャル

　それでは，これまでの知識を用いて，シュレディンガー方程式を解くイメージをつかんでもらうためと，その結果を考慮したシュレディンガー方程式の線形性（第6章で述べる不確定性原理の理解につながる）について述べることを目的として，具体的例題を解いてみよう．ここで扱う例題は，1次元箱型ポテンシャルに閉じ込められた電子の問題である．電子が，ある領域内に束縛されている例としては，水素原子における電子などがある．水素原子の場合，付録Aの(A3-13)式で$n=1$の場合が最もエネルギー的に安定で，（かなり雑な近似であるが）電子はボーア半径a_0（(A3-12)式参照）の球内に閉じ込められている，と考えることができる．これを，球ではなく立方体内に閉じ込められている，と考えればここで扱う箱型ポテンシャルに近くなる．1次元問題なので，x方向の振る舞いを取り上げて解析することになる．

　箱型ポテンシャル問題とは，図2.5-1のように，ある領域内に電子を閉じ込め，その外側には出て行けないようにするモデルである．この場合，$0 \leq x \leq L$では$V=0$，その他領域では，$V=\infty$というモデルになる．問

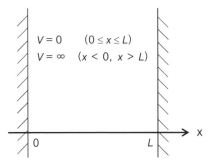

図 2.5-1　1次元箱型ポテンシャル

題は，$0 \leq x \leq L$ におけるシュレディンガー方程式を解くことに帰着される．

古典物理学におけるハミルトニアンは，$H = \dfrac{p_x^2}{2m_\mathrm{e}}$ であるので，量子化の手続きにより，

$$\left(-\frac{\hbar^2}{2m_\mathrm{e}} \frac{\mathrm{d}^2}{\mathrm{d}x^2}\right)\varphi(x) = E\varphi(x), \quad (0 \leq x \leq L) \qquad (2.5\text{-}1)$$

がシュレディンガー方程式となる．$x = 0, L$ における境界条件は，

$$\varphi(x) = 0 \qquad (2.5\text{-}2)$$

である．

まず，$E > 0$ として解いてみよう．このとき，

$$\frac{\mathrm{d}\varphi^2}{\mathrm{d}x^2} = -k^2\varphi, \quad k = \frac{\sqrt{2m_\mathrm{e}E}}{\hbar} \qquad (2.5\text{-}3)$$

となるので，

$$\varphi(x) = A\exp(\mathrm{i}kx) + B\exp(-\mathrm{i}kx) \qquad (2.5\text{-}4)$$

と置くことができる．定数 A, B は境界条件および規格化条件の(2.4.2-1)式，より決定すればよい．境界条件より，

$$\begin{aligned}\varphi(x=0) &= A + B = 0, \\ \varphi(x=L) &= A\exp(\mathrm{i}kL) + B\exp(-\mathrm{i}kL) = 0\end{aligned} \qquad (2.5\text{-}5)$$

となるので，これを満たすためには，

$$k = \frac{n\pi}{L}, \quad (n = 1, 2, 3, \cdots) \qquad (2.5\text{-}6)$$

でなければならない．このとき，

$$\varphi(x) = A(\exp(\mathrm{i}kx) - \exp(-\mathrm{i}kx)) = 2\mathrm{i}A\sin\left(\frac{n\pi}{L}x\right)$$

$$= A\sin\left(\frac{n\pi}{L}x\right) \tag{2.5-7}$$

となる．(2.5-7)式では，定数，$2\mathrm{i}A$ を新たに A と置いた．この A は規格化条件より決定できる．規格化条件とは，$|\varphi|^2$ を全領域で積分すると 1 になることである．A を実数の範囲で求めるとすると，

$$\int_0^L \varphi^*\varphi\,\mathrm{d}x = A^2 \int_0^L \sin^2\left(\frac{n\pi}{L}x\right)\mathrm{d}x = \frac{A^2}{2}\int_0^L \left\{1 - \cos\left(\frac{2n\pi}{L}x\right)\right\}\mathrm{d}x = \frac{A^2}{2}L = 1 \tag{2.5-8}$$

となるので，これより，

$$\varphi(x) = \sqrt{\frac{2}{L}}\sin\left(\frac{n\pi}{L}x\right) \quad (\equiv \varphi_n) \tag{2.5-9}$$

となる．また，

$$E = \frac{\hbar^2 k^2}{2m_\mathrm{e}} = \frac{\hbar^2}{2m_\mathrm{e}}\left(\frac{n\pi}{L}\right)^2 \quad (\equiv E_n) \tag{2.5-10}$$

とエネルギーも求められる．

次に，エネルギーが 0 または負の場合はどう記述されるのか見てみよう．$E = 0$ の場合は，(2.5-1)式より，

$$\frac{\mathrm{d}^2\varphi}{\mathrm{d}x^2} = 0, \quad \therefore \varphi = Ax + B \tag{2.5-11}$$

となるが，境界条件を満たすためには，$A = B = 0$ にする必要があり，波動関数が恒等的に 0 になる．これは，物理的には意味がない．また，$E < 0$ の場合は，

$$\frac{\mathrm{d}^2\varphi}{\mathrm{d}x^2} = k^2\varphi, \quad k = \frac{\sqrt{-2m_\mathrm{e}E}}{\hbar} \qquad (2.5\text{-}12)$$

となり，波動関数は，

$$\varphi = A\exp(kx) + B\exp(-kx) \qquad (2.5\text{-}13)$$

の形になるが，この関数で境界条件を満たすためには，$A = B = 0$ にする必要があり，これも物理的には意味がない．すなわち，$E \leq 0$ では波動関数が求まらないことがわかる．以上のことから，シュレディンガー方程式の解は(2.5-9)式，電子のエネルギーは(2.5-10)式で表されることがわかった．

ここで，エネルギーと波動関数のいくつかの特徴について述べる．まず，エネルギーは境界条件から得られることに注意をしてほしい．その値は，古典物理学で得られる連続なものではなく，飛び飛びの離散的な値をとり，この場合，正の整数 n で特徴付けられている．この正の整数 n は量子数と呼ばれているもので，シュレディンガー方程式を解くと必ずといっていいほど出てくる大切な値である．$n = 1$ のときに 0 ではない有限な最低エネルギーが存在する．この事実は，古典物理学の直感である粒子が静止しているときが最低エネルギー，すなわち，0 であるということと矛盾する．この矛盾は，第6章で扱う不確定性原理により解釈されることになる．一方，電子の状態を表す波動関数は(2.5-8)式を用いて規格化することができる．また，一つのエネルギー（あるいは一つの n）に対して，一つの波動関数が存在している．これを，「縮退がない」という．上記のような，エネルギーと波動関数の特徴があげられる．図 2.5-2(a) は横軸に x，縦軸に波動関数 φ を，図 2.5-2(b) は，縦軸に $|\varphi|^2$ をプロットしたものである（絶対確率に対応）．特に図 2.5-2(b) は，$x = L/2$ で左右対称になっており，これから，電子が見つかる場所の平均値 $\bar{x}$ は $L/2$ であることが理解できる（詳細は第6章）．

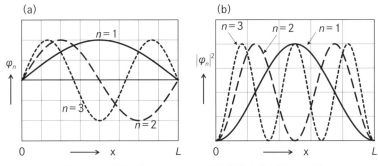

図 2.5-2　箱型ポテンシャルの波動関数と絶対値の 2 乗

2.6　重ね合わせの原理

　前節までに波動関数に対するボルンの解釈など古典物理学にはない性質があることを述べた．本節では，これら量子力学の基本概念ならびに次節で述べる不確定性原理の理解に必要な重ね合わせの原理について説明する．ここでは，前節に示した 1 次元箱型ポテンシャルの例を取って，具体的に説明することにしよう．箱型ポテンシャルの波動関数 φ は，量子数 n を用いて表現され，φ_n，そして一つの n に対して，エネルギー E_n が対応していた．すなわち

$$\hat{H}\varphi_n = E_n\varphi_n, \quad (n = 1, 2, 3, \cdots) \tag{2.6-1}$$

である．問題によっては，一つの E_n に対して，二つの φ_n がある場合がある．このような場合を，「縮退している」と表現する．今考えている箱型ポテンシャルの例は縮退していない例であるが，以下に述べる議論に関しては，一般性を失わない（その詳細は第 6 章に示す）．

　2.1 節で述べたように，空間に対する解 φ_n に，時間に対する解 $C\exp\left(-\dfrac{iE_nt}{\hbar}\right)$ をかけた $\psi_n = \varphi_n \cdot C\exp\left(-\dfrac{iE_nt}{\hbar}\right)$ が，シュレディンガー方程式の解となる．すなわち，

$$\hat{H}\psi_n = i\hbar \frac{\partial \psi_n}{\partial t} \qquad (2.6\text{-}2)$$

となる．上式は，線形微分方程式なので，解 ψ_n の線型結合も解となる．すなわち，

$$\psi(x, t) = \sum_{n=1}^{\infty} c_n \psi_n(x, t), \quad (n = 1, 2, 3, \cdots) \qquad (2.6\text{-}3)$$

も上式の解となる．このことは線型結合で表される ψ もまた電子の状態を表している．

ところで，(2.6-1)式は，ベクトル変換でよく知られている固有値，固有ベクトルの関係と同じである．すなわち，ベクトルを変換する行列を $\mathbf{A}$ とし，固有ベクトルを $\vec{x}$，固有値を a とすると，

$$\mathbf{A}\vec{x} = a\vec{x} \qquad (2.6\text{-}4)$$

となるが，これは，(2.6-1)式と同じ形をしている．

実は，線型写像の概念から，行列 $\mathbf{A}$ と演算子 $\hat{H}$ は同等であることが数学的に証明されている．したがって，演算子の行列表現が可能となる（第6章参照）．このため，φ_n を固有関数，E_n を固有値と呼んでいる．特に，$\mathbf{A}$ がエルミート行列の場合は，固有値が異なる固有ベクトルは互いに独立でかつ直交することが知られている．また固有値が同じ場合でも，シュミットの直交化を利用して，固有ベクトルを直交化することができる（第6章参照）．したがって，任意のベクトルは，互いに直交する固有ベクトルの線形結合で表すことができる．

上で述べた固有値，固有ベクトルのことを考慮すると，天下り的ではあるが，上記に述べた固有関数は固有ベクトル対応し，任意のベクトルに対応する任意の関数 $f(x)$ は，固有関数 φ_n の線形結合で表すことができるといえる．すなわち，

$$f(x) = \sum_{n=1}^{\infty} c_n \varphi_n(x) \qquad (2.6\text{-}5)$$

となる．c_n は係数である．

　真に φ_n 展開できるのかどうかという問題は，数学の問題として議論されており，任意の $f(x)$ に対して (2.6-5) 式が成り立つとき，関数列 $\{\varphi_n\}$ を完全系であるという．ディラックは，このように，エネルギーのような物理量に対応する演算子があり（あとで示すが，エルミート演算子となっている），その固有関数が完全系をなしている場合，その演算子（またはそれに対応する物理量）をオブザーバブル (observable) と呼んだ．

　ここで再び 1 次元箱型ポテンシャルの例に戻り，その中の電子の波動関数が (2.6-3) 式で示した $\psi(x,t)$ で与えられているものとしよう．ここで時間 t をある時間，t_0 とすると，時間因子の部分は定数とみなすことができるので，$\psi(x, t_0) = f(x)$ となる．この $f(x)$ は，完全系をなす φ_n の線形結合で表すことができるので，(2.6-5) 式，すなわち $f(x) = \sum_{n=1}^{\infty} c_n \varphi_n$ となる．ここで，φ_n は，規格化，直交化されているものとする．すなわち，以下の式が満足されているものとする．

$$\int \varphi_n(x)^* \varphi_{n'}(x) \mathrm{d}x = \begin{cases} 1 & n = n' \\ 0 & n \neq n' \end{cases} \qquad (2.6\text{-}6)$$

$n \neq n'$ のときに，左辺の積分が 0 になることを直交しているといい，$n = n'$ のときに左辺の積分が 1 になることを，規格化されているという．波動関数のこの性質はこの後も頻繁に出てくる．また，(2.6-5) 式の $f(x)$ を，後の都合のために規格化する．すなわち，

$$\int f(x)^* f(x) \mathrm{d}x = \sum_{n=1}^{\infty} \sum_{m=1}^{\infty} c_n^* c_m \int \varphi_n^* \varphi_m \mathrm{d}x = \sum_{n=1}^{\infty} |c_n|^2 = 1 \quad (2.6\text{-}7)$$

このような状態（$f(x)$ かつ $t = t_0$）でエネルギーを測定すると，どうなる

のだろうか．もし，特定の係数 c_n 以外が 0 の場合，例えば $f(x) = \varphi_2$ の場合は，必ず E_2 が測定値として得られる．しかし，そうでない場合，測定値はどうなるのであろうか．量子力学は，この場合，測定値の期待値しか教えてくれない．誤解しないよう述べるが，測定値が本来どういう値になるか定まっているのに，量子力学が理論体系としてまだ不十分であるために期待値しか教えてくれない，という意味ではない．そもそも定まった値（確定値）はないので期待値しかわからない，という意味である．期待値を計算するためには，E_2 が測定値として得られる確率が必要であるが，その確率は，(2.6-7)式から c_2 の絶対値の 2 乗に比例する．既に，$f(x)$ は規格化されているので，その確率は，$|c_2|^2$ そのものである．このとき，エネルギーを測定したときの期待値 $\overline{E}$ は，

$$\overline{E} = |c_1|^2 E_1 + |c_2|^2 E_2 + |c_3|^2 E_3 + \cdots = \sum_{n=1}^{\infty} |c_n|^2 E_n \quad (2.6\text{-}8)$$

で計算できることとなる．量子力学は，これ以上のことは教えてくれない．実際に測定したら E_2 が得られたとしても，それはたまたまであり，量子力学が教えてくれるのは，その確率のみである．測定前に E_2 が，実際得られるかどうかは，神であってもわからない，という考えである．この考えには，アインシュタインやシュレディンガーは反対であった．アインシュタインは，「神はサイコロを振らない」といって大反対した．しかし，現在では，この考えが正しいとされている．このような考えは，ボーアがコペンハーゲンに研究所を作り，そこに集まった物理学者により確立されていったため，コペンハーゲン解釈などと呼ばれている．

以下に，これまでの内容をまとめてみよう．

I) 波動関数が(2.6-1)式のような固有方程式を満足する固有関数で与えられている場合，その物理量を測定すると必ず固有値である値が測定値として得られる．

II) 波動関数が(2.6-5)式のように固有関数の線形結合で表されると

き，その物理量を測定したとき，得られる値は固有値のうちのどれか一つであり，中間の値にはならない．どの固有値が測定値として得られるかは，事前に知ることは出来ず，わかることは，得られる確率が固有関数の係数の絶対値の2乗，$|c_n|^2$，に比例するということである．(2.6-5)式の波動関数も規格化されているときは，確率は$|c_n|^2$そのもので与えられる．

これらの内容は，量子力学における重ね合わせの原理と呼ばれ，量子力学では重要な概念である．少し具体的に述べると以下のようになる．

今，波動関数が(2.6-5)式のように表されているとして，実際にエネルギーを測定したらE_2が得られたとしよう．その瞬間に波束の収縮が生じ，電子の波動関数はφ_2になる．そのため，再度エネルギーを測定しても，重ね合わせの原理Ⅰから測定値はE_2となり，他の値は得られないことになる．なお，期待値の計算では，いちいち波動関数を(2.6-5)式のようにφ_nで展開し，その係数c_nを求める必要はない．例えば，(2.6-8)式の$\overline{E}$は，

$$\overline{E} = \int f(x)^* \hat{H} f(x) \, dx \tag{2.6-9}$$

で計算できる．期待値の計算については，第6章で詳しく説明する．

ここで，波動関数φ_nで任意の関数が展開できるということを，箱型ポテンシャル問題で求めたφ_n((2.5-9)式参照)を用いて確認してみよう．まず，$n \neq l$のとき，φ_nとφ_lが直交していることを確認する．

$$\begin{aligned}
\int_0^L \varphi_n^*(x)\varphi_l(x)\,dx &= \frac{2}{L} \int_0^L \sin\left(\frac{n\pi}{L}x\right)\sin\left(\frac{l\pi}{L}x\right)dx \\
&= \frac{2}{L}\frac{1}{2}\int_0^L \left\{\cos\left(\frac{n-l}{L}\pi x\right) - \cos\left(\frac{n+l}{L}\pi x\right)\right\}dx \\
&= \frac{1}{L}\left[\frac{L}{(n-l)\pi}\sin\left(\frac{n-l}{L}\pi x\right) - \frac{L}{(n+l)\pi}\sin\left(\frac{n+l}{L}\pi x\right)\right]_0^L \\
&= 0 \tag{2.6-10}
\end{aligned}$$

となり直交していることがわかる．規格化を含めてまとめると，

$$\int_0^L \varphi_n{}^* \varphi_l \, \mathrm{d}x = \delta_{nl} \tag{2.6-11}$$

である．δ_{nl} はクロネッカーのデルタと呼ばれているもので，以下を満たす．

$$\delta_{nl} = \begin{cases} 1 & n = l \\ 0 & n \neq l \end{cases} \tag{2.6-12}$$

φ_n が完全系をなしていることを実感するために，以下の関数を φ_n で展開してみよう．

$$f(x) = \begin{cases} x & 0 \leq x \leq \dfrac{L}{2} \\ L - x & \dfrac{L}{2} \leq x \leq L \end{cases} \tag{2.6-13}$$

この関数は，箱型ポテンシャル問題の境界条件を満たしている．この関数を φ_n で展開したときの係数を a_n とすると，

$$f(x) = a_1 \varphi_1 + a_2 \varphi_2 + a_3 \varphi_3 + \cdots = \sum_{n=1}^{\infty} a_n \varphi_n \tag{2.6-14}$$

と表現できるはずである．両辺に $\varphi_l{}^*$ を掛けて $0 \leq x \leq L$ で積分すると，(2.6-11)式より

$$\int_0^L \varphi_l{}^* f(x) \, \mathrm{d}x = \sum_n a_n \int_0^L \varphi_l{}^* \varphi_n \, \mathrm{d}x = \sum_n a_n \delta_{ln} = a_l \tag{2.6-15}$$

となる．ここで，左辺の計算は多少複雑であるが，部分積分を繰り返して，

$$\int_0^L \varphi_l{}^* f(x)\,dx = \sqrt{\frac{2}{L}} \left\{ \int_0^{L/2} \sin\left(\frac{l\pi}{L}x\right) x\,dx + \int_{L/2}^L \sin\left(\frac{l\pi}{L}x\right)(L-x)\,dx \right\}$$

$$= \sqrt{\frac{2}{L}} \cdot 2\left(\frac{L}{l\pi}\right)^2 \sin\left(\frac{l\pi}{2}\right) \tag{2.6-16}$$

となる．これが，a_l を与える．この式は，$l = 1, 3, 5, 7, \cdots$ のときに 0 ではない値となる．そこで，$l = 2j-1 \;(j = 1, 2, 3, \cdots)$ と置くと，$\sin\{(2j-1)\pi/2\} = (-1)^{j+1}$ に注意して，

$$f(x) = \sum_{l=1}^{\infty} a_l \varphi_l = \frac{2}{L} 2\left(\frac{L}{\pi}\right)^2 \sum_{j=1}^{\infty} \frac{1}{(2j-1)^2} (-1)^{j+1} \sin\left(\frac{2j-1}{L}\pi x\right) \tag{2.6-17}$$

となる．

具体的に (2.6-17) 式を計算してみよう．$L = 1$ として計算した結果を図 2.6-1 に示した．ここで □ は (2.6-17) 式の右辺の第 1 項のみ，すなわち，φ_1 のみで $f(x)$ を表したとき，○ は $\varphi_1, \varphi_3, \cdots \varphi_{11}$ までの 6 個の波動関数を

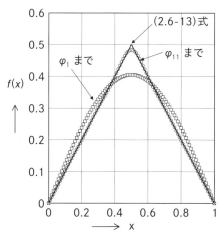

図 2.6-1 波動関数の完全系確認例

用いた場合である．$f(x)$ は，φ_n の無限級数で表されているが，最初の 6 個程度でかなりよい精度で表されることが実感できる．

本節の最後として，1 次元箱型ポテンシャル問題のシュレディンガー方程式を満たす解，$\psi(x,t) = \sum_{n=1}^{\infty} c_n \varphi_n \cdot \exp\left(-\dfrac{iE_n t}{\hbar}\right)$ ((2.6-2)式を参照のこと）と本章で記述した関数 $f(x)$ の関係について少し補足する．本章でも記述したように，$f(x)$ は，$\psi(x,t)$ の時間 t が，$t = t_0$ における状態を表していると述べた．この記述は，少し誤解を生むので以下に少し補足する．定常状態すなわちハミルトニアンに時間因子が含まれない場合のシュレディンガー方程式の解は上記した $\psi(x,t)$ であることについては既に述べたが，その状態における期待値は，天下り的ではあるが本章で述べた(2.6-9)式の $f(x)$ を $\psi(x,t)$ に置き換えたもので得られる．例えば，エネルギーの期待値は，

$$\bar{E} = \int \psi(x,t)^* \hat{H} \psi(x,t) \mathrm{d}x \qquad (2.6\text{-}18)$$

で求められることになる．この式の右辺にある時間に関する項は，互いに共役なので 1 となり，したがって，期待値には時間が含まれない．この結果は，定常状態であることを反映している．この時間因子が消えることにより，(2.6-18)式は，以下のようになる．

$$\bar{E} = \int \psi(x,t)^* \hat{H} \psi(x,t) \mathrm{d}x = \sum_{n=1} \sum_{m=1} c_n^* c_m \int \varphi_n^* \varphi_m \mathrm{d}x = \sum_{n=1} |c_n|^2 = 1 \qquad (2.6\text{-}19)$$

この式は，結果的に，(2.6-5)式である $f(x) = \sum_{n=1}^{\infty} c_n \varphi_n(x)$ と置いたものと等しくなっている．すなわち，定常状態すなわちハミルトニアンに時間因子が含まれない場合のシュレディンガー方程式を扱う際には，量子状態に関して時間因子があることを頭に入れるべきではあるが，それが多くの場合には共役のため消えることになり，実質上空間部分での議論で事足りる場合が多

い．以上のことから，$\psi(x,t)$ではなく$f(x)$が用いられる．

この本では，多くの場合が定常状態を扱うので，量子状態として$f(x)$を用いている．

2.7 不確定性原理

波動関数φの絶対値の2乗が電子の存在確率を表し，また，粒子と考えられていた電子が波の性質をもっているということは古典物理学とは大きく異なる点である．ハイゼンベルグは，この波の性質により，電子の位置と運動量を同時に確定しようとしてもある程度の不確かさがあることを指摘した．これが，不確定性原理と呼ばれるものである．位置xと運動量p_xの場合，その不確かさをそれぞれΔx, Δp_xとすると，$\Delta x \cdot \Delta p_x \approx \hbar$程度になる．このように，不確定性原理は，二つの物理量間に存在する特性について述べたものであり，量子力学の根本的な柱となる概念である（古典力学のポアッソンブラケット，あるいは，ラグランジェブラケットに結び付くものであり，第6章で詳細に述べる）．以下に，$\Delta x \cdot \Delta p_x \approx \hbar$について，図2.7-1にある，

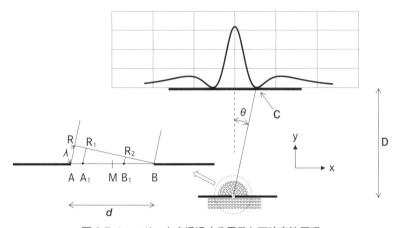

図2.7-1 スリットを通過する電子と不確定性原理

スリットを通過する電子の場合を用いて説明する．

　図 2.7-1 では，スリットの下側（$y<0$ 領域）から電子が移動してきて，$y=0$ に置かれた幅 d のスリットを通り抜けて，スリットの上側（$y>0$ 領域）を移動し，$y=D$ のところに置かれたスクリーンに到達するものとする．このようにして電子が図の下側から移動してきて，スリットを通り抜け $y>0$ 領域に突入したとしよう．この電子は $y=0$ に位置するスリットを通り抜けたので，x の範囲は，$-d/2<x<d/2$ の範囲内であるということになる．これは，$\Delta x = d$ になったことを意味する．ということは，不確定性原理の主張により，Δp_x も 0 ではない．では，Δp_x はどの程度なのであろうか．以下は，単スリットにおける光の干渉と同じ議論である．図 2.7-1 で，スリット（幅が d）を通り抜けた電子は，$\Delta p_x \neq 0$ となったため，y 軸と角度 θ をなす方向に進むものとする．このときの電子の運動量を $p\left(p=\dfrac{h}{\lambda}\right)$ とする．この方向に進む電子がスクリーンにたどり着くとして，Δp_x の大きさは，スクリーン上における電子の強度分布が最初に極小になる点（図 2.7-1 の C 点）とスリットを結んだ直線が y 軸となす角度 θ を用いて概算することができる．θ 方向に進む波が極小になる条件は，図 2.7-1 で，

$$\mathrm{AR} = \lambda \tag{2.7-1}$$

となる場合である．これを以下に説明する．スリット間隔 AB（$=d$）を半分に分け（M を AB の中点とする），右側に $\mathrm{B_1}$ 点，左側に $\mathrm{A_1}$ 点を，$\mathrm{AA_1} = \mathrm{MB_1}$ となるように取る．このとき，$\mathrm{A_1 R_1} - \mathrm{B_1 R_2} = \lambda/2$ となっているので，$\mathrm{A_1}$ 点を通過する波と $\mathrm{B_1}$ 点を通過する波はちょうど打ち消しあう．よって，スリットの右半分を通過する波と左半分を通過する波は打ち消しあうことになり，この方向に進む波はスクリーン上で強度が極小となる．

　以上から，

$$\Delta p_x \approx p \sin\theta = \frac{h}{\lambda} \sin\theta \qquad (2.7\text{-}2)$$

となる．また，$\Delta x \approx d$ であるから

$$\Delta x \cdot \Delta p_x \approx d \cdot p \sin\theta \qquad (2.7\text{-}3)$$

となる．この式の $d\sin\theta$ は，図から

$$d \sin\theta = \lambda \qquad (2.7\text{-}4)$$

であるから

$$\Delta x \cdot \Delta p_x \approx h \qquad (2.7\text{-}5)$$

となり，不確定性原理が示されたことになる．

不確定性原理の説明には，これ以外にも，以下のような説明がある．顕微鏡で区別できる2点間の距離は，その光の波長程度であり，電子に波長 λ の光を当てて位置を調べると，$\Delta x \approx \lambda$ 程度の不確かさが存在する．一方，光の運動量は，h/λ であり，この運動量をもつ光が電子に当たるので，衝突により電子の運動量を調べると，$\Delta p_x \approx h/\lambda$ 程度，不確かさがあることになる（図2.7-2参照）．これらより，

$$\Delta x \cdot \Delta p_x \approx \lambda \frac{h}{\lambda} = h, \quad \therefore \Delta x \cdot \Delta p_x \approx h \qquad (2.7\text{-}6)$$

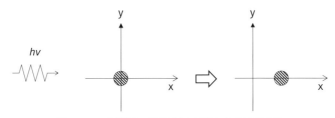

図 2.7-2　顕微鏡で電子位置を測定する思考実験

が示される．のちに示すが，厳密には $\Delta x \cdot \Delta p_x \approx \dfrac{\hbar}{2}$ となる．この式から，運動量が確定値 p をもつ状態においては，電子の位置を予測できないことがわかる．この解釈は正しいが，この式の意味することは，位置と運動量に関し，同時に確定した値をもつことはできないと考えることが本質である．ボーアらは，ハイゼンベルグの不確定性原理を，このようにとらえ，波動関数におけるボルンの解釈などを統合して，新たな概念を形成していった．この考えは，コペンハーゲン解釈として知られている．ハイゼンベルグによって提案された不確定性原理は，その後，演算子の交換関係と波動関数を用いて数学的に示すことができるようになった．この点については，第 6 章にて説明したい．

第 3 章

具体的問題

　ここでは，前章で導いた時間を含まないシュレディンガー方程式，(2.1-24)式を具体的問題に当てはめ，その解を求めてみよう．この章で扱うテーマは 3.1～3.4 節に大きく四つに分かれているが，いずれも重要なテーマで，その応用範囲も広く，材料特性の理解には不可欠なものばかりである．また，これらテーマに関する問題を解くことで，シュレディンガー方程式の扱いに慣れてくることが期待できる．なお，水素原子に関しては，解の導出が複雑であるために，第 4 章と第 5 章で扱うことにする．

3.1　周期的境界条件

　ここでは周期的境界条件の問題について扱う．例として挙げるのはベンゼンのパイ電子である．ベンゼンは C_6H_6 で表される有機化合物である．炭素（C）原子には外殻電子が 4 個あり，そのうち 3 個は sp^2 混成軌道を形成している．これら 3 個のうち 2 個は隣り合う C とシグマ（σ）結合をし，1 個は水素（H）原子とシグマ結合している．ここで扱うのは，外殻電子のうち最後の 1 個（パイ（π）電子）である．6 個の C と H は平面状に存在し，パイ電子はこの平面の上下に伸びるように分布している．ただし，このパイ電子は C の近くに局在しているわけではなく，6 個の C の間を自由に移動していると考えられる．このパイ電子をモデル化する場合，始めに，6 個の C が円周上に存在していると考え，さらに円周に沿った座標をとり，それ

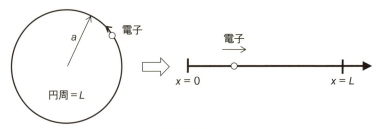

図 3.1-1　周期的境界条件モデル
(円周上の電子の運動を 1 次元問題に置き換える)

を通常の x 座標と考えることとする．この様子を図 3.1-1 に示した．

　円の半径を a とすると，$0 \leq x \leq L$，$L = 2\pi a$ なる 1 次元問題に帰着させているため，$x = 0$ と $x = L$ は同じ位置になる．そのため，波動関数 φ は，

$$\varphi(x = 0) = \varphi(x = L), \quad \left.\frac{d\varphi}{dx}\right|_{x=0} = \left.\frac{d\varphi}{dx}\right|_{x=L} \quad (3.1\text{-}1)$$

を満たしている必要がある．(3.1-1)式の条件を周期的境界条件という．ベンゼンの場合，パイ電子は 6 個あるので，本来はそれらの相互作用を考えなければならない．しかし，ここでは相互作用がないものとして，まず一つの電子に注目する．$0 \leq x \leq L$ におけるポテンシャル V を 0 としてシュレディンガー方程式を作成すると，

$$\hat{H}\varphi = -\frac{\hbar^2}{2m_e}\frac{d^2\varphi}{dx^2} = E\varphi \quad (3.1\text{-}2)$$

となる．(3.1-2)式を，(3.1-1)式の条件の下で解くのがここの問題になる．始めに，$E \geq 0$ として解いてみよう．(3.1-2)式より，

$$\varphi(x) = A\exp(ikx) + B\exp(-ikx), \quad k = \frac{\sqrt{2m_e E}}{\hbar} \quad (3.1\text{-}3)$$

となる．(3.1-3)式より，

$$\frac{\mathrm{d}\varphi}{\mathrm{d}x} = \mathrm{i}k\{A\exp(\mathrm{i}kx) - B\exp(-\mathrm{i}kx)\} \tag{3.1-4}$$

となるので，(3.1-1)式より

$$A + B = A\exp(\mathrm{i}kL) + B\exp(-\mathrm{i}kL),$$
$$A - B = A\exp(\mathrm{i}kL) - B\exp(-\mathrm{i}kL) \tag{3.1-5}$$

となる．

これらより，$\exp(\mathrm{i}kL) = 1$ となるので，

$$k = \frac{2n\pi}{L}(\equiv k_n) \quad (n = 0, 1, 2, 3, \cdots) \tag{3.1-6}$$

となる．エネルギー E は(3.1-3)式より，

$$E = \frac{\hbar^2 k^2}{2m_\mathrm{e}} = \frac{\hbar^2}{2m_\mathrm{e}}\left(\frac{2n\pi}{L}\right)^2 (\equiv E_n), \quad (n = 0, 1, 2, 3, \cdots) \tag{3.1-7}$$

となる．$n = 0$ が，$E = 0$ に対応し，$n \geq 1$ が，$E > 0$ に対応する．(3.1-3)式，(3.1-6)式から，$n = 0$ の場合は，波動関数 φ が 0 でない定数になる．$n \geq 1$ の場合は，一つの n に対して，二つの異なる波動関数 φ，$\exp(\mathrm{i}k_n x)$ と $\exp(-\mathrm{i}k_n x)$ が存在する．定数 A，B は，それぞれ規格化条件より決めることができる．その結果，以下の二つの波動関数を得る．

$$\varphi_a = \sqrt{\frac{1}{L}}\exp(\mathrm{i}k_n x), \quad \varphi_b = \sqrt{\frac{1}{L}}\exp(-\mathrm{i}k_n x) \tag{3.1-8}$$

(3.1-8)式は，$n \geq 1$ として出したが，$n = 0$ の場合は，φ_a，φ_b ともに定数になり，それが $n = 0$ のときの波動関数を与えているので，(3.1-8)式は，$n \geq 0$ としてよい．(3.1-8)式の二つの波動関数は，規格化されており，かつ直交している．すなわち，

$$\int_0^L \varphi_a{}^* \varphi_b \mathrm{d}x = 0, \quad \int_0^L \varphi_a{}^* \varphi_a \mathrm{d}x = 1 \tag{3.1-9}$$

が成り立っている.

(3.1-7)式,(3.1-8)式を箱型ポテンシャルの場合と比較してみよう.今回の問題では,$n \geq 1$ では,一つの E_n に対して(一つの固有値に対して),二つの波動関数(固有関数)があることになる.一つの固有値に属する固有関数が複数ある場合を縮退していると表現するが,この場合 2 個の波動関数があるため,2 重に縮退している,と表現する.箱型ポテンシャルの場合は,縮退していなかった.なお,今回の問題でも,$n = 0$ では縮退していない.箱型ポテンシャルの場合,$n = 0$ の場合,波動関数が恒等的に 0 になるため解なしという結論になっていた.

$E < 0$ についても考察してみよう.このとき,(3.1-2)式は,

$$\frac{\mathrm{d}^2 \varphi}{\mathrm{d}x^2} = k^2 \varphi, \quad k = \frac{\sqrt{-2m_\mathrm{e}E}}{\hbar} \tag{3.1-10}$$

となるので,

$$\varphi(x) = A\exp(k) + B\exp(-kx) \tag{3.1-11}$$

である.境界条件に代入すると,(3.1-6)式のように,

$$\exp(kL) = 1 \tag{3.1-12}$$

が得られるが,これは $k = 0$ の場合しか成り立たない.このとき,(3.1-10)式から $E = 0$ となるため,$E < 0$ の場合の波動関数は存在しないことになる.以上より,シュレディンガー方程式の解は,(3.1-8)式ですべて与えられることがわかった.

次に,(3.1-8)式を利用して,各物理量の期待値を計算してみよう.そのためには,現在の電子状態を表す波動関数を決める必要があるが,ここでは,以下の波動関数で電子状態が表されているとしてみよう(線形結合も,また,一つの電子状態である).

$$\varphi_+ = \frac{1}{\sqrt{2}}(\varphi_a + \varphi_b), \quad \varphi_- = \frac{1}{\sqrt{2}}(\varphi_a - \varphi_b), \quad (n \geq 1) \quad (3.1\text{-}13)$$

上記波動関数が規格化されていることは，φ_a, φ_b が規格化，直交化されていることを利用するとすぐに導出できる．また，φ_+, φ_- が互いに直交していることもすぐにわかる．一つ注意したいことは，φ_a, φ_b は，ハミルトニアン $\hat{H}$ の固有関数で，かつ運動量演算子 $\hat{p}_x$ の固有関数にもなっているが，(3.1-13)式は，$\hat{H}$ の固有関数であるものの，$\hat{p}_x$ の固有関数ではないことである．実際,

$$\hat{H}\varphi_+ = \frac{1}{\sqrt{2}}(\hat{H}\varphi_a + \hat{H}\varphi_b) = \frac{E_n}{\sqrt{2}}(\varphi_a + \varphi_b) = E_n \varphi_+ \quad (3.1\text{-}14)$$

となるが,

$$\hat{p}_x \varphi_+ = \frac{1}{\sqrt{2}}\left(\frac{\hbar}{i}\frac{d\varphi_a}{dx} + \frac{\hbar}{i}\frac{d\varphi_b}{dx}\right) = \frac{1}{\sqrt{2}}(\hbar k_n \varphi_a - \hbar k_n \varphi_b)$$
$$= \frac{\hbar k_n}{\sqrt{2}}(\varphi_a - \varphi_b) = \hbar k_n \varphi_- \quad (3.1\text{-}15)$$

となるので，$\hat{p}_x$ の固有関数にはなってはいない．重ね合わせの原理から，運動量を測定したとき，測定値がどうなるかは，その期待値しかわからない．その期待値を求めよう．φ_a の固有値は $\hbar k_n$，φ_b は $-\hbar k_n$ であり，それらが得られる確率は，ともに $(1/\sqrt{2})^2 = 1/2$ であるから，期待値は 0 になるはずである．この結果を，(2.6-9)式を用いた計算で確かめる（期待値に関する詳しい説明は第 6 章を参照のこと）．以下は φ_+ を用いるが，φ_- でも同様に計算できる．

$$\overline{p}_x = \int_0^L \varphi_+^* \hat{p}_x \varphi_+ dx = \frac{1}{2}\int_0^L (\varphi_a^* + \varphi_b^*)\hat{p}_x(\varphi_a + \varphi_b)dx$$
$$= \frac{\hbar k_n}{2}\int_0^L (\varphi_a^* + \varphi_b^*)(\varphi_a - \varphi_b)dx = 0 \quad (3.1\text{-}16)$$

となり,確かに期待値は 0 となった.これは,反対方向に運動している二つの状態が重ね合わさっているからである.実際,運動量を測定すると,2.6 節で示した重ね合わせの原理 II より,$\hbar k_n$ または $-\hbar k_n$ のいずれかが得られ,その瞬間に,波束の収縮が生じる.例えば,$-\hbar k_n$ が得られた場合は,電子の状態は,(3.1-13)式の状態から φ_b の状態へ移る.ただし,この状態は,$\hat{H}$ の固有関数でもあるので,その後,エネルギーを測定すると E_n が得られる.

次に,電子の位置 x の期待を計算しよう.このとき,

$$\bar{x} = \int_0^L \varphi_+{}^* \hat{x} \varphi_+ dx = \frac{1}{2} \int_0^L (\varphi_a{}^* + \varphi_b{}^*) x (\varphi_a + \varphi_b) dx \quad (3.1\text{-}17)$$

であるが,被積分関数は,

$$(\varphi_a{}^* + \varphi_b{}^*) x (\varphi_a + \varphi_b) = (\varphi_a{}^* \varphi_a + \varphi_a{}^* \varphi_b + \varphi_b{}^* \varphi_a + \varphi_b{}^* \varphi_b) x$$
$$= \left(\frac{2}{L} + \frac{2}{L} \cos\left(\frac{4n\pi}{L} x\right) \right) x \quad (3.1\text{-}18)$$

であり,かつ,

$$\int_0^L x \cos\left(\frac{4n\pi}{L} x\right) dx = \left[x \frac{L}{4n\pi} \sin\left(\frac{4n\pi}{L} x\right) \right]_0^L - \frac{L}{4n\pi} \int_0^L \sin\left(\frac{4n\pi}{L} x\right) dx = 0$$
$$(3.1\text{-}19)$$

より,

$$\bar{x} = \frac{1}{2} \frac{2}{L} \int_0^L x \, dx = \frac{1}{2} L \quad (3.1\text{-}20)$$

となる.これは,電子の位置の期待値が,ちょうど $0 \leq x \leq L$ の真ん中であることを示している.

以上の議論は,電子 1 個についての議論であった.ベンゼンの場合,パイ

電子が6個あるが，相互作用がないとしているので，6個の電子はそれぞれ(3.1-7)式で表されるエネルギーをもつ．(3.1-7)式では，$n = 0$のときが最もエネルギーが低い．そのため，6個の電子がこのエネルギー状態にいることが最もエネルギーが低い状態になると考えられるが，実際はそうなってはいない．これは，電子が複数個ある場合に適用される，パウリ（Wolfgang Pauli）の原理というものがあるためである．(1900−1958, オーストリア)パウリの原理は第8章でも取り上げるが，ここで簡単に説明しておこう．パウリの原理とは，二つ以上の電子は同一の量子状態を同時に占有することはできない，というものである．同一の量子状態とは，量子数が同じ場合のことをさすが，同じ量子数の場合でも縮退がある場合は，それらを別の量子状態とみなす．今回の場合，量子数とは(3.1-7)式のnである．これに加え，後に紹介するスピン磁気量子数m_sというものを電子がもっている．これは，$m_s = 1/2$，$-1/2$という二つの値をとり得る．

では，6個のパイ電子をエネルギーが低い状態から埋めていくことにしよう．この様子を図3.1-2に示した．まず，$n = 0$の場合であるが，この場合，縮退がないため，スピン磁気量子数が二つの値をとる，ということから，このエネルギー状態には電子は2個入ることができる．残りの4個に関しては，エネルギーがより高い，次の量子状態に入れるしかない．そこで，$n = 1$の場合を考える．この場合，2重に縮退していた（波動関数がφ_a，φ_bの二つがあった）．さらにスピン磁気量子数を考え，$2 \times 2 = 4$個の電子が$n = 1$の状態に入ることができる．これで6個のパイ電子のエネルギー

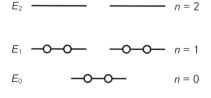

図3.1-2　6個の電子のエネルギー占有状態

状態がわかったことになる．なお，パウリの原理は，シュレディンガー方程式から導出されるものではなく，パウリが実験事実から導いた経験的法則である．パウリの原理にしたがう粒子をフェルミ粒子という．逆にパウリの原理にしたがわない粒子をボーズ粒子というが，その代表例が光子とフォノンである．この詳細は，第8章に記す．

以上，ベンゼンのパイ電子を例に周期的境界条件の波動関数を示した．周期的境界条件は，かなり簡略化したモデルであるが，ベンゼンのパイ電子の挙動を定性的に説明している（問題 3.1-1 参照）．

問題 3.1-1 ベンゼンは，無色透明の液体である．(3.1-7)式を利用し，その理由を考察せよ．なお，ベンゼンの炭素間の距離は，約 1.40×10^{-10} m である．

3.2　ブロッホの定理とクローニッヒ-ペニーモデル

ここで扱うのは結晶中の電子である．電子は，結晶を構成する原子またはイオンから影響を受ける．原子やイオンは周期的に配置されているので，電子は周期的ポテンシャル場の中を運動することになり，その影響の大きさによって，金属，半導体，絶縁体などに分類される．このとき重要になるのがブロッホ (Felix Bloch)[(1905-1983, スイス)] の定理とクローニッヒ (R. de L. Kronig)-[(1904-1995, ドイツ)] ペニー (W. G. Penney)[(1909-1991, イギリス)] モデルであり，材料科学では重要な定理・モデルである．

同種の原子が規則正しく並んでいる固体中の電子から見たポテンシャルを $V(\vec{r})$ とすれば，周期性を考えると，

$$V(\vec{r}) = V(\vec{r} + \vec{R}), \quad \vec{R} = n_1\vec{a}_1 + n_2\vec{a}_2 + n_3\vec{a}_3 \quad (3.2\text{-}1)$$

を満たしている．ここに，$n_j, \vec{a}_j$ ($j = 1, 2, 3$) は，それぞれ，任意の整数，および実格子基底ベクトルである．固体中の原子数を $\vec{a}_1$ の方向に N_1 個，

3.2 ブロッホの定理とクローニッヒ-ペニーモデル

$\vec{a}_2$ の方向に N_2 個，$\vec{a}_3$ の方向に N_3 個とすると，$0 \le n_1 \le N_1 - 1$, $0 \le n_2 \le N_2 - 1$, $0 \le n_3 \le N_3 - 1$ である．シュレディンガー方程式は，

$$\hat{H}\varphi = \left\{-\frac{\hbar^2}{2m_\mathrm{e}}\Delta + V(\vec{r})\right\}\varphi = E\varphi \qquad (3.2\text{-}2)$$

であり，境界条件として，

$$\varphi(\vec{r} + N_1\vec{a}_1) = \varphi(\vec{r} + N_2\vec{a}_2) = \varphi(\vec{r} + N_3\vec{a}_3) = \varphi(\vec{r}) \quad (3.2\text{-}3)$$

を採用するとする．$\vec{r} + N_j\vec{a}_j$ $(j = 1, 2, 3)$ は，固体の外にはみ出しているが，波動関数の値は，$N_j\vec{a}_j$ だけ平行移動させたときの値と同じとしている．

次に，演算子 $\hat{T}_{\vec{R}}$ を，以下のように定義する．

$$\hat{T}_{\vec{R}}\varphi(\vec{r}) = \varphi(\vec{r} + \vec{R}) \qquad (3.2\text{-}4)$$

この演算子は，座標を $\vec{R}$ だけ平行移動させる演算子である．このとき，

$$\hat{T}_{\vec{R}}\{\hat{H}\varphi(\vec{r})\} = \hat{H}(\vec{r} + \vec{R})\varphi(\vec{r} + \vec{R}) = \hat{H}(\vec{r})\varphi(\vec{r} + \vec{R}) = \hat{H}(\vec{r})\{\hat{T}_{\vec{R}}\varphi(\vec{r})\}$$
$$(3.2\text{-}5)$$

である．すなわち，

$$(\hat{H}\hat{T}_{\vec{R}} - \hat{T}_{\vec{R}}\hat{H})\varphi(\vec{r}) = 0 \qquad (3.2\text{-}6)$$

である．これは，$\hat{T}_{\vec{R}}$ と $\hat{H}$ が交換可能であることを示している．よって，これら演算子には共通の固有関数が存在する（第 6 章を参照のこと）．すなわち，

$$\hat{T}_{\vec{R}}\varphi(\vec{r}) = c_1(\vec{R})\varphi(\vec{r}) \qquad (3.2\text{-}7)$$

である．一方，$\hat{T}_{\vec{R}}$ の定義から，

$$\hat{T}_{\vec{R}} \cdot \hat{T}_{\vec{R}'} = \hat{T}_{\vec{R}'} \cdot \hat{T}_{\vec{R}} = \hat{T}_{\vec{R}+\vec{R}'} \qquad (3.2\text{-}8)$$

であるので，

$$c(\vec{R}) \cdot c(\vec{R}') = c(\vec{R} + \vec{R}') \tag{3.2-9}$$

である.ここで,特に,$\vec{R} = N_j \vec{a}_j$ の場合は,

$$\hat{T}_{\vec{R}} \varphi(\vec{r}) = \varphi(\vec{r} + N_j \vec{a}_j) = c(N_j \vec{a}_j) \varphi(\vec{r}) = \varphi(\vec{r}) \tag{3.2-10}$$

である.最後の等号は境界条件(3.2-3)式を利用した.よって,

$$c(N_j \vec{a}_j) = 1, \quad (j = 1, 2, 3) \tag{3.2-11}$$

である.(3.2-9)式,(3.2-11)式から

$$c(N_j \vec{a}_j) = c(\vec{a}_j) c((N_j - 1)\vec{a}_j) = c(\vec{a}_j)^2 c((N_j - 2)\vec{a}_j) = \cdots = c(\vec{a}_j)^{N_j} = 1 \tag{3.2-12}$$

となる.よって,l_j ($j = 1, 2, 3$) を整数として,

$$c(\vec{a}_j) = \exp\left(2\pi \mathrm{i} \frac{l_j}{N_j}\right) \tag{3.2-13}$$

と表現することができる.これより,$\vec{R} = n_1 \vec{a}_1 + n_2 \vec{a}_2 + n_3 \vec{a}_3$ のときは,

$$c(\vec{R}) = c(\vec{a}_1)^{n_1} c(\vec{a}_2)^{n_2} c(\vec{a}_3)^{n_3} = \exp\left\{2\pi \mathrm{i}\left(\frac{n_1 l_1}{N_1} + \frac{n_2 l_2}{N_2} + \frac{n_3 l_3}{N_3}\right)\right\} \tag{3.2-14}$$

であることがわかった.そこで,逆格子ベクトル $\vec{b}_j$ ($j = 1, 2, 3$) を用いて,

$$\vec{k} = \frac{l_1}{N_1} \vec{b}_1 + \frac{l_2}{N_2} \vec{b}_2 + \frac{l_3}{N_3} \vec{b}_3 \tag{3.2-15}$$

と置くと,

$$c(\vec{R}) = \exp(\mathrm{i} \vec{k} \cdot \vec{R}) \tag{3.2-16}$$

とすることができる.$\vec{k}$ は l_j ($j = 1, 2, 3$) という整数で表されているので,

波動関数 $\varphi(\vec{r})$ の量子数は $\vec{k}$ である．これより，

$$\varphi(\vec{r}+\vec{R}) = \exp(i\vec{k}\cdot\vec{R})\varphi(\vec{r}) \tag{3.2-17}$$

であることがわかった．波動関数が(3.2-17)式の形で表されることをブロッホの定理という．

なお，$\vec{b}_j$ は，

$$\vec{b}_1 = \frac{2\pi}{\Delta}\vec{a}_2\times\vec{a}_3, \quad \vec{b}_2 = \frac{2\pi}{\Delta}\vec{a}_3\times\vec{a}_1, \quad \vec{b}_3 = \frac{2\pi}{\Delta}\vec{a}_1\times\vec{a}_2 \tag{3.2-18}$$

$$\Delta = \vec{a}_1\cdot(\vec{a}_2\times\vec{a}_3) = \vec{a}_2\cdot(\vec{a}_3\times\vec{a}_1) = \vec{a}_3\cdot(\vec{a}_1\times\vec{a}_2) \tag{3.2-19}$$

で定義される．(3.2-18)式，(3.2-19)式の演算「×」はベクトル積のことである．

ここで，ブロッホの定理の別表現を紹介する．

$$\varphi(\vec{r}) = \exp(i\vec{k}\cdot\vec{r})u(\vec{r}) \tag{3.2-20}$$

と置くと，

$$\begin{aligned}\varphi(\vec{r}+\vec{R}) &= \exp(i\vec{k}(\vec{r}+\vec{R}))u(\vec{r}+\vec{R}) \\ &= \exp(i\vec{k}\cdot\vec{R})\exp(i\vec{k}\cdot\vec{r})u(\vec{r}+\vec{R}) \\ &= \exp(i\vec{k}\cdot\vec{R})\varphi(\vec{r})\end{aligned} \tag{3.2-21}$$

である．最後の等号は(3.2-17)式を利用した．(3.2-20)式，(3.2-21)式を比較して，

$$u(\vec{r}+\vec{R}) = u(\vec{r}) \tag{3.2-22}$$

がわかる．(3.2-20)式，(3.2-22)式が，ブロッホの定理の別表現となっている．

次にブロッホの定理を用いて，図3.2-1のようなポテンシャル，$V(\vec{r})$ 中

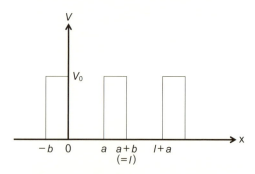

図 3.2-1　クローニッヒ-ペニーモデル

を運動する電子の波動関数を求めてみよう．このモデル（クローニッヒ-ペニーモデル）は，金属や半導体中の電子の性質を記述できるのでぜひ解いていただきたい．

$-b \leq x \leq 0$ 領域でのシュレディンガー方程式は，

$$\left(-\frac{\hbar^2}{2m_e}\frac{d^2}{dx^2} + V_0\right)\varphi = E\varphi \tag{3.2-23}$$

となり，したがって，

$$\frac{d^2\varphi}{dx^2} = \frac{2m_e(V_0 - E)}{\hbar^2}\varphi \tag{3.2-24}$$

となる．

$\beta = \sqrt{2m_e(V_0 - E)}/\hbar$ と置くと，(3.2-24)式は，以下の解をもつ．

$$\varphi = A_1\exp(\beta x) + B_1\exp(-\beta x), \quad (-b \leq x \leq 0) \tag{3.2-25}$$

$0 \leq x \leq a$ 領域では，シュレディンガー方程式は以下となる．

$$-\frac{\hbar^2}{2m_e}\frac{d^2\varphi}{dx^2} = E\varphi \tag{3.2-26}$$

$\alpha = \sqrt{2m_{\mathrm{e}}E}/\hbar$ と置くと，上式の解は以下となる．

$$\varphi(x) = A_2 \exp(\mathrm{i}\alpha x) + B_2 \exp(-\mathrm{i}\alpha x), \quad (0 \leq x \leq a) \quad (3.2\text{-}27)$$

ここで，ブロッホの定理を 1 次元問題に適用すると，$\vec{r}$ を x，$\vec{R}$ を l として，

$$\varphi(x + l) = \exp(\mathrm{i}kl)\varphi(x) \quad (3.2\text{-}28)$$

となる．ただし，$l = a + b$ である．特に $x \to x - l$ とすると，

$$\varphi(x) = \exp(\mathrm{i}kl)\varphi(x - l) \quad (3.2\text{-}29)$$

となる．$a \leq x \leq a + b = l$ 領域の波動関数を $\varphi(x)$ とすれば，$\varphi(x - l)$ は，$-b \leq x \leq 0$ 領域の波動関数，(3.2-25)式に他ならない．よって，

$$\varphi(x) = \exp(\mathrm{i}kl)\{A_1 \exp(\beta(x - l)) + B_1 \exp(-\beta(x - l))\},$$
$$(a \leq x \leq a + b) \quad (3.2\text{-}30)$$

となる．

$x = 0$, a で，$\varphi(x)$ と $d\varphi(x)/dx$ が連続になるという境界条件より，$x = 0$ では，(3.2-25)式と(3.2-27)式ならびに以下に示す微分した式，

$$\frac{\mathrm{d}\varphi(x)}{\mathrm{d}x} = A_1\beta \exp(\beta x) - B_1\beta \exp(-\beta x), \quad (-b \leq x \leq 0) \quad (3.2\text{-}31)$$

$$\frac{\mathrm{d}\varphi(x)}{\mathrm{d}x} = A_2\mathrm{i}\alpha \exp(\mathrm{i}\alpha x) - B_2\mathrm{i}\alpha \exp(-\mathrm{i}\alpha x), \quad (0 \leq x \leq a) \quad (3.2\text{-}32)$$

を考慮すると，

$$A_1 + B_1 = A_2 + B_2, \quad A_1\beta - B_1\beta = A_2(\mathrm{i}\alpha) - B_2(\mathrm{i}\alpha) \quad (3.2\text{-}33)$$

を得る．$x = a$ では，(3.2-27)式と(3.2-30)式ならびに以下に示す微分した式，

$$\frac{\mathrm{d}\varphi(x)}{\mathrm{d}x} = \exp(\mathrm{i}kl)\{A_1\beta\exp(\beta(x-l)) - B_1\beta\exp(-\beta(x-l))\},$$
$$(a \leq x \leq a+b) \qquad (3.2\text{-}34)$$

と(3.2-32)式を考慮すると,

$$A_2\exp(\mathrm{i}\alpha a) + B_2\exp(-\mathrm{i}\alpha a)$$
$$= \{A_1\exp(\beta(a-l)) + B_1\exp(-\beta(a-l))\}\exp(\mathrm{i}kl) \qquad (3.2\text{-}35)$$

ならびに,

$$A_2\mathrm{i}\alpha\exp(\mathrm{i}\alpha a) - B_2\mathrm{i}\alpha\exp(-\mathrm{i}\alpha a)$$
$$= \{\beta A_1\exp(\beta(a-l)) - \beta B_1\exp(-\beta(a-l))\}\exp(\mathrm{i}kl) \qquad (3.2\text{-}36)$$

を得る.

以上の境界条件を行列で表現すると以下となる.

$$\begin{pmatrix} 1 & 1 & -1 & -1 \\ \beta & -\beta & -\mathrm{i}\alpha & \mathrm{i}\alpha \\ -\exp(\mathrm{i}kl - \beta b) & -\exp(\mathrm{i}kl + \beta b) & \exp(\mathrm{i}\alpha a) & \exp(-\mathrm{i}\alpha a) \\ -\beta\exp(\mathrm{i}kl - \beta b) & \beta\exp(\mathrm{i}kl + \beta b) & \mathrm{i}\alpha\exp(\mathrm{i}\alpha a) & -\mathrm{i}\alpha\exp(-\mathrm{i}\alpha a) \end{pmatrix}\begin{pmatrix} A_1 \\ B_1 \\ A_2 \\ B_2 \end{pmatrix} = \begin{pmatrix} 0 \\ 0 \\ 0 \\ 0 \end{pmatrix}$$
$$(3.2\text{-}37)$$

(3.2-37)式は, $A_1 \sim B_2$ がすべて0ならば成り立つ. しかし, この場合, 波動関数(3.2-25)式, (3.2-27)式は恒等的に0となるので, 求める解ではない. これら係数が0でない値をもつには, 左辺の行列式が0になる必要がある. これを計算するのは難しい数学は不要であるが, かなり複雑である. 行列式の計算に慣れていない読者は, (3.2-33)式を利用して, A_1, B_1 を, A_2, B_2 で表し, それを(3.2-35)式, (3.2-36)式に代入し, $A_2 = B_2 = 0$ 以外の解になる条件を考えるとよい. 問題3.2-1には, この方法と行列式計算の二つが示されている. (3.2-37)式から得られる結果は以下の式である.

$$\cos(kl) = \cosh(\beta b)\cos(\alpha a) + \frac{\beta^2 - \alpha^2}{2\alpha\beta}\sinh(\beta b)\sin(\alpha a) \quad (3.2\text{-}38)$$

以下，束縛を受けない（$V_0 = 0$, $b = 0$）場合，束縛を受ける（$V_0 \to \infty$, $b \to 0$, ただし $\beta^2 ab/2 \to P$, P は定数）場合，という二つの代表的な例について考察してみる．

Ⅰ）束縛を受けない場合

この条件におけるエネルギー E を求めてみよう．束縛を受けていないので，(3.2-38)式で，$V_0 = 0$, $b = 0$ とすることができ，このとき，$\beta = i\alpha$ となるので，

$$\cosh(\beta b) = 1, \quad \sinh(\beta b) = 0 \quad (3.2\text{-}39)$$

となり，これを(3.2-38)式に代入し，

$$\cos(ka) = \cos(\alpha a) \quad (3.2\text{-}40)$$

となる．ここに，$l = a$ を用いた．(3.2-40)式より，以下を得る．

$$k = \alpha = \frac{\sqrt{2m_e E}}{\hbar}, \quad \therefore E = \frac{\hbar^2 k^2}{2m_e} \quad (3.2\text{-}41)$$

これは，自由電子のエネルギー状態を表している．k は，(3.2-15)式，(3.2-18)式より，

$$k = \frac{2\pi l_1}{N_1 a}, \quad (N_1, l_1 \text{ は整数}) \quad (3.2\text{-}42)$$

である．N_1 は x 方向に並んでいる原子またはイオンの数であり，十分大きな数字なので，k は連続とみなしてよい．これより，k と E の関係は，連続的な 2 次関数となる．

Ⅱ）束縛を受ける場合

次に，電子が束縛を受けているときのエネルギー E を求めてみよう．まず，この場合の条件を再度確認しよう．

$$V_0 \to \infty, \quad b \to 0 \tag{3.2-43}$$

とするが，ある定数 P があり，

$$\beta^2 \frac{ab}{2} \to P \tag{3.2-44}$$

を満たすように V_0 と b の極限操作を行うという意味である．一般に，ポテンシャルの影響の大きさは V_0 の大きさに依存するが，それだけではなく，その幅 b にも依存する．そこで，それらの積，すなわち，$V_0 b$ を一定な値になるように極限操作をする，という考えである．実際 $V_0 \to \infty$ とすると，

$$\beta^2 = \frac{2m_\mathrm{e}(V_0 - E)}{\hbar^2} \approx \frac{2m_\mathrm{e} V_0}{\hbar^2} \tag{3.2-45}$$

であるが，これを(3.2-44)式に代入すると，

$$\frac{\beta^2 ab}{2} \approx \left(\frac{m_\mathrm{e} a}{\hbar^2}\right) V_0 b \to P \tag{3.2-46}$$

となるので，$V_0 b$ は定数となるように極限操作を行っていることがわかる．一方，$\beta \to \infty$ でもあるので，

$$\beta b = \frac{\beta^2 b}{\beta} \propto \frac{V_0 b}{\beta} \to 0 \tag{3.2-47}$$

となる．以上を考慮すると，

$$\cosh(\beta b)\cos(\alpha a) \to \cosh(0)\cos(\alpha a) = \cos(\alpha a) \tag{3.2-48}$$

3.2 ブロッホの定理とクローニッヒ-ペニーモデル

ならびに

$$\frac{\beta^2 - \alpha^2}{2\alpha\beta}\sinh(\beta b)\sin(\alpha a) \to \frac{\beta^2 - \alpha^2}{2\alpha\beta}\beta b\sin(\alpha a) \to \frac{\beta^2 b}{2\alpha}\sin(\alpha a)$$

$$\to \frac{1}{2\alpha}\frac{2}{a}P\sin(\alpha a) = P\frac{\sin(\alpha a)}{\alpha a} \quad (3.2\text{-}49)$$

となる．ここで，$\beta b \ll 1$ のとき，$\sinh(\beta b) \approx \beta b$ であることを利用した．以上より，

$$\cos(ka) = \cos(\alpha a) + P\frac{\sin(\alpha a)}{\alpha a} \quad (3.2\text{-}50)$$

となる．

(3.2-50)式の左辺は，$\cos$ 関数なので，-1 と 1 の間の値をとるが，右辺はこの範囲外の値をとる場合もある．そこで，$\alpha a = x$ と置き，右辺を

$$f(x) = \cos(x) + P\frac{\sin(x)}{x} \quad (3.2\text{-}51)$$

とし，この関数の性質を見てみよう．

まず，$x \to 0$ なら $\sin(x)/x \to 1$ なので，$f(0) = 1 + P$ である．これより，例えば，$P = 5$ の関数の形は図 3.2-2 となる．灰色の部分は，$f(x)$ の値が，$-1 \sim 1$ の範囲外の場合であり，(3.2-50)式左辺の $\cos(ka)$ がとり得ない値である．このため，この部分を禁制帯とよび，それ以外を許容帯と呼ぶ．これは，横軸 x の成分 αa が連続ではなく，不連続になることを示している．このことは，$\alpha = \sqrt{2m_e E}/\hbar$ であることを考慮すると，ある値のエネルギーが取り得ないことを意味している．

図 3.2-2 から，波数 k とエネルギー E の関係を図に表すと，図 3.2-3 となる．例えば，最初に $\cos(ka) = 1$ となる，すなわち，$ka = 0$ のときのエネルギーは，図 3.2-2 の点 A の横軸の成分，αa の値から計算される．これ

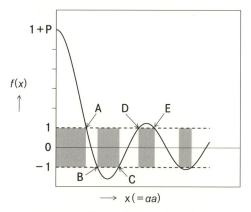

図 3.2-2　(3.2-51)式，$f(x)$ のグラフ

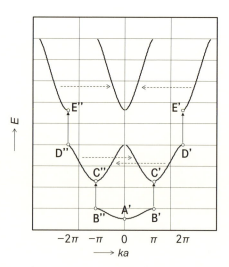

図 3.2-3　クローニッヒ-ペニーモデルでの ka と E の関係

が図 3.2-3 の A' 点である．$ka = \pi$ まで k が増加するときはエネルギーも増加していくが，$ka = \pi$ のときは $\cos(ka) = -1$ であり，図 3.2-2 の横軸の成分，αa の値は，B 点から C 点へ飛ぶことになる．そのため，エネルギー値にギャップが生じる．これが，図 3.2-3 の B' 点と C' 点である．その後，

3.2 ブロッホの定理とクローニッヒ-ペニーモデル

$ka = 2\pi$ まで k が増加するときはエネルギーも増加していき，$ka = 2\pi$ のときに再び D 点から E 点へ横軸の成分，αa の値が飛ぶので，エネルギーギャップが生じる．図 3.2-3 はこのようにして描かれている．

なお，ka の値については，2π だけ，あるいはその整数倍だけシフトさせることができる．そこで，$-\pi \leq ka \leq \pi$ の外にある曲線を，$-\pi \leq ka \leq \pi$ へ平行移動させることもできる．図 3.2-3 の矢印がその平行移動を示している．このようにすると，ka と E の関係を，$-\pi \leq ka \leq \pi$ の領域だけ考えることができる．

以上は，電子が 1 個の場合についての議論である．実際の固体中には無数といっていいほどの電子が存在している．この場合，パウリの原理を適用しなければならない．すなわち，$k = 2\pi l_1/(N_1 a)$ の状態には，一つの電子しか入ることができない（スピンを考えると二つ）．そのため，電子はエネルギーの低い状態から入っていくことになる．図 3.2-4 は，全電子がエネルギーの低い状態から占有されていったときのいくつかのパターンを模式的に示している．図 3.2-4 の (a) は，金属の場合である．エネルギーが最も高い電子は，すぐその上に電子に占有されていないエネルギー状態があり，そこに移動しやすい（励起されやすい）．これが金属中の自由電子である．このため，金属は電気を通しやすい．図 3.2-4 の (b) は，許容帯に電子が

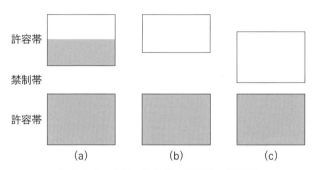

図 3.2-4　金属，絶縁体，半導体の説明図
（灰色部分は電子が占有している領域）
(a)：金属，(b)：絶縁体，(c)：半導体

詰まっていて，かつ，上の許容帯までのエネルギー差が大きい場合である．この場合は，下の許容帯にある電子を上の許容帯まで移動させることが非常に難しくなる．絶縁体はこのような状態であると説明できる．図 3.2-4 の (c) は，二つの許容帯のエネルギー差がそれほど大きくなく，かつ，下の許容帯にほとんど電子が詰まっている状態で，半導体がこれにあたる．さらなる説明を第 11 章 11.1 節半導体に記述した．

問題 3.2-1 (3.2-37)式から(3.2-38)式を導け．

3.3　1 次元調和振動子

1 次元調和振動子とは，ばね定数が k のばねにつながっている粒子の運動を記述するもので，振動の中心を原点に取ると，復元力が $-kx$ で表される．そのため，粒子が x のところにいると，そのポテンシャル V は，$kx^2/2$ で表される．これは，V が x の 2 次関数で表されることを意味するが，V が 2 次関数でなくても，粒子が振動している範囲の V を 2 次関数で近似することができれば調和振動子として扱うことができる．そのため，このモデルはかなり応用範囲が広いといえる．実際，この問題における粒子を結晶を構成している原子またはイオンとしてシュレディンガー方程式を解き，そのエネルギーを用いて結晶の比熱を計算すると実験値をよく説明できる．

古典物理学では，ばね定数が k のとき，$\omega = \sqrt{k/M}$（M：粒子の質量）の角振動数で単振動することがわかっている．よって，古典物理学におけるハミルトニアンは，

$$H = \frac{p_x^2}{2M} + \frac{1}{2}M\omega^2 x^2 \qquad (3.3\text{-}1)$$

となる．これまでの例では，粒子といえば電子であったが，調和振動子の場合，原子など，電子より重い粒子を扱う場合も多いので粒子の質量を M で

表した．量子化の手続きにより，(3.3-1)式から

$$\hat{H}\varphi = \left(-\frac{\hbar^2}{2M}\frac{\mathrm{d}^2}{\mathrm{d}x^2} + \frac{1}{2}M\omega^2 x^2\right)\varphi = E\varphi \qquad (3.3\text{-}2)$$

を得る．

(3.3-2)式は，φ に x^2 が掛け算されている形になっているため，φ そのものを求めるのは少々複雑である．まず，(3.3-2)式を見やすくするために，

$$\alpha = \sqrt{\frac{M\omega}{\hbar}}, \quad \xi = \alpha x, \quad \lambda = \frac{2E}{\hbar\omega} \qquad (3.3\text{-}3)$$

と置く．このとき，(3.3-2)式は，以下となる．

$$\frac{\mathrm{d}^2\varphi}{\mathrm{d}\xi^2} + (\lambda - \xi^2)\varphi = 0 \qquad (3.3\text{-}4)$$

始めに，(3.3-4)式の $|\xi| \to \infty$ における近似解を求めよう．

$$\varphi = \exp(-a\xi^2) \qquad (3.3\text{-}5)$$

と置き，φ の 2 階微分を計算すると，

$$\frac{\mathrm{d}^2\varphi}{\mathrm{d}\xi^2} = -2a\exp(-a\xi^2) + 4a^2\xi^2\exp(-a\xi^2) \qquad (3.3\text{-}6)$$

となる．(3.3-6)式右辺の第 1 項は第 2 項より十分小さいのでこれを無視し，かつ，(3.3-4)式の $(\lambda - \xi^2)$ は，$-\xi^2$ と近似できるので，(3.3-4)式は，

$$4a^2\xi^2\exp(-a\xi^2) - \xi^2\exp(-a\xi^2) = 0 \qquad (3.3\text{-}7)$$

となる．よって，$a = 1/2$ とすればよいことがわかる．

近似解の一つが求められたので，これを基に厳密解を求めてみる．そのため，今度は，

$$\varphi = u(\xi) \exp\left(-\frac{\xi^2}{2}\right) \qquad (3.3\text{-}8)$$

と置く．右辺の指数関数部分が近似解である．これにより，φ を求める問題から $u(\xi)$ を求める問題になった．(3.3-8)式は，近似解を含んでいるので，その分，問題が簡単になることを期待している．(3.3-8)式より，φ の 2 階微分を計算すると，

$$\frac{\mathrm{d}^2\varphi}{\mathrm{d}\xi^2} = \left(\frac{\mathrm{d}^2u}{\mathrm{d}\xi^2} - 2\xi\frac{\mathrm{d}u}{\mathrm{d}\xi} - u + \xi^2 u\right)\exp\left(-\frac{1}{2}\xi^2\right) \qquad (3.3\text{-}9)$$

となるので，(3.3-4)式に代入し，

$$\left(\frac{\mathrm{d}^2u}{\mathrm{d}\xi^2} - 2\xi\frac{\mathrm{d}u}{\mathrm{d}\xi} - u + \xi^2 u\right)\exp\left(-\frac{1}{2}\xi^2\right) + (\lambda - \xi^2)u\exp\left(-\frac{1}{2}\xi^2\right) = 0$$
$$(3.3\text{-}10)$$

を得る．両辺を指数関数で割れば，u の微分方程式として以下を得る．

$$\frac{\mathrm{d}^2 u}{\mathrm{d}\xi^2} - 2\xi\frac{\mathrm{d}u}{\mathrm{d}\xi} + (\lambda - 1)u = 0 \qquad (3.3\text{-}11)$$

(3.3-11)式の左辺第 2 項は $\mathrm{d}u/\mathrm{d}\xi$ に ξ が掛け算されているので解を求めるにはこのままでは複雑である．そこでこれを解くために，u を ξ の級数で表す．級数で表す理由は ξ^n ($n = 0, 1, 2, \cdots$) が完全系をなしていることによる（第 2 章で，箱型ポテンシャル問題の固有関数（三角関数）が完全系をなしていることを具体的な計算で実感してもらった（図 2.6-1）．これと同じように ξ^n も完全系をなしている）．このことは，複素関数における正則関数がテイラー展開できることを思い出せばイメージしやすいであろう．そこで，

$$u = \sum_{n=0}^{\infty} C_n \xi^n \qquad (3.3\text{-}12)$$

とし，これを，(3.3-11)式に代入すると以下を得る．

$$\sum_{n=0}^{\infty} \{C_{n+2}(n+2)(n+1) + C_n(\lambda - 2n - 1)\} \xi^n = 0 \quad (3.3\text{-}13)$$

(3.3-13)式は，任意の ξ で成り立っているので，その係数は 0 でなければならない．したがって，

$$C_{n+2} = \frac{2n + 1 - \lambda}{(n+2)(n+1)} C_n \quad (3.3\text{-}14)$$

となる．(3.3-14)式は，C_n が一つ飛ばしで決まっていることを意味する．すなわち，C_0 を決めると，その後，$C_2, C_4, \cdots$ が決まり，C_1 を決めると，その後，$C_3, C_5, \cdots$ が決まる．そのため，u は，u_a, u_b という二つの関数の線形和，

$$u = C_0 u_a + C_1 u_b \quad (3.3.15)$$

という形になっていることがわかる．(3.3-14)式を見ると，ある n で $\lambda = 2n + 1$ となると，$C_{n+2} = 0$ となり，その後の係数，$C_{n+4}, C_{n+6}, \cdots$ はすべて 0 になることがわかる．逆に，すべての n で $\lambda \neq 2n + 1$ となっている場合は，$C_0 = C_1 = 0$ 以外は，u は無限級数になることになる．

今，われわれは，$|\xi| \to \infty$ で $\varphi \to 0$ なる解を求めようとしている．φ は，(3.3-8)式の形で与えられ，$\exp(-\xi^2/2)$ は，$|\xi| \to \infty$ では，きわめて速く 0 に収束する．しかし，u が無限級数になる場合，それを上回る速さで発散することが示される．そのため，どこかで $\lambda = 2n + 1$ になってもらう必要がある．このような n が偶数の場合は，u_a は，有限次元の多項式になるので，$C_1 = 0$ と置けば，$|\xi| \to \infty$ で φ は発散しない．n が奇数の場合は，u_b が有限次元の多項式になるので，$C_0 = 0$ と置けばよい．なお，$C_0 = C_1 = 0$ は，φ が恒等的に 0 になるので，これはわれわれが求めている解ではない．

ここで，u_a と u_b の $|\xi| \to \infty$ のときの性質を調べよう．まず，u_a であるが，

これは n が偶数のときである．十分大きい n に対しては，(3.3-14)式より，

$$C_{n+2} \approx \frac{2}{n+2} C_n \tag{3.3-16}$$

となっている．ここで，(3.3-16)式との関連と展開をはかるために少し天下り的ではあるが，指数関数 $\exp(\xi^2)$ を考える（u が結果的に $\exp(\xi^2)$ で表されることを述べる）．$\exp(\xi^2)$ を級数で表すと，

$$\exp(\xi^2) = 1 + \xi^2 + \frac{1}{2!}(\xi^2)^2 + \frac{1}{3!}(\xi^2)^3 + \cdots$$

$$= \sum_{m=0}^{\infty} \frac{1}{m!}(\xi^2)^m \equiv \sum_{m=0}^{\infty} B_{2m} \xi^{2m} \tag{3.3-17}$$

となっている．ここで，$B_{2m} = 1/m!$ である．このとき，$n = 2m$ と置くと，

$$\frac{B_{n+2}}{B_n} = \frac{B_{2m+2}}{B_{2m}} = \frac{1}{m+1} = \frac{1}{\frac{n}{2}+1} = \frac{2}{n+2} \tag{3.3-18}$$

である．これは，(3.3-16)式と同じ関係にある．そこで，(3.3-17)式の級数部分を，ある N より大きい n の部分と，それ以下の部分に分けてみよう．

$$\exp(\xi^2) = 1 + \xi^2 + \frac{1}{2!}(\xi^2)^2 + \cdots + \frac{1}{N!}\xi^{2N} + \left\{ \frac{\xi^{2N+2}}{(N+1)!} + \cdots \right\} \tag{3.3-19}$$

この N は，(3.3-16)式が十分よい近似になる大きさであるものとする．一方，

$$u_a = C_0 + C_2 \xi^2 + \cdots + C_{2N} \xi^{2N}$$

$$+ A \left\{ \frac{C_{2N+2}}{A} \xi^{2N+2} + \frac{C_{2N+4}}{A} \xi^{2N+4} + \frac{C_{2N+6}}{A} \xi^{2N+6} + \cdots \right\} \tag{3.3-20}$$

と置く．このとき，$C_{2N+2}/A = 1/(N+1)!$ となるように A を定めると，(3.3-16)式より，

$$\frac{C_{2N+4}}{A} \approx \frac{2}{2N+4}\frac{C_{2N+2}}{A} = \frac{1}{(N+2)!} \qquad (3.3\text{-}21)$$

ならびに

$$\frac{C_{2N+6}}{A} \approx \frac{2}{2N+6}\frac{C_{2N+4}}{A} = \frac{1}{(N+3)!} \qquad (3.3\text{-}22)$$

となり，(3.3-20)式右辺の { } 内の関数は，(3.3-19)式右辺の { } 内の関数と一致するようになる．$|\xi| \to \infty$ では，$\exp(\xi^2)$ は，2N 次の多項式((3.2-19)式右辺の前半部分) より速く発散するので，その値は，(3.3-19)式右辺の { } の値で決まると考えてよい．そのため，u_a の値も，(3.3-20)式の { } の値で決まり，そこが(3.3-19)式の { } と同じであることから，

$$u_a \approx \exp(\xi^2) \quad (|\xi| \to \infty \text{ のとき}) \qquad (3.3\text{-}23)$$

であることがわかった．

u_b については，n が奇数のときであり，

$$u_b = C_1\xi + C_3\xi^3 + C_5\xi^5 + \cdots = \xi(C_1 + C_3\xi^2 + C_5\xi^4 + \cdots) \qquad (3.3\text{-}24)$$

となるので，(3.3-24)式右辺の ( ) 内に対して同様な議論をして，

$$u_b \approx \xi\exp(\xi^2) \quad (|\xi| \to \infty \text{ のとき}) \qquad (3.3\text{-}25)$$

がいえる．u は，(3.3-15)式で表されているので，$\lambda \neq 2n+1$ の場合，$\exp(\xi^2)$ と同等の速さで発散することがわかる．この場合，(3.3-8)式より，$|\xi| \to \infty$ で $\varphi \to 0$ を満たすことができなくなる．以上から，$\lambda = 2n+1$ となることがわかった．

(3.3-3)式から，λ はエネルギー E を決定する数値であり，

$$E = \frac{\lambda}{2}\hbar\omega = \left(n + \frac{1}{2}\right)\hbar\omega, \quad n = 0, 1, 2, 3, \cdots \quad (3.3\text{-}26)$$

と表されることになる．古典物理学では，1次元調和振動子の場合，(3.3-1)式から，エネルギーは連続の値をとり，かつ，最低エネルギーは，$x = 0$で静止しているときに$E = 0$となるときである．しかし，量子力学では，(3.3-26)式より，$n = 0$においてもエネルギーは0にならない．このときのエネルギーを零点エネルギーと呼ぶ．零点エネルギーは，単なるエネルギーの基準点の変更ではなく，重要な意味をもつ．例えば，^{4}Heは絶対零度でも通常の外圧下では固体にならず液体のままである．これは，零点エネルギーが0ではないことから説明されている（25気圧以上では固体になる）．

それでは，具体的なuを求めよう．$\lambda = 2n + 1$を(3.3-11)式に代入すると，以下の式を得る．

$$\frac{d^2 H_n}{d\xi^2} - 2\xi \frac{dH_n}{d\xi} + 2nH_n = 0 \quad (3.3\text{-}27)$$

(3.3-27)式は，エルミート（Hermite）の微分方程式と呼ばれ，その解は，エルミート多項式と呼ばれており，数学的にはよく知られている方程式である．エルミート多項式は一般に，H_nと表されるので(3.3-27)式でもuの代わりにH_nと表現している．以降，H_nと表現するとする．エルミート多項式の母関数を$S(\xi, s)$と置くと，

$$S(\xi, s) = \exp(-s^2 + 2s\xi) = \sum_{n=0}^{\infty} \frac{H_n(\xi)}{n!} s^n \quad (3.3\text{-}28)$$

であることが知られており，また，直接計算できる式として，以下の式が知られている．

$$H_n(\xi) = (-1)^n \exp(\xi^2) \frac{d^n}{d\xi^n} \exp(-\xi^2) \quad (3.3\text{-}29)$$

(3.3-28)式, (3.3-29)式の説明は, 問題 3.3-1 と問題 3.3-2 にしたので, 興味ある読者はそちらを参考にして欲しい. ここでは, エルミート多項式の性質について少し調べてみよう.

(3.3-29)式を 1 回微分すると,

$$\frac{dH_n}{d\xi} = (-1)^n \left\{ 2\xi \exp(\xi^2) \frac{d^n}{d\xi^n} \exp(-\xi^2) + \exp(\xi^2) \frac{d^{n+1}}{d\xi^{n+1}} \exp(-\xi^2) \right\}$$
$$= 2\xi H_n - H_{n+1} \tag{3.3-30}$$

となり, さらに微分して,

$$\frac{d^2 H_n}{d\xi^2} = 2H_n + 2\xi \frac{dH_n}{d\xi} - \frac{dH_{n+1}}{d\xi} = (4\xi^2 + 2)H_n - 4\xi H_{n+1} + H_{n+2} \tag{3.3-31}$$

を得る. (3.3-31)式の式変形では, (3.3-30)式と, さらには $n \to n+1$ とした式も代入している. 一方, H_n は, (3.3-27)式を満たしているので, (3.3-30)式と(3.3-31)式を(3.3-27)式に代入して整理すると,

$$(2n+2)H_n - 2\xi H_{n+1} + H_{n+2} = 0 \quad \therefore \xi H_n = nH_{n-1} + \frac{1}{2}H_{n+1} \tag{3.3-32}$$

というエルミート多項式の漸化式を得る. (3.3-32)式後半では, $n+1 \to n$ の置き換えをしている. (3.3-32)式を, (3.3-30)式に代入すると,

$$\frac{dH_n}{d\xi} = 2nH_{n-1} + H_{n+1} - H_{n+1} = 2nH_{n-1} \tag{3.3-33}$$

となる. (3.3-33)式を利用すれば, エルミート多項式の直交性を得ることができる. すなわち, エルミート多項式では, 以下の式が成り立つ.

$$\int_{-\infty}^{\infty} H_m H_n \exp(-\xi^2) d\xi = 2^n n! \sqrt{\pi} \delta_{mn} \tag{3.3-34}$$

これは，(3.3-8)で表される波動関数の直交性そのものを表している重要な式である．(3.3-34)式を示すため，$n > m$ として，(3.3-29)式を(3.3-34)式左辺に代入すると，

$$\int_{-\infty}^{\infty} H_m H_n \exp(-\xi^2) \mathrm{d}\xi$$

$$= (-1)^n \int_{-\infty}^{\infty} H_m \frac{\mathrm{d}^n}{\mathrm{d}\xi^n} \exp(-\xi^2) \mathrm{d}\xi$$

$$= (-1)^n \left\{ \left[H_m \frac{\mathrm{d}^{n-1}}{\mathrm{d}\xi^{n-1}} \exp(-\xi^2) \right]_{-\infty}^{\infty} - \int_{-\infty}^{\infty} \frac{\mathrm{d}H_m}{\mathrm{d}\xi} \frac{\mathrm{d}^{n-1}}{\mathrm{d}\xi^{n-1}} \exp(-\xi^2) \mathrm{d}\xi \right\}$$

$$= (-1)^{n+1} 2m \int_{-\infty}^{\infty} H_{m-1} \frac{\mathrm{d}^{n-1}}{\mathrm{d}\xi^{n-1}} \exp(-\xi^2) \mathrm{d}\xi \quad (3.3\text{-}35)$$

となる．(3.3-35)式では，$\xi \to \pm\infty$ で $\exp(-\xi^2) \to 0$ を利用しており，さらには(3.3-33)式を代入している．(3.3-35)式を見ると，被積分関数の n, m の値がそれぞれ 1 減少しているので，これを繰り返して，

$$\int_{-\infty}^{\infty} H_m H_n \exp(-\xi^2) \mathrm{d}\xi = (-1)^{n+m} 2^m m! \int_{-\infty}^{\infty} H_0 \frac{\mathrm{d}^{n-m}}{\mathrm{d}\xi^{n-m}} \exp(-\xi^2) \mathrm{d}\xi$$

$$= (-1)^{n+m} 2^m m! \left[\frac{\mathrm{d}^{n-m-1}}{\mathrm{d}\xi^{n-m-1}} \exp(-\xi^2) \right]_{-\infty}^{\infty}$$

$$= 0 \quad (3.3\text{-}36)$$

となる．これはエルミート多項式の直交性を表している．$n = m$ の場合は，(3.3-36)式の 1 行目右辺の積分が直接実行できて，

$$\int_{-\infty}^{\infty} H_n^2 \exp(-\xi^2) \mathrm{d}\xi = (-1)^{2n} 2^n n! \int_{-\infty}^{\infty} \exp(-\xi^2) \mathrm{d}\xi = 2^n n! \sqrt{\pi} \quad (3.3\text{-}37)$$

を得る．以上をまとめると，(3.3-34)式となる．

H_n が求まると，(3.3-8)式より波動関数が決定できる．代表的な例について列記してみよう．なお，規格化のための定数は，(3.3-37)式で決定さ

れるが，ここでは，具体的な値を求めずに，C_0, C_1 のままにしている．なお，規格化因子も含めた波動関数の具体的な形は第 6 章 6.6 節の (6.6-32) 式で示す．

$$n = 0 \quad \varphi_0 = C_0 \exp(-\xi^2/2), \tag{3.3-38}$$

$$n = 1 \quad \varphi_1 = C_1 \xi \exp(-\xi^2/2), \tag{3.3-39}$$

$$n = 2 \quad \varphi_2 = C_0(1 - 2\xi^2) \exp(-\xi^2/2), \tag{3.3-40}$$

$$n = 3 \quad \varphi_3 = C_1 \left(\xi - \frac{2}{3} \xi^3 \right) \exp(-\xi^2/2) \tag{3.3-41}$$

1 次元調和振動子の波動関数の具体的な形を図 3.3-1 に示した．なお，古

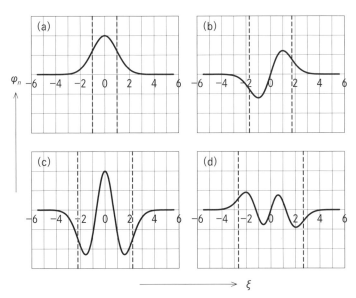

図 3.3-1　1 次元調和振動子の波動関数
横軸は (3.3-3) 式の ξ，縦軸（相対値）は (3.3-38)～(3.3-41) 式の φ_n
(a) $n = 0$, (b) $n = 1$, (c) $n = 2$, (d) $n = 3$

典物理学では，単振動する場合，粒子の位置は，振幅 A のときが最大で，それより外に位置することはない．この A を求めてみる．(3.3-1)式より，

$$\left(n+\frac{1}{2}\right)\hbar\omega = \frac{1}{2}M\omega^2 A^2 \tag{3.3-42}$$

であるから，A は，

$$A = \sqrt{(2n+1)\frac{\hbar}{M\omega}} \quad (\equiv A_n) \tag{3.3-43}$$

となる．

これは x 座標で表したときであり，(3.3-3)式から ξ 座標で表すと，

$$A_n = \sqrt{2n+1} \tag{3.3-44}$$

となる．図 3.3-1 の点線は，$\xi = \pm A_n$ の位置を示している．図 3.3-1 から，量子力学では，$|\xi| > A_n$ の範囲でも粒子が存在する確率が 0 ではないことがわかる．

問題 3.3-1 (3.3-28)式で定義される $H_n(\xi)$ は，(3.3-27)式を満たすことを示せ．

問題 3.3-2 微分方程式，$\dfrac{dy}{d\xi} + 2\xi y = 0$，の解が，$y = C\exp(-\xi^2)$ （C は定数）であることを利用して，(3.3-29)式を導出せよ．

3.4 矩形型ポテンシャル問題

ここでは，2種類の 1 次元矩形型ポテンシャル問題を扱う．これらの問題は，数式が複雑になりがちではあるが，波動関数として指数関数（$\exp(ikx)$

など）で表されているため，前節で扱ったエルミート多項式などのような特殊関数の知識は不要である．これら問題を解くことで，自分がもつエネルギーより高いポテンシャルの壁を通る確率が0ではないことがわかる．これをトンネル効果と呼び，原子核のα崩壊，トンネルダイオード，さらにはトンネル電子顕微鏡の開発などにつながった．

最初に，図3.4-1のような，有限の高さをもつポテンシャルの壁があり，左側から平面波がやってきて，一部が反射され，一部が透過していく場合を考える．シュレディンガー方程式は，

$$-\frac{\hbar^2}{2m_\mathrm{e}}\frac{\mathrm{d}^2\varphi}{\mathrm{d}x^2} = E\varphi \quad (x \leq 0,\ x \geq a) \tag{3.4-1}$$

$$\left(-\frac{\hbar^2}{2m_\mathrm{e}}\frac{\mathrm{d}^2}{\mathrm{d}x^2} + V_0\right)\varphi = E\varphi \quad (0 \leq x \leq a) \tag{3.4-2}$$

である．以下では，$0 < E \leq V_0$と$E \geq V_0 > 0$の二つの場合に分けて検討していく．

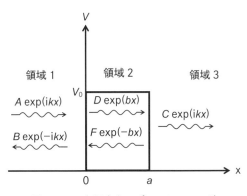

図 3.4-1 有限高さのポテンシャルの壁

Ⅰ. $0 < E \leq V_0$ の場合

古典物理学では，電子の平面波は領域 1 から領域 2 へ侵入することはないが，量子力学ではそれがあり得ることを示すことができる．(3.4-1)式, (3.4-2)式より，

$$\frac{\mathrm{d}^2\varphi}{\mathrm{d}x^2} = -k^2\varphi, \quad k = \frac{\sqrt{2m_\mathrm{e}E}}{\hbar} \tag{3.4-3}$$

$$\frac{\mathrm{d}^2\varphi}{\mathrm{d}x^2} = b^2\varphi, \quad b = \frac{\sqrt{2m_\mathrm{e}(V_0 - E)}}{\hbar} \tag{3.4-4}$$

である．領域 1 では右向きに進んでくる平面波と $x = 0$ で反射した左向きに進む平面波の重ね合わせになるので，

$$\varphi_1(x) = A\exp(\mathrm{i}kx) + B\exp(-\mathrm{i}kx) \quad (x \leq 0) \tag{3.4-5}$$

と置く．領域 3 では，ポテンシャルの壁を通り抜けてきた右向きの平面波のみ存在するとして，

$$\varphi_3(x) = C\exp(\mathrm{i}kx) \quad (x \geq a) \tag{3.4-6}$$

と置く．領域 2 では，(3.4-2)式の一般解の形，

$$\varphi_2(x) = D\exp(bx) + F\exp(-bx) \quad (0 \leq x \leq a) \tag{3.4-7}$$

と置く．境界条件は，各境界で波動関数とその 1 次微分が連続であることである．$x = 0$ の境界条件より，

$$A + B = D + F \tag{3.4-8}$$

$$\mathrm{i}k(A - B) = b(D - F) \tag{3.4-9}$$

が得られ，$x = a$ での境界条件より

$$C\exp(\mathrm{i}ka) = D\exp(ab) + F\exp(-ab) \tag{3.4-10}$$

ならびに

$$ikC\exp(ika) = b(D\exp(ab) - F\exp(-ab)) \quad (3.4\text{-}11)$$

が得られる．(3.4-8)式～(3.4-11)式から，C を用いて他の係数を表すと以下のようになる．

$$A = \frac{(k+ib)^2\exp(ab) - (k-ib)^2\exp(-ab)}{4ikb\exp(-ika)}C, \quad (3.4\text{-}12)$$

$$B = \frac{(k^2+b^2)(\exp(ab) - \exp(-ab))}{4ikb\exp(-ikb)}C, \quad (3.4\text{-}13)$$

$$D = i\frac{(k-ib)\exp(i(k+ib)a)}{2b}C, \quad (3.4\text{-}14)$$

$$F = -i\frac{(k+ib)\exp(i(k-ib)a)}{2b}C \quad (3.4\text{-}15)$$

これより，反射率 R は，

$$R = \left|\frac{B}{A}\right|^2 = \frac{V_0^2\sinh^2(ab)}{4E(V_0-E) + V_0^2\sinh^2(ab)} \quad (3.4\text{-}16)$$

であり，透過率 T は，

$$T = \left|\frac{C}{A}\right|^2 = \frac{4E(V_0-E)}{4E(V_0-E) + V_0^2\sinh^2(ab)} \quad (3.4\text{-}17)$$

となる．(3.4-16)式，(3.4-17)式から，

$$R + T = 1 \quad (3.4\text{-}18)$$

となっていることがわかる．

Ⅱ. $E \geq V_0 > 0$ の場合

このとき，(3.4-4)式の b を以下のように置き換える．

$$b = \mathrm{i}b', \quad b' = \frac{\sqrt{2m_\mathrm{e}(E - V_0)}}{\hbar} \tag{3.4-19}$$

このとき，

$$\sinh(ba) = \sinh(\mathrm{i}b'a) = \frac{\exp(\mathrm{i}b'a) - \exp(-\mathrm{i}b'a)}{2} = \mathrm{i}\sin(b'a) \tag{3.4-20}$$

なので，これを(3.4-16)式，(3.4-17)式に代入し，

$$R = \frac{V_0^2 \sin^2(b'a)}{V_0^2 \sin^2(b'a) + 4E(E - V_0)} \tag{3.4-21}$$

ならびに，

$$T = \frac{4E(E - V_0)}{V_0^2 \sin^2(b'a) + 4E(E - V_0)} \tag{3.4-22}$$

を得る．

ここで，T の概略を示す．

$$\xi = E/V_0 \tag{3.4-23}$$

とし，さらに，

$$P = \frac{2m_\mathrm{e}V_0}{\hbar^2}a^2 \tag{3.4-24}$$

と置く．このとき，$V_0 \geq E > 0$ のとき，$0 \leq \xi \leq 1$ であり，(3.4-17)式から，

$$T = \frac{4\xi(1-\xi)}{\sinh^2(\sqrt{P(1-\xi)}) + 4\xi(1-\xi)} \qquad (3.4\text{-}25)$$

となる．$E > V_0 > 0$ のときは，$\xi > 1$ であり，(3.4-22)式から，

$$T = \frac{4\xi(\xi-1)}{\sin^2(\sqrt{P(\xi-1)}) + 4\xi(\xi-1)} \qquad (3.4\text{-}26)$$

となる．図 3.4-2 は，透過率 T のグラフである．

図 3.4-2 からわかるように，$0 \leq \xi \leq 1$ の領域でも透過率 T が 0 ではない．これは，古典物理学ではなかった現象で，ポテンシャルの壁にトンネルを作って，そこから電子が透過していくような現象であることからトンネル効果と呼ばれている．

(3.4-21)式，(3.4-22)式を見ると，$b'a$ が π の整数倍のとき，$R = 0$，$T = 1$ になることがわかる．すなわち，平面波が反射されずにポテンシャルの壁を通り抜ける．これは，領域 2 で，ポテンシャルの壁の幅 a が半波長の整数倍になり，領域 2 で定常波ができる状態である．

矩形型ポテンシャル問題の二つ目の例は，図 3.4-3 のように，$|x| \leq a$ で

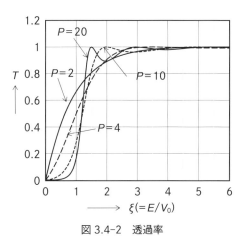

図 3.4-2　透過率

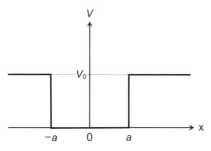

図 3.4-3 井戸型ポテンシャル問題

$V = 0$ であり，$|x| \geq a$ では $V = V_0 > 0$ となっている井戸型ポテンシャル問題である．ただし，$a > 0$ である．

第2章の例題で扱ったのは，$V_0 = \infty$ の場合であったが，図 3.4-3 は有限の値としている．ここでは，$0 < E \leq V_0$ の条件で考えてみる．シュレディンガー方程式は，

$$-\frac{\hbar^2}{2m_e}\frac{d^2\varphi}{dx^2} = E\varphi \quad (|x| \leq a) \tag{3.4-27}$$

$$\left(-\frac{\hbar^2}{2m_e}\frac{d^2}{dx^2} + V_0\right)\varphi = E\varphi \quad (|x| \geq a) \tag{3.4-28}$$

である．よって，

$$\varphi_2(x) = A\cos(kx) + B\sin(kx), \quad k = \frac{\sqrt{2m_e E}}{\hbar} \quad (|x| \leq a) \tag{3.4-29}$$

$$\varphi_3(x) = C\exp(-\beta x), \quad \beta = \frac{\sqrt{2m_e(V_0 - E)}}{\hbar} \quad (x \geq a) \tag{3.4-30}$$

$$\varphi_1(x) = D\exp(\beta x), \quad \beta = \frac{\sqrt{2m_e(V_0 - E)}}{\hbar} \quad (x \leq -a) \tag{3.4-31}$$

である．φ_1，φ_3 の指数関数の引数は，$|x| \to \infty$ で波動関数が 0 に収束するように決めてある．

境界条件は，波動関数およびその 1 回微分が連続であるという条件なので，$x = a$ の境界から，

$$A\cos(ka) + B\sin(ka) = C\exp(-\beta a), \qquad (3.4\text{-}32)$$

$$-kA\sin(ka) + kB\cos(ka) = -\beta C\exp(-\beta a), \qquad (3.4\text{-}33)$$

$x = -a$ の条件から，

$$A\cos(ka) - B\sin(ka) = D\exp(-\beta a), \qquad (3.4\text{-}34)$$

$$kA\sin(ka) + kB\cos(ka) = \beta D\exp(-\beta a) \qquad (3.4\text{-}35)$$

を得る．(3.4-32)式，(3.4-33)式から C を消去し，

$$(\beta\cos(ka) - k\sin(ka))A + (\beta\sin(ka) + k\cos(ka))B = 0 \qquad (3.4\text{-}36)$$

を得る．

また，(3.4-34)式，(3.4-35)式から D を消去し，

$$(\beta\cos(ka) - k\sin(ka))A - (\beta\sin(ka) + k\cos(ka))B = 0 \qquad (3.4\text{-}37)$$

となり，さらに(3.4-36)式と(3.4-37)式を足し合わせて，

$$(\beta\cos(ka) - k\sin(ka))A = 0 \qquad (3.4\text{-}38)$$

を得る．これより，

$$(\beta\sin(ka) + k\cos(ka))B = 0 \qquad (3.4\text{-}39)$$

となる．(3.4-38)式，(3.4-39)式から，$A \neq 0$ または $B \neq 0$ となるためには，それぞれの係数部分が 0 にならなければならない．$A \neq 0$ となるためには，(3.4-38)式の左辺より，

$$\tan(ka) = \frac{\beta}{k} \qquad (3.4\text{-}40)$$

であり，$B \neq 0$ となるためには，(3.4-39)式の左辺より，

$$\cot(ka) = -\frac{\beta}{k} \qquad (3.4\text{-}41)$$

である必要がある．また，(3.4-40)式が成り立つとき，$B = 0$ となり，(3.4-32)式，(3.4-34)式から，

$$C = D = A\cos(ka)\exp(\beta a) \qquad (3.4\text{-}42)$$

となる．(3.4-41)式が成り立つときは，$A = 0$ となり，

$$C = -D = B\sin(ka)\exp(\beta a) \qquad (3.4\text{-}43)$$

となることがわかる．

(3.4-42)式，(3-4-43)式は，波動関数がそれぞれ対称関数，反対称関数になっていることを示している．対称関数の場合は，エネルギーは(3.4-40)式を満足するように決定される．反対称関数の場合は，(3.4-41)式を満足するように決定される．これら二つの方程式は，解析的に解くことはできない．そのため，グラフを用いて，解がどうなっているかを考察してみよう．

まず，(3.4-40)式を，以下のように変形する．

$$\beta a = (ka)\tan(ka) \equiv \xi\tan(\xi) \quad (\xi = ka) \qquad (3.4\text{-}44)$$

(3.4-44)式を満たすエネルギー E は，以下の二つのグラフの交点で表されることになる．

$$y = \xi\tan(\xi) \qquad (3.4\text{-}45)$$

$$y = \beta a \qquad (3.4\text{-}46)$$

ここで，ξ と βa の関係を調べると，

$$\xi^2 + (\beta a)^2 = \xi^2 + y^2 = \frac{2m_e V_0}{\hbar^2} a^2 \tag{3.4-47}$$

なので，右辺が定数であることから，(3.4-46)式は，$\xi - y$ 平面では円となる．ka も βa も正の値なので，第1象限のみ考えればよい．(3.4-41)式に関しても同様な式変形をすると，(3.4-45)式の代わりの，

$$y = -\xi \cot(\xi) \tag{3.4-48}$$

と，(3.4-46)式の交点を考えればよいことがわかる．

図3.4-4は，(3.4-47)式の右辺をいくつか仮定して作成したものである．交点の数だけ許されるエネルギーがある．(3.4-47)式の右辺の値を 1，4，9，16 としているが，図からわかるように，右辺の値が大きくなるほど（V_0 の値が大きくなるほど，または幅 a が大きくなるほど），許されるエネルギーの数も多くなる．ただし，V_0 や a の値がどんなに小さくても，必ず一つの固有状態が存在することも図3.4-4から理解することができる．

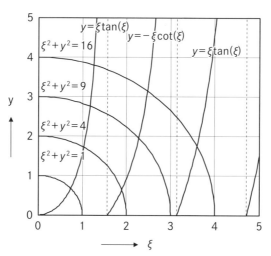

図3.4-4　エネルギーの値を決定するグラフ

第4章

水素原子1（球面調和関数）

　本章および次章で水素原子におけるシュレディンガー方程式の解を求める．水素原子は，もっとも単純な原子であるが，シュレディンガー方程式を厳密に解くことができるのは，この水素原子の場合のみである．水素原子の次に単純な原子であるヘリウムでは，数学的な複雑さからシュレディンガー方程式の厳密解を求めることができない．しかし単純な水素原子のシュレディンガー方程式を解くことにより，エネルギー準位や角運動量など，非常の多くのことを理解できることも事実である．本章では，始めに極座標 (r, θ, φ) を導入し，角度に依存する部分の解を求め，次章で r 部分の解を求める．角度に依存する部分は球面調和関数と呼ばれ，角運動量などを議論する際に重要な関数である．

4.1　シュレディンガー方程式と極座標表示

　本章および次章にて水素原子の波動関数およびエネルギーを計算する．水素原子のエネルギー準位に関しては，ボーアモデルにより既に計算が可能となっており，実験データをきわめてよく説明できている．しかしながら，水素原子の波動関数を求める意義はそれだけではない．He以降の多電子元素の理解や原子間の結合，あるいは磁性材料への理解にも欠かせない題材である．一方，シュレディンガー方程式を解くために必要な数学はかなり複雑である．説明をできるだけ詳しく記したので，文章が長くなり，章を二つに分

けることにした（本章と第5章）．なお，次章の最後（5.4節）に得られた波動関数とエネルギーのまとめを載せた．

水素原子のシュレディンガー方程式は量子化の手続きのところで取り上げたが，再度ここで求めてみよう．ここでは，原子核（陽子）の質量が電子のそれより十分大きいので，陽子は固定されているとしてその座標を原点に取る．電子のエネルギー H は，運動エネルギーとクーロン力による位置エネルギーの合計であるので，

$$H = \frac{1}{2m_\mathrm{e}}(p_x{}^2 + p_y{}^2 + p_z{}^2) + V(r), \quad V(r) = -\frac{e^2}{4\pi\varepsilon_0\sqrt{x^2 + y^2 + z^2}} \tag{4.1-1}$$

となる．量子化の手続きによって，$\hat{H}$ を求めてシュレディンガー方程式を作ると，

$$\hat{H}u = Eu, \quad \hat{H} = -\frac{\hbar^2}{2m_\mathrm{e}}\Delta + V(r) \tag{4.1-2}$$

となる．ここで，u が求めるべき波動関数，E がエネルギー固有値である．ただし，このままでは扱いにくいので，極座標 (r, θ, φ) で表示する．(x, y, z) と (r, θ, φ) の関係は，図 4.1-1 からわかるように，以下の通りである．

$$x = r\sin\theta\cos\varphi, \quad y = r\sin\theta\sin\varphi, \quad z = r\cos\theta \tag{4.1-3}$$

極座標を用いて (4.1-2) 式を表すと，

$$\left[-\frac{\hbar^2}{2m_\mathrm{e}}\left(\frac{\partial^2}{\partial r^2} + \frac{2}{r}\frac{\partial}{\partial r} + \frac{1}{r^2}\Lambda(\theta, \varphi)\right) + V(r)\right]u(r, \theta, \varphi) = Eu(r, \theta, \varphi) \tag{4.1-4}$$

となる．ここで，ラプラシアン Δ は，

$$\Delta = \frac{\partial^2}{\partial r^2} + \frac{2}{r}\frac{\partial}{\partial r} + \frac{1}{r^2}\Lambda(\theta, \varphi) \tag{4.1-5}$$

4.1 シュレディンガー方程式と極座標表示

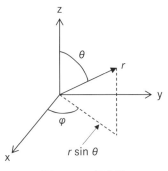

図 4.1-1　極座標

となり，$\Lambda(\theta, \varphi)$ は，

$$\Lambda(\theta, \varphi) = \frac{\partial^2}{\partial \theta^2} + \frac{\cos \theta}{\sin \theta} \frac{\partial}{\partial \theta} + \frac{1}{\sin^2 \theta} \frac{\partial^2}{\partial \varphi^2} \quad (4.1\text{-}6)$$

となる．境界条件は，

$$r \to \infty \text{ で，} \quad |u(r, \theta, \varphi)| \to 0 \quad (4.1\text{-}7)$$

である．

　ラプラシアン Δ を極座標に直すのは少々複雑であり，実際に問題を解くときは，(4.1-5)式，(4.1-6)式から始めるが，一度はこれらの式を確認しておくことも重要である．そこで，極座標表示にする方法について説明し，具体的計算は問題 4.1-1 にて説明することとする．

　(4.1-3)式より，

$$r^2 = x^2 + y^2 + z^2 \quad (4.1\text{-}8)$$

であり，両辺を x で偏微分すると

$$2r \frac{\partial r}{\partial x} = 2x, \text{ となり，したがって，} \frac{\partial r}{\partial x} = \frac{x}{r} = \sin \theta \cos \varphi \quad (4.1\text{-}9)$$

となる.また,

$$x^2 + y^2 = r^2 \sin^2 \theta (\cos^2 \varphi + \sin^2 \varphi) = r^2 \sin^2 \theta \quad (4.1\text{-}10)$$

また,

$$z^2 = r^2 \cos^2 \theta \quad (4.1\text{-}11)$$

より,

$$\frac{x^2 + y^2}{z^2} = \tan^2 \theta \quad (4.1\text{-}12)$$

であるので,(4.1-12)式の両辺を x で偏微分すると,

$$\frac{2x}{z^2} = 2 \tan \theta \frac{1}{\cos^2 \theta} \frac{\partial \theta}{\partial x} \quad (4.1\text{-}13)$$

となり,したがって,

$$\frac{\partial \theta}{\partial x} = \frac{x}{z^2} \frac{\cos^2 \theta}{\tan \theta} = \frac{1}{r} \cos \theta \cos \varphi \quad (4.1\text{-}14)$$

となる.また,φ については,

$$\tan \varphi = \frac{\sin \varphi}{\cos \varphi} = \frac{y}{x} \quad (4.1\text{-}15)$$

を利用する.この両辺を x で偏微分すると,

$$\frac{1}{\cos^2 \varphi} \frac{\partial \varphi}{\partial x} = -\frac{y}{x^2} = -\frac{1}{r} \frac{\sin \varphi}{\sin \theta \cos^2 \varphi} \quad (4.1\text{-}16)$$

となり,したがって,

$$\frac{\partial \varphi}{\partial x} = -\frac{1}{r}\frac{\sin\varphi}{\sin\theta} \qquad (4.1\text{-}17)$$

となる．以上より，

$$\frac{\partial}{\partial x} = \frac{\partial r}{\partial x}\frac{\partial}{\partial r} + \frac{\partial \theta}{\partial x}\frac{\partial}{\partial \theta} + \frac{\partial \varphi}{\partial x}\frac{\partial}{\partial \varphi}$$

$$= \sin\theta\cos\varphi\frac{\partial}{\partial r} + \frac{1}{r}\cos\theta\cos\varphi\frac{\partial}{\partial \theta} - \frac{1}{r}\frac{\sin\varphi}{\sin\theta}\frac{\partial}{\partial \varphi} \qquad (4.1\text{-}18)$$

を得る．同様にして，

$$\frac{\partial}{\partial y} = \sin\theta\sin\varphi\frac{\partial}{\partial r} + \frac{1}{r}\cos\theta\sin\varphi\frac{\partial}{\partial \theta} + \frac{1}{r}\frac{\cos\varphi}{\sin\theta}\frac{\partial}{\partial \varphi} \qquad (4.1\text{-}19)$$

ならびに，

$$\frac{\partial}{\partial z} = \cos\theta\frac{\partial}{\partial r} - \frac{1}{r}\sin\theta\frac{\partial}{\partial \theta} \qquad (4.1\text{-}20)$$

を得る．(4.1-18)～(4.1-20)式を利用してラプラシアン Δ を求めることができる（問題 4.1-1 参照）．

次に，極座標における微小体積 dv について説明する．通常の xyz 座標では，微小体積は $dv = dxdydz$ で表されている．しかし，極座標では，これが $drd\theta d\varphi$ ではないことに注意すべきである．極座標では，図 4.1-2 のように，r 方向に dr，θ 方向に $d\theta$，φ 方向に $d\varphi$ だけ変化させたときにできる微小体積を考える．このとき，各辺の長さは，r 方向では dr，θ 方向では $rd\theta$ であることがわかる．φ 方向では，半径 $r\sin\theta$ の，中心角が $d\varphi$ である円弧の長さになるので $r\sin\theta d\varphi$ である．これらのことにより，極座標では，

$$dv = r^2 \sin\theta dr d\theta d\varphi \qquad (4.1\text{-}21)$$

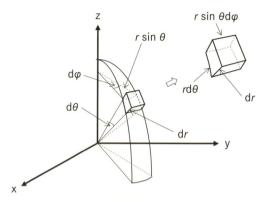

図 4.1-2　極座標における微小体積

となる．このため，波動関数を規格化しようとする場合，

$$\int_0^{2\pi} d\varphi \int_0^{\pi} \sin\theta d\theta \int_0^{\infty} u(r,\theta,\varphi)^* u(r,\theta,\varphi) r^2 dr = 1 \quad (4.1\text{-}22)$$

となるようにする．

問題 4.1-1　(4.1-18)〜(4.1-20)式を利用することで，(4.1-5)式を導出せよ．

4.2　ルジャンドルの多項式

(4.1-4)式に戻ろう．これが，今後の議論の基礎となる．(4.1-6)式は r に依存しない．そのため，(4.1-4)式両辺に r^2 を掛け算すると，左辺の演算子部分は r のみに関する部分と，θ, φ のみに関するに分けられる．そこで，

$$u(r,\theta,\varphi) = R(r) \cdot Y(\theta,\varphi) \quad (4.2\text{-}1)$$

と，波動関数を変数分離型にしてから，(4.1-4)式に代入すると，

$$\frac{r^2}{R(r)}\left[\left(\frac{\mathrm{d}^2}{\mathrm{d}r^2}+\frac{2}{r}\frac{\mathrm{d}}{\mathrm{d}r}\right)+\frac{2m_\mathrm{e}}{\hbar^2}(E-V(r))\right]R(r) = -\frac{1}{Y(\theta,\varphi)}\Lambda(\theta,\varphi)Y(\theta,\varphi) \tag{4.2-2}$$

となる.

　(4.2-2)式では, 代入した後に両辺を $R(r)\cdot Y(\theta,\varphi)$ で割っている. (4.2-2)式の左辺は r のみの関数, 右辺は θ, φ のみの関数である. すなわち, 左辺と右辺でそれぞれ異なる独立変数の関数になっているので, 両者が常に等しいのは, 両辺が定数のときだけである. この定数を後の便利さのために, $l(l+1)$ と置く. このとき,

$$\Lambda(\theta,\varphi)Y(\theta,\varphi) = -l(l+1)Y(\theta,\varphi) \tag{4.2-3}$$

ならびに,

$$-\frac{\hbar^2}{2m_\mathrm{e}}\left(\frac{\mathrm{d}^2}{\mathrm{d}r^2}+\frac{2}{r}\frac{\mathrm{d}}{\mathrm{d}r}\right)R(r) + \left[V(r)+\frac{l(l+1)\hbar^2}{2m_\mathrm{e}r^2}\right]R(r) = ER(r) \tag{4.2-4}$$

となる. まず, (4.2-3)式の解を求める.

$$Y(\theta,\varphi) = P(\theta)\cdot Q(\varphi) \tag{4.2-5}$$

と置き, (4.2-3)式に代入し, 両辺を $P(\theta)Q(\varphi)$ で割ると,

$$\frac{\sin^2\theta}{P(\theta)}\frac{\mathrm{d}^2P}{\mathrm{d}\theta^2} + \frac{\sin\theta\cos\theta}{P(\theta)}\frac{\mathrm{d}P}{\mathrm{d}\theta} + \sin^2\theta\, l(l+1) = -\frac{1}{Q}\frac{\mathrm{d}^2Q}{\mathrm{d}\varphi^2} \tag{4.2-6}$$

となる. (4.2-6)式も, 左辺, 右辺がそれぞれ独立変数 θ, φ のみの関数になっているので, 両辺は定数である. 後の便利さのために, それを m_l^2 と置く. このとき, (4.2-6)式の右辺より,

$$-\frac{1}{Q}\frac{\mathrm{d}^2Q}{\mathrm{d}\varphi^2} = m_l^2 \tag{4.2-7}$$

が得られ，また，(4.2-6)式の左辺より，

$$\frac{1}{\sin\theta}\frac{\mathrm{d}}{\mathrm{d}\theta}\left(\sin\theta\frac{\mathrm{d}P}{\mathrm{d}\theta}\right) + \left(l(l+1) - \frac{m_l^2}{\sin^2\theta}\right)P = 0 \quad (4.2\text{-}8)$$

が得られる．(4.2-7)式から直ちに Q が求まり，

$$Q_m = \frac{1}{\sqrt{2\pi}}\exp(\mathrm{i}m_l\varphi), \quad (m_l = 0, \pm 1, \pm 2, \pm 3, \cdots) \quad (4.2\text{-}9)$$

となる．m_l が整数であるのは，物理的な観点から $Q(\varphi + 2\pi) = Q(\varphi)$ を満たす必要があるからである．第 7 章で角運動量の z 成分に対応する演算子 $\hat{\ell}_z$，((7.1-11)式) を導入するが，(4.2-9)式は，この固有関数になっていることを示している．(4.2-8)式は，$z = \cos\theta$ と置いて，少し式変形する．このときの z は，(4.1-3)式で，$r = 1$ のときの z であるので少し注意をしてほしい．$0 \leq \theta \leq \pi$ より，$-1 \leq z \leq 1$ であり，また，

$$\mathrm{d}\theta = -\frac{\mathrm{d}z}{\sin\theta}, \quad (4.2\text{-}10)$$

$$\sin\theta = \sqrt{1-z^2} \quad (4.2\text{-}11)$$

となるので，これらを用いると，

$$\sin\theta\frac{\mathrm{d}P}{\mathrm{d}\theta} = \sin\theta\frac{\mathrm{d}P}{-\mathrm{d}z/\sin\theta} = -\sin^2\theta\frac{\mathrm{d}P}{\mathrm{d}z} = -(1-z^2)\frac{\mathrm{d}P}{\mathrm{d}z} \quad (4.2\text{-}12)$$

となり，

$$\frac{1}{\sin\theta}\frac{\mathrm{d}}{\mathrm{d}\theta}\left(\sin\theta\frac{\mathrm{d}P}{\mathrm{d}\theta}\right) = \frac{\mathrm{d}}{\mathrm{d}z}\left\{(1-z^2)\frac{\mathrm{d}P}{\mathrm{d}z}\right\} \quad (4.2\text{-}13)$$

を得る．これを(4.2-8)式に代入して，

$$\frac{\mathrm{d}}{\mathrm{d}z}\left\{(1-z^2)\frac{\mathrm{d}P(z)}{\mathrm{d}z}\right\} + \left\{l(l+1) - \frac{m_l^2}{1-z^2}\right\}P(z) = 0 \quad (4.2\text{-}14)$$

を得る. なお, (4.2-14)式では, $P(z)$ が l, m_l に依存するため $P_l^{m_l}(z)$ と表現すべきであるが, これについては少し注意が必要である. (4.2-14)式では, m_l の依存が m_l^2 の形で入ってきているため, 絶対値が同じなら m_l の符号は問題にならない. そのため, m_l が0以上の整数のときだけ $P_l^{m_l}(z)$ を定義し, $m_l < 0$ のときにも適用できるように, $P_l^{|m_l|}(z)$ と表現する方法がある. あるいは, $m_l < 0$ のときは, $P_l^{m_l}(z) = P_l^{|m_l|}(z)$ と定義する方法もある. これら二つの方法は実質的には同じである. 一方, $m_l < 0$ のときにも適用できる $P_l^{m_l}(z)$ の定義式 (具体的には 4.3 節の (4.3-9) 式参照) を与える方法もある. 本書では, $P_l^{|m_l|}(z)$ と表現する方法を採用するとする.

まず, $m_l = 0$ の場合について考えよう. このとき, (4.2-14)式の解はルジャンドルの多項式 ($P_l(z)$ と表す) と呼ばれる関数で与えられるが, これが, $P_l^{|m_l|}(z)$ も与えてくれる. そのため, まずは $P_l(z)$ を求めよう. このとき, l は0以上の整数でなければならないことも導き出される. $m_l = 0$ のとき, (4.2-14)式は以下となる.

$$\frac{\mathrm{d}}{\mathrm{d}z}\left\{(1-z^2)\frac{\mathrm{d}P_l(z)}{\mathrm{d}z}\right\} + l(l+1)P_l(z) = 0 \quad (4.2\text{-}15)$$

最初に, $P_l(z)$ を級数の形に表現する.

$$P_l(z) = \sum_{n=0}^{\infty} C_n z^n \quad (4.2\text{-}16)$$

これを, (4.2-15)式に代入するために, (4.2-15)式左辺の第1項を計算したときに出てくる二つの項を計算してみると,

$$(1-z^2)\frac{\mathrm{d}^2 P_l}{\mathrm{d}z^2} = (1-z^2)\sum_{n=0}^{\infty} C_n n(n-1)z^{n-2}$$

$$= \sum_{n=0}^{\infty} C_n n(n-1)z^{n-2} - \sum_{n=0}^{\infty} C_n n(n-1)z^n$$

$$= \sum_{n=0}^{\infty} C_{n+2}(n+2)(n+1)z^n - \sum_{n=0}^{\infty} C_n n(n-1)z^n \quad (4.2\text{-}17)$$

となり,また,

$$-2z\frac{\mathrm{d}P_l}{\mathrm{d}z} = \sum_{n=0}^{\infty} (-2C_n) n \cdot z^n \quad (4.2\text{-}18)$$

となるので,これに注意すると,

$$\sum_{n=0}^{\infty} \{C_{n+2}(n+2)(n+1) - C_n n(n-1) - 2C_n n + C_n l(l+1)\}z^n = 0 \quad (4.2\text{-}19)$$

を得る.よって,z^n の係数を 0 とすることで,

$$C_{n+2} = \frac{n(n+1) - l(l+1)}{(n+2)(n+1)} C_n = \frac{(n-l)(n+l+1)}{(n+2)(n+1)} C_n \quad (4.2\text{-}20)$$

でなければならないことがわかる.

　調和振動子の議論と同じように,(4.2-20)で,すべての n に対して $l \neq n$ である場合,$C_0 = C_1 = 0$ でない限り,(4.2-16)式は無限級数になる.$C_0 = C_1 = 0$ の場合は,$P_l(z)$ が恒等的に 0 の場合であり,波動関数も恒等的に 0 になってしまうので,物理的に意味がなくなる.また,$l \neq n$ の場合,$n \to \infty$ に対して,

$$\frac{(n-l)(n+l+1)}{(n+2)(n+1)} \to 1 \quad (n \to \infty) \quad (4.2\text{-}21)$$

が成り立ち,十分大きな整数 N があり,$n \geq N$ となる n では,z^n の係数は

同一の定数 (C' と置く) とみなしてかまわない. z は, $-1 \leq z \leq 1$ なので, $z = 1$ の場合でも収束する必要がある. しかし, 無限級数の場合, $z = 1$ では, z^n の係数 C' を無限回足し合わせる形になるため, 発散してしまう. そのため, $l = n$ を満たす n がなければならない. すなわち, l は 0 以上の整数でなければならないことがわかる.

$$l = 0, 1, 2, 3, \cdots \tag{4.2-22}$$

(4.2-20)式から, C_n は一つおきに決まっているので, l が偶数の場合は $C_1 = 0$, l が奇数の場合は $C_0 = 0$ とする必要がある. これも調和振動子の場合と同じである. 以上のことから $P_l(z)$ は有限次数の多項式となり, これがルジャンドルの多項式である.

なお, $P_l(z)$ を具体的に計算する公式としては, 以下の公式がある.

$$P_l(z) = \frac{1}{2^l l!} \frac{\mathrm{d}^l}{\mathrm{d}z^l} (z^2 - 1)^l \tag{4.2-23}$$

(4.2-23)式を説明する前に, これを用いて, l が 0 から 5 までの $P_l(z)$ をみてみよう.

$$\begin{cases} P_0(z) = 1 \\ P_1(z) = z \\ P_2(z) = \dfrac{1}{2}(3z^2 - 1) \\ P_3(z) = \dfrac{1}{2}(5z^3 - 3z) \\ P_4(z) = \dfrac{1}{8}(35z^4 - 30z^2 + 3) \\ P_5(z) = \dfrac{1}{8}(63z^5 - 70z^3 + 15z) \end{cases} \tag{4.2-24}$$

(4.2-24)式では，$z = 1$，すなわち，$\theta = 0$ のときに $P_l(z)$ が 1 になるように係数を決めている．図 4.2-3 は，横軸に θ，縦軸に $P_l(\cos\theta)$ をプロットしたものである．$\theta = 0$ で $P_l(\cos\theta)$ が 1 になっていることがわかる．また，l が奇数の場合は奇数次の項，偶数の場合は偶数次の項しかないことがわかる．

では，$P_l(z)$ の公式，(4.2-23)式を説明しよう．多少天下り的ではあるが，始めに，

$$w = (z^2 - 1)^l \qquad (4.2\text{-}25)$$

と置く．この w が，

$$(1 - z^2)\frac{d^2 w}{dz^2} + 2(l-1)z\frac{dw}{dz} + 2lw = 0 \qquad (4.2\text{-}26)$$

を満たすことは容易にわかる．(4.2-26)式を j 回微分すると，

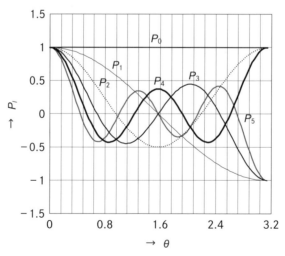

図 4.2-3 ルジャンドルの多項式

$$(1-z^2)\frac{\mathrm{d}^{j+2}w}{\mathrm{d}z^{j+2}} + 2(l-1-j)z\frac{\mathrm{d}^{j+1}w}{\mathrm{d}z^{j+1}} + \{2(l-1)j + 2l - j(j-1)\}\frac{\mathrm{d}^j w}{\mathrm{d}z^j} = 0$$
(4.2-27)

となる（問題 4.2-1 参照）．特に $j=l$ の場合は，

$$(1-z^2)\frac{\mathrm{d}^2 v_l}{\mathrm{d}z^2} - 2z\frac{\mathrm{d}v_l}{\mathrm{d}z} + l(l+1)v_l = 0 \quad (4.2\text{-}28)$$

となり，v_l を

$$v_l = \frac{\mathrm{d}^l w}{\mathrm{d}z^l} \quad (4.2\text{-}29)$$

と置いている．(4.2-28)式は(4.2-15)式と同じ形である．(4.2-29)式の v_l は，(4.2-23)式の右辺と比例定数を除き一致している．よって v_l は $P_l(z)$ を与えてくれる．ただし，ルジャンドルの多項式は，$z=1$ で $P_l(z)$ が1になるように比例定数を決めているので，それを求める必要がある．比例定数を C_l とすると，

$$P_l(z) = C_l v_l = C_l \frac{\mathrm{d}}{\mathrm{d}z^l}(z^2-1)^l \quad (4.2\text{-}30)$$

である．ここで，

$$(z^2-1)^l = (z-1)^l(z+1)^l \quad (4.2\text{-}31)$$

なので，これを l 回微分すると，$(z-1)^{l-l_1}(z+1)^{l-l_2}$ なる項が出てくる．ここで，$l_1 + l_2 = l$ である．このうち，$z=1$ を代入して0にならない項は，$l_1 = l$, $l_2 = 0$ の項のみである．そのときの係数は $l!$ であるので，この項は $l!(z+1)^l$ となっている．そのため，(4.2-31)式を l 回微分してから $z=1$ を代入すると，その値は $2^l l!$ となる．これより，$z=1$ で $P_l(z)$ が1になるようにするには，

$$P_l(z) = \frac{1}{2^l l!} \frac{d^l}{dz^l}(z^2-1)^l \qquad (4.2\text{-}32)$$

とすればよいことがわかる.

問題 4.2-1 (4.2-26)式を j 回微分することで, (4.2-27)式を導出せよ.

4.3 ルジャンドルの陪多項式

$m_l \neq 0$ における(4.2-14)式の解は, ルジャンドルの陪多項式と呼ばれている, 数学ではよく知られている関数で,

$$P_l^{|m_l|}(z) = (1-z^2)^{|m_l|/2}\frac{d^{|m_l|}P_l(z)}{dz^{|m_l|}}, \quad (m_l = -l, -l+1, \cdots l-1, l) \qquad (4.3\text{-}1)$$

で与えられる. $P_l(z)$ はルジャンドルの多項式であり, (4.2-32)式で与えられる.

(4.3-1)式が, (4.2-14)式を満たすことを示そう. まず(4.3-1)式は, m_l の正負にかかわらず, $|m_l|$ が同じなら同じ方程式になるので, 便宜上, $m_l > 0$ とする. (4.2-15)式を z で m_l 回微分すると,

$$(1-z^2)\frac{d^2 v}{dz^2} - 2(m_l+1)z\frac{dv}{dz} + \{l(l+1) - m_l(m_l+1)\}v = 0 \qquad (4.3\text{-}2)$$

となる. ここで,

$$v = \frac{d^{m_l}P_l(z)}{dz^{m_l}} \qquad (4.3\text{-}3)$$

と置いた. (4.3-2)式が成り立つことを確認するには, (4.2-15)式を1回微分すれば, $m_l = 1$ の場合となり, また, (4.3-2)式をさらに1回微分すれ

ば $m_l \to m_l + 1$ とした場合になることを確認すればよい. v は,ルジャンドルの多項式を m_l 回微分した関数なので,(4.3-1)式を参考にして,

$$v = (1 - z^2)^{-m_l/2} w \qquad (4.3\text{-}4)$$

と置く.このとき,(4.3-1)式より,w はルジャンドルの陪多項式である.w が満足する微分方程式を求めるために,(4.3-4)式を(4.3-2)式に代入すると(問題 4.3-1 参照),

$$(1 - z^2)\frac{\mathrm{d}^2 w}{\mathrm{d}z^2} - 2z\frac{\mathrm{d}w}{\mathrm{d}z} + \left\{ l(l+1) - \frac{m_l^2}{1 - z^2} \right\} w = 0 \quad (4.3\text{-}5)$$

を得る.(4.3-5)式は,(4.2-14)式に一致する.そのため,(4.3-4)式の w は(4.2-14)式の解を与える.以上をまとめて,また,$m_l < 0$ の場合でも適用できる式として,

$$w = P_l^{|m_l|}(z) = (1 - z^2)^{|m_l|/2} v = (1 - z^2)^{|m_l|/2} \frac{\mathrm{d}^{|m_l|} P_l(z)}{\mathrm{d}z^{|m_l|}} \quad (4.3\text{-}6)$$

が得られた.これがルジャンドルの陪多項式を与える.

ここで,m_l の範囲を確認しておきたい.$P_l(z)$ は,(4.2-23)式より,z の l 次多項式である.そのため,$P_l(z)$ を $|m_l|$ 回微分して $P_l^{|m_l|}(z)$ を計算すると,$|m_l| > l$ の場合は,$P_l^{|m_l|}(z)$ が恒等的に 0 になり,物理的に意味をなさない.よって,$|m_l| \leq l$ である.具体的に書くと,

$$m_l = -l, -l+1, \cdots, l-1, l \qquad (4.3\text{-}7)$$

となる.

以上より,ルジャンドルの陪多項式を具体的に計算することができる.その例を以下に示す.

$$\begin{cases} P_1^1(z) = \sqrt{1-z^2} \\ P_2^1(z) = 3z\sqrt{1-z^2} \\ P_2^2(z) = 3(1-z^2) \end{cases} \tag{4.3-8}$$

なお，$m_l \geq 0$ の場合で，(4.2-31)式を(4.3-1)式に代入すると，

$$P_l^{m_l}(z) = \frac{(-1)^l}{2^l l!}(1-z^2)^{m_l/2}\frac{\mathrm{d}^{l+m_l}}{\mathrm{d}z^{l+m_l}}(1-z^2)^l \tag{4.3-9}$$

となるが，これは $m_l < 0$ の場合でも，m_l が(4.3-7)式を満たしているときには定義できる．そこで，これを基にルジャンドルの陪多項式を定義する方法もある．本書では，既に述べたように，ルジャンドルの陪多項式は m_l が0または正の整数に対して定義する方法を採用している．

問題 4.3-1 (4.3-4)式を(4.3-2)式に代入し，(4.3-5)式を導出せよ．

4.4 球面調和関数

これまでの議論から，$Q_{m_l}(\varphi)$，$P_l^{|m_l|}(\theta)$ を決定することができる．これにより(4.2-5)式から $Y_{lm_l}(\theta,\varphi)$ が決定される．なお，$Y(\theta,\varphi)$ が，l，m_l に依存することから $Y_{lm_l}(\theta,\varphi)$ としている．この $Y_{lm_l}(\theta,\varphi)$ は球面調和関数と呼ばれている．球面調和関数では，量子数，l，m_l が出てきた．ここで，l を方位量子数，m_l を磁気量子数と呼ぶ．これら量子数が異なるとき，球面調和関数が直交していることを示しておきたい．

極座標で表示されているため，波動関数 ψ，φ が直交しているということは，

$$\int_0^{2\pi}\mathrm{d}\varphi\int_0^{\pi}\sin\theta\mathrm{d}\theta\int_0^{\infty}\psi^*\varphi\,r^2\mathrm{d}r = 0 \tag{4.4-1}$$

ということである．水素原子の波動関数は，座標変数，r，θ，φ それぞれの

4.4 球面調和関数

関数である，$R(r)$，$P(\theta)$，$Q(\varphi)$ の積で表されているため，$R_1 \cdot P_1 \cdot Q_1$ と $R_2 \cdot P_2 \cdot Q_2$ が直交しているということは，(4.4-1)式より，

$$\int_0^{2\pi} d\varphi \int_0^{\pi} \sin\theta d\theta \int_0^{\infty} R_1{}^* P_1{}^* Q_1{}^* R_2 P_2 Q_2 r^2 dr$$
$$= \int_0^{2\pi} Q_1{}^* Q_2 d\varphi \int_0^{\pi} P_1{}^* P_2 \sin\theta d\theta \int_0^{\infty} R_1{}^* R_2 r^2 dr = 0 \quad (4.4\text{-}2)$$

であるということである．これらは独立な変数の関数をそれぞれ積分しているので，

$$\int_0^{2\pi} Q_1{}^* Q_2 d\varphi = 0, \quad (4.4\text{-}3)$$

$$\int_0^{\pi} P_1{}^* P_2 \sin\theta d\theta = 0, \quad (4.4\text{-}4)$$

$$\int_0^{\infty} R_1{}^* R_2 r^2 dr = 0 \quad (4.4\text{-}5)$$

であるかどうかで，直交しているかどうかが決まる．特に，(4.4-4)式，(4.4-5)式では，関数を掛け合せて積分するだけでなく，$\sin\theta$ や r^2 も関数に掛け合わされている点が xyz 座標と異なる点である．なお，(4.4-5)式は次章で示す．

まず磁気量子数に関しては，(4.2-9)式から，$m_l \neq m_{l'}$ の場合，

$$\int_0^{2\pi} Q_{m_{l'}}{}^* Q_{m_l} d\varphi = \frac{1}{2\pi} \int_0^{2\pi} \exp(\mathrm{i}(m_l - m_{l'})\varphi) d\varphi$$
$$= \frac{1}{2\pi} \left[\frac{1}{\mathrm{i}(m_l - m_{l'})} \exp(\mathrm{i}(m_l - m_{l'})\varphi) \right]_0^{2\pi} = 0 \quad (4.4\text{-}6)$$

となり，$m_l \neq m_{l'}$ なら直交している．次に，$l \neq l'$ の場合 $m_l = m_{l'}$ でも直交していることを示す．これは，(4.4-4)式を調べることになるが，この場合，$z = \cos\theta$ から，$dz = -\sin\theta d\theta$ となるので，$P_1{}^* P_2$ を z で積分したときに 0 になることを示せばよい．(4.2-14)式に $P_{l'}^{|m_{l'}|}(z)^*$ を乗じて積分形

に書き直すと，

$$\int_{-1}^{1} P_{l'}^{|m_{l'}|}(z)^* \frac{\mathrm{d}}{\mathrm{d}z}\left\{(1-z^2)\frac{\mathrm{d}P_{l}^{|m_{l}|}(z)}{\mathrm{d}z}\right\}\mathrm{d}z + l(l+1)\int_{-1}^{1} P_{l'}^{|m_{l'}|}(z)^* P_{l}^{|m_{l}|}(z)\mathrm{d}z$$

$$- m_l^2 \int_{-1}^{1} \frac{P_{l'}^{|m_{l'}|}(z)^*}{1-z^2} P_{l}^{|m_{l}|}(z)\mathrm{d}z = 0 \qquad (4.4\text{-}7)$$

となる．左辺第1項は部分積分して，

$$\left[P_{l'}^{|m_{l'}|}(z)^* (1-z^2)\frac{\mathrm{d}P_{l}^{|m_{l}|}(z)}{\mathrm{d}z}\right]_{-1}^{1} - \int_{-1}^{1} \frac{\mathrm{d}P_{l'}^{|m_{l'}|}(z)^*}{\mathrm{d}z}(1-z^2)\frac{\mathrm{d}P_{l}^{|m_{l}|}(z)}{\mathrm{d}z}\mathrm{d}z$$

$$= -\int_{-1}^{1} \frac{\mathrm{d}P_{l'}^{|m_{l'}|}(z)^*}{\mathrm{d}z}(1-z^2)\frac{\mathrm{d}P_{l}^{|m_{l}|}(z)}{\mathrm{d}z}\mathrm{d}z \qquad (4.4\text{-}8)$$

となる．これをまず(4.4-7)式に代入して，

$$l(l+1)\int_{-1}^{1} P_{l'}^{|m_{l'}|}(z)^* P_{l}^{|m_{l}|}(z)\mathrm{d}z - \int_{-1}^{1} \frac{\mathrm{d}P_{l'}^{|m_{l'}|}(z)^*}{\mathrm{d}z}(1-z^2)\frac{\mathrm{d}P_{l}^{|m_{l}|}(z)}{\mathrm{d}z}\mathrm{d}z$$

$$- m_l^2 \int_{-1}^{1} \frac{P_{l'}^{|m_{l'}|}(z)^*}{1-z^2} P_{l}^{|m_{l}|}(z)\mathrm{d}z = 0 \qquad (4.4\text{-}9)$$

を得る．(4.4-9)式を用いて，l の代わりに l'，l' の代わりに l の式を作成し，それを(4.4-9)式から引く．そのときには，$P_{l}^{|m_{l}|}(z)$ が実数関数であるので，(4.4-9)式左辺の第2項，第3項が消えることに注意すると，

$$\{l(l+1) - l'(l'+1)\}\int_{-1}^{1} P_{l'}^{|m_{l'}|}(z) P_{l}^{|m_{l}|}(z)\mathrm{d}z = 0 \qquad (4.4\text{-}10)$$

となる．$l' \neq l$ なので，

$$\int_{-1}^{1} P_{l'}^{|m_{l'}|}(z) P_{l}^{|m_{l}|}(z)\mathrm{d}z = 0 \qquad (4.4\text{-}11)$$

であることがわかる．すなわち，(4.4-11)式と(4.4-6)式から，$Y_{l m_l}(\theta, \varphi)$ は異なる l，m_l の組み合わせに関しては直交することがわかった．

量子力学では，直交性のほかに，規格化も重要であるが，ここでは結果のみ示す．

$$Y_{lm_l}(\theta, \varphi) = (-1)^{(m_l+|m_l|)/2} \sqrt{\frac{(2l+1)(l-|m_l|)!}{2(l+|m_l|)!}} P_l^{|m_l|}(\cos\theta) \frac{1}{\sqrt{2\pi}} \exp(\mathrm{i}m_l\varphi) \tag{4.4-12}$$

このとき，

$$\int_0^{2\pi} \mathrm{d}\varphi \int_0^{\pi} Y_{lm_l}(\theta, \varphi)^* Y_{l'm_{l'}}(\theta, \varphi) \sin\theta \mathrm{d}\theta = \delta_{ll'}\delta_{m_l m_{l'}} \tag{4.4-13}$$

という，直交化，規格化された関数になっている．規格化因子については，興味ある読者は問題 4.4-1，問題 4.4-2 を参照していただきたい．

以上の計算結果から，球面調和関数が求められた．具体的な関数を示す．

$$Y_{0,0} = \frac{1}{\sqrt{4\pi}} \tag{4.4-14}$$

$$Y_{1,0} = \sqrt{\frac{3}{4\pi}} \cos\theta \tag{4.4-15}$$

$$Y_{1,\pm 1} = \mp\sqrt{\frac{3}{8\pi}} \sin\theta \exp(\pm\mathrm{i}\varphi) \tag{4.4-16}$$

$$Y_{2,0} = \sqrt{\frac{5}{16\pi}} (3\cos^2\theta - 1) \tag{4.4-17}$$

$$Y_{2,\pm 1} = \mp\sqrt{\frac{15}{8\pi}} \sin\theta \cos\theta \exp(\pm\mathrm{i}\varphi) \tag{4.4-18}$$

$$Y_{2,\pm 2} = \sqrt{\frac{15}{32\pi}} \sin^2\theta \exp(\pm 2\mathrm{i}\varphi) \tag{4.4-19}$$

ここで、球面調和関数の角度依存性を見るために、$r = |Y_{l,m_l}|^2$ をグラフにしてみる。$|Y_{l,m_l}|^2$ の値は、(4.4-2)式より、角度 φ には依存せず θ のみに依存する。そのため、z 軸を含む平面ならどれでもよいが、図 4.4-1 では xz 平面とした。図 4.4-1 の $Y_{1,0}$ では、z 軸方向に長く伸びているグラフになっている。z 軸方向は、図 4.1-1 より $\theta = 0, \pi$ であり、この方向での電子の分布確率が高いことがわかる。それに対して、$Y_{2,1}$ では、$\theta = \pi/4$, $3\pi/4$ 方向での電子の分布確率が高いことを示している。なお、図 4.4-1 では、r は実際の距離を表しているわけではないことに注意しよう。

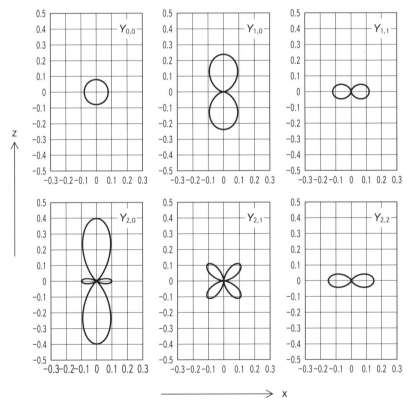

図 4.4-1 球面調和関数の角度依存性

問題 4.4-1 ルジャンドルの多項式が以下の式を満たすことを示せ．

$$\int_{-1}^{1}\{P_l(z)\}^2 \mathrm{d}z = \frac{2}{2l+1}$$

問題 4.4-2 問題 4.4-1 の結果を利用し，ルジャンドルの陪多項式が以下の式を満たすことを示せ．ただし，$m_l \geq 0$ とする．

$$\int_{-1}^{1}\{P_l^{m_l}(z)\}^2 \mathrm{d}z = \frac{2(l+m_l)!}{(2l+1)(l-m_l)!}$$

4.5 球面調和関数と角運動量

これまでの解析により，$Y_{lm}(\theta, \varphi)$ で水素原子における角度方向の波動関数が表されることがわかった．第 7 章で示すが，角運動量の演算子を $\hat{\ell}_x$, $\hat{\ell}_y$, $\hat{\ell}_z$ とすると，角運動量の大きさの 2 乗の演算子，$\hat{\ell}^2$ は，

$$\hat{\ell}^2 = \hat{\ell}_x^2 + \hat{\ell}_y^2 + \hat{\ell}_z^2 \tag{4.5-1}$$

であり，

$$\hat{\ell}^2 = -\hbar^2 \Lambda(\theta, \varphi) \tag{4.5-2}$$

を満たす（$\Lambda(\theta, \varphi)$ は (4.1-6) 式に示した）．これは，球面調和関数 $Y_{lm_l}(\theta, \varphi)$ は，角運動量の大きさの 2 乗の固有関数であり，その固有値は $\hbar^2 l(l+1)$ となっていることを示している．すなわち，

$$\hat{\ell}^2 Y_{lm_l}(\theta, \varphi) = \hbar^2 l(l+1) Y_{lm_l}(\theta, \varphi) \tag{4.5-3}$$

である．さらに，$\hat{\ell}_z$ を極座標で表すと，

$$\hat{\ell}_z = -\mathrm{i}\hbar \frac{\partial}{\partial \varphi} \tag{4.5-4}$$

であることも示すことができ(詳細は第7章を参照),

$$\hat{\ell}_z Y_{lm_l}(\theta, \varphi) = m_l \hbar Y_{lm_l}(\theta, \varphi) \tag{4.5-5}$$

となるので,球面調和関数は,$\hat{\ell}_z$ の固有関数でもあり,その固有値は $m_l \hbar$ で与えられることがわかる.これらの特徴は,第6章,第7章で詳しく述べるが,とても大切な事項であるため,あえてここに示した.

第 5 章

水素原子 2（動径波動関数）

　水素原子の波動関数は，本章で導入する動径波動関数と前章で導入した球面調和関数で表すことができる．第 4 章同様，特殊関数（ラゲールの多項式など）が出てくるが，導出過程を詳しく説明したので，理解することができるであろう．水素原子はもっとも単純な構造であるが，その波動関数は，固体における原子結合などと結びついているので，それに対応する重要な諸特性の理解ができることになる．本章では，水素原子のエネルギーが飛び飛びの値になることも示されているが，これは，ボーアモデルにより既に示されていた結果である．ボーアモデルについては，付録 A の A3 節で説明しているので，こちらも参照していただきたい．

5.1　動径方向のシュレディンガー方程式

　第 4 章で球面調和関数 $Y_{l,m_l}(\theta, \varphi)$ を導き出した．これにより水素原子の波動関数は，(4.2-4)式の $R(r)$ を求めればよいことになる．(4.2-4)式は，方位量子数 l に依存するので，$R(r)$ を $R_l(r)$ と書くことにする．このとき，(4.2-4)式は，

$$-\frac{\hbar^2}{2m_e}\left(\frac{d^2}{dr^2} + \frac{2}{r}\frac{d}{dr}\right)R_l(r) + \left[V(r) + \frac{l(l+1)\hbar^2}{2m_e r^2}\right]R_l(r) = ER_l(r) \tag{5.1-1}$$

となる.ただし,$l = 0, 1, 2, 3, \cdots$ である.ここで,

$$R_l(r) = \frac{\chi_l(r)}{r} \tag{5.1-2}$$

と置き換える.このとき,

$$-\frac{\hbar^2}{2m_e}\frac{\mathrm{d}^2\chi_l}{\mathrm{d}r^2} + \left[V(r) + \frac{l(l+1)\hbar^2}{2m_e r^2}\right]\chi_l(r) = E\chi_l(r) \tag{5.1-3}$$

となる.(5.1-1)式と比べ,r での 1 回微分する項が消えた分,方程式が簡単になっている.ここで,(4.1-1)式の $V(r)$ を代入し,また,束縛状態(電子は水素原子核のまわりで運動している)を考えているので,$E < 0$ とすると,

$$\frac{\mathrm{d}^2\chi_l}{\mathrm{d}r^2} + \left\{\frac{2m_e}{\hbar^2}\left(\frac{e^2}{4\pi\varepsilon_0 r} - |E|\right) - \frac{l(l+1)}{r^2}\right\}\chi_l(r) = 0 \tag{5.1-4}$$

となるが,まだ係数が複雑なので扱いにくい.そこで,

$$\alpha^2 = \frac{8m_e|E|}{\hbar^2}, \tag{5.1-5}$$

$$\lambda = \frac{e^2}{4\pi\varepsilon_0 \hbar}\sqrt{\frac{m_e}{2|E|}}, \tag{5.1-6}$$

$$\rho = \alpha r \tag{5.1-7}$$

と置くと,(5.1-4)式は,

$$\frac{\mathrm{d}^2\chi_l(\rho)}{\mathrm{d}\rho^2} + \left\{\frac{\lambda}{\rho} - \frac{1}{4} - \frac{l(l+1)}{\rho^2}\right\}\chi_l(\rho) = 0 \tag{5.1-8}$$

となる.

(5.1-8)式を解くために，1次元調和振動子の問題を解いたときと同じように，まずは近似解を求め，$\chi_l(\rho)$ の振る舞いを把握してみよう．近似解は，$\rho \to 0$ と $\rho \to \infty$ の場合を考える．

$\rho \to 0$ では，(5.1-8)式の左辺第2項の値は，$-l(l+1)/\rho^2$ で決まるので，

$$\frac{\mathrm{d}^2 \chi_l(\rho)}{\mathrm{d}\rho^2} - \frac{l(l+1)}{\rho^2} \chi_l(\rho) = 0 \tag{5.1-9}$$

が近似解を決める方程式である．そこで，

$$\chi_l(\rho) = \rho^a \tag{5.1-10}$$

として，a を決定しよう．(5.1-10)式を(5.1-9)式に代入すると，

$$a(a-1)\rho^{a-2} - l(l+1)\rho^{a-2} = 0 \tag{5.1-11}$$

となる．これより，$a = l+1$，または $a = -l$ が得られるが，$\rho \to 0$ で発散しないように $a = l+1$ を採用する．すなわち，

$$\chi_l(\rho) \to \rho^{l+1} \quad (\rho \to 0) \tag{5.1-12}$$

である．

次に，$\rho \to \infty$ の場合の近似解を求めよう．この場合，(5.1-8)式の左辺第2項の値は，$-1/4$ で決定されるので，

$$\frac{\mathrm{d}^2 \chi_l(\rho)}{\mathrm{d}\rho^2} - \frac{1}{4} \chi_l(\rho) = 0 \quad (\rho \to \infty) \tag{5.1-13}$$

となる．$\rho \to \infty$ で発散しない解として，

$$\chi_l(\rho) \to \exp\left(-\frac{\rho}{2}\right) \quad (\rho \to \infty) \tag{5.1-14}$$

を得る．

以上のことから二つの近似解が得られた．そこで改めて，$\chi_l(\rho)$ を以下のように置こう．

$$\chi_l(\rho) = \rho^{l+1} \cdot L(\rho) \cdot \exp\left(-\frac{\rho}{2}\right) \qquad (5.1\text{-}15)$$

すなわち，$\chi_l(\rho)$ の代わりに，$L(\rho)$ を求める問題になる．(5.1-15)式を(5.1-8)式に代入すると，

$$\rho\frac{d^2 L}{d\rho^2} + (2l + 2 - \rho)\frac{dL}{d\rho} + (\lambda - l - 1)L = 0 \qquad (5.1\text{-}16)$$

となる．ここで，1次元調和振動子の場合と同じように，$L(\rho)$ を級数展開する．

$$L(\rho) = \sum_{n=0}^{\infty} C_n \rho^n \qquad (5.1\text{-}17)$$

(5.1-17)式を(5.1-16)式に代入するために，(5.1-16)式の左辺第1項，第2項をそれぞれ計算しておこう．

$$\rho\frac{d^2 L}{d\rho^2} = \sum_{n=0}^{\infty} C_n n(n-1)\rho^{n-1} = \sum_{n=0}^{\infty} C_{n+1}(n+1)n\rho^n \qquad (5.1\text{-}18)$$

となり，第2項は，

$$\{2(l+1) - \rho\}\frac{dL}{d\rho} = \sum_{n=0}^{\infty} C_n n(2l+2)\rho^{n-1} - \sum_{n=0}^{\infty} C_n n\rho^n$$

$$= \sum_{n=0}^{\infty} 2C_{n+1}(n+1)(l+1)\rho^n - \sum_{n=0}^{\infty} C_n n\rho^n \qquad (5.1\text{-}19)$$

となる．
　これらの式を(5.1-16)式に代入すると，

$$\sum_{n=0}^{\infty}\{C_{n+1}(n+1)(n+2l+2)+C_n(\lambda-n-l-1)\}\rho^n=0 \tag{5.1-20}$$

が得られる．(5.1-20)式の各項の係数が0になるためには，

$$C_{n+1}=\frac{n+l+1-\lambda}{(n+1)(n+2l+2)}C_n \tag{5.1-21}$$

となる必要がある．

ここで，1次元調和振動子や，球面調和関数のときの議論と同じように，あるnで

$$\lambda=n+l+1 \tag{5.1-22}$$

となる必要がある．もし，(5.1-22)式が成立しないとすると，$L(\rho)$は無限級数となり$C_0=0$以外，かつ，十分大きいnに対しては，(5.1-21)式より，

$$\frac{C_{n+1}}{C_n}\approx\frac{1}{n+1} \tag{5.1-23}$$

となる．これは，$\exp(\rho)$を級数展開したときの場合と同じ振る舞いである．そのため，Nを(5.1-23)式が十分よい精度で成り立つ整数とすると，N以上の次数の項は，$\exp(\rho)$のN次以上の項と同じ振る舞いをすることになる．$\rho\to\infty$では$\exp(\rho)$が発散することから，同じ速さで$L(\rho)$も発散することになる．(5.1-15)式では，$\chi_l(\rho)$は，$L(\rho)$に$\exp(-\rho/2)$を掛け算しているが，$L(\rho)$の振る舞いが$\exp(\rho)$と同じとすれば，$\chi_l(\rho)$は$\rho\to\infty$で発散してしまう．そのため，(5.1-22)式が成り立つ必要がある．

(5.1-22)式では，nは$0,1,2,\cdots$であり，lは，$0,1,2,\cdots$である．ここで，(5.1-22)式の右辺を新たにnと置き直すと，

$$\lambda=n \quad (n=1,2,3,\cdots) \tag{5.1-24}$$

となる.

　この n が，量子数となる．λ の定義は(5.1-6)式で与えられているので，これより E を計算すると，

$$E = -\frac{m_e e^4}{32\pi^2 \varepsilon_0^2 \hbar^2}\frac{1}{n^2} = -\frac{m_e e^4}{8\varepsilon_0^2 h^2}\frac{1}{n^2} \quad (\equiv E_n) \quad (5.1\text{-}25)$$

となる．(5.1-25)式は，ボーアの水素原子モデル(A3-13)式と一致している．なお，この n を主量子数と呼ぶ．

5.2　動径波動関数

　それでは，$L(\rho)$ の具体的な関数を求めたい．(5.1-24)式により，λ の値に制限が付いたので，まず，(5.1-24)式を(5.1-16)式に代入しよう．このとき，

$$\rho\frac{d^2 L}{d\rho^2} + (2l + 2 - \rho)\frac{dL}{d\rho} + (n - l - 1)L = 0 \quad (5.2\text{-}1)$$

が得られる．実は，この微分方程式の解は，数学でよく知られているラゲールの陪多項式である．ラゲールの陪多項式は，

$$\rho\frac{d^2 L_n^m(\rho)}{d\rho^2} + (m + 1 - \rho)\frac{dL_n^m(\rho)}{d\rho} + (n - m)L_n^m(\rho) = 0 \quad (5.2\text{-}2)$$

を満たす多項式で，(5.2-2)式は，$m \to 2l+1$, $n \to n+l$ とすれば，(5.2-1)式に一致する．

　(5.2-2)式の解を求めよう．始めに，$m = 0$ の場合について考察しよう．このとき，

$$\rho\frac{d^2 L_n(\rho)}{d\rho^2} + (1 - \rho)\frac{dL_n(\rho)}{d\rho} + nL_n(\rho) = 0 \quad (5.2\text{-}3)$$

となり，この方程式の解，$L_n(\rho)$ は，ラゲールの多項式とよばれている．これは，

$$L_n(\rho) = \exp(\rho)\frac{d^n}{d\rho^n}(\rho^n \exp(-\rho)) \tag{5.2-4}$$

で表される．(5.2-4)式が，(5.2-3)式を満足することをまず確認する．表現を簡単にするため，

$$w = \frac{d^n}{d\rho^n}(\rho^n \exp(-\rho)) \tag{5.2-5}$$

と置く．このとき，

$$L_n = \exp(\rho) w \tag{5.2-6}$$

であり，これから，

$$\frac{dL_n}{d\rho} = \exp(\rho)\left(w + \frac{dw}{d\rho}\right), \tag{5.2-7}$$

$$\frac{d^2 L_n}{d\rho^2} = \exp(\rho)\left(\frac{d^2 w}{d\rho^2} + 2\frac{dw}{d\rho} + w\right) \tag{5.2-8}$$

となる．これらを(5.2-3)式へ代入すると，

$$\left(\rho\frac{d^2 w}{d\rho^2} + (\rho+1)\frac{dw}{d\rho} + (n+1)w\right)\exp(\rho) = 0 \tag{5.2-9}$$

となるので，(5.2-3)式が成り立つことを示すには，w が

$$\rho\frac{d^2 w}{d\rho^2} + (\rho+1)\frac{dw}{d\rho} + (n+1)w = 0 \tag{5.2-10}$$

を満たすことを示せばよいことになる．ここで，

$$g = \rho^n \exp(-\rho) \tag{5.2-11}$$

と置けば,

$$w = \frac{d^n g}{d\rho^n} \tag{5.2-12}$$

となる．そこで，多少遠回りと感じるかもしれないが，g の性質を調べるところから始める．まず,

$$\frac{dg}{d\rho} = (n\rho^{n-1} - \rho^n) \exp(-\rho), \tag{5.2-13}$$

$$\frac{d^2 g}{d\rho^2} = (\rho^n - 2n\rho^{n-1} + n(n-1)\rho^{n-2}) \exp(-\rho) \tag{5.2-14}$$

である．これらから g が満足する微分方程式を作ろう．(5.2-10)式を見ると，左辺第 1 項には ρ が掛け算されているので，これにならい，(5.2-13)式，(5.2-14)式にも ρ を掛けて，その後足し算すると,

$$\rho \frac{d^2 g}{d\rho^2} + \rho \frac{dg}{d\rho} = (-n\rho^n + n(n-1)\rho^{n-1}) \exp(-\rho) \tag{5.2-15}$$

となる．次に，(5.2-15)式の右辺を，(5.2-11)式，(5.2-13)式を用いて表すと，$-g + (n-1)(dg/d\rho)$ となるので，これを代入し,

$$\rho \frac{d^2 g}{d\rho^2} + (\rho + 1 - n) \frac{dg}{d\rho} + g = 0 \tag{5.2-16}$$

を得る．すなわち，(5.2-11)式の g は(5.2-16)式を満たす．次に，(5.2-12)式にある w が満たす微分方程式を求めるために，(5.2-16)式を n 回微分する．このとき，任意の関数 f に関して成り立つ，下記の式を利用する．

$$\frac{d^n(\rho f)}{d\rho^n} = n\frac{d^{n-1}f}{d\rho^{n-1}} + \rho\frac{d^n f}{d\rho^n} \qquad (5.2\text{-}17)$$

(5.2-17)式を利用して，(5.2-16)式を n 回微分すると，

$$\rho\frac{d^{n+2}g}{d\rho^{n+2}} + (\rho+1)\frac{d^{n+1}g}{d\rho^{n+1}} + (n+1)\frac{d^n g}{d\rho^n} = 0 \qquad (5.2\text{-}18)$$

を得る．(5.2-12)式を(5.2-18)式に代入すると(5.2-10)式になる．すなわち，w は(5.2-10)式を満たす．これは，$L_n(\rho)$ が(5.2-3)式を満足することを示している．以上のことから，ラゲールの多項式 $L_n(\rho)$ は(5.2-4)式で表されることが示された．

次に，ラゲールの陪多項式を求めよう．これは，(5.2-2)式を満たす多項式である．これを求めるために，(5.2-3)式を m 回微分する．

$$\rho\frac{d^{m+2}L_n}{d\rho^{m+2}} + (m+1-\rho)\frac{d^{m+1}L_n}{d\rho^{m+1}} + (n-m)\frac{d^m L_n}{d\rho^m} = 0 \qquad (5.2\text{-}19)$$

(5.2-19)式を計算するときにも(5.2-17)式を利用した．ここで，

$$L_n^m(\rho) = \frac{d^m L_n(\rho)}{d\rho^m} \qquad (5.2\text{-}20)$$

と置くと，

$$\frac{d^{m+1}L_n}{d\rho^{m+1}} = \frac{d}{d\rho}\frac{d^m L_n}{d\rho^m} = \frac{dL_n^m}{d\rho}, \qquad (5.2\text{-}21)$$

$$\frac{d^{m+2}L_n}{d\rho^{m+2}} = \frac{d^2}{d\rho^2}\frac{d^m L_n}{d\rho^m} = \frac{d^2 L_n^m}{d\rho^2} \qquad (5.2\text{-}22)$$

であるので，これを(5.2-19)式に代入すると，(5.2-2)式になる．すなわち，ラゲールの陪多項式は，(5.2-20)式で与えられる．以上に得られた結果を

まとめると,

$$L_n^m(\rho) = \frac{\mathrm{d}^m}{\mathrm{d}\rho^m}\left(\exp(\rho)\frac{\mathrm{d}^n}{\mathrm{d}\rho^n}(\rho^n \exp(-\rho))\right) \quad (5.2\text{-}23)$$

が, ラゲールの陪多項式であり, この多項式は, (5.2-2)式を満足するものである. これで, 動径波動関数を表現するための準備ができた.

(5.1-15)式の $L(\rho)$ は, ラゲールの陪多項式であることを考慮すると, (5.2-1)式の解は, $L_{n+l}^{2l+1}(\rho)$ と表される. そこで, 規格化定数を C とすると,

$$\chi_l(\rho) = C\rho^{l+1} L_{n+l}^{2l+1}(\rho) \exp\left(-\frac{\rho}{2}\right) \quad (5.2\text{-}24)$$

となり, これは, n と l の両方に依存する関数である. 当然, (5.1-2)式の $R_l(r)$ は, n にも依存するようになるので $R_{n,l}(r)$ と書くと,

$$R_{n,l}(r) = C(\alpha r)^l L_{n+l}^{2l+1}(\alpha r) \exp\left(-\frac{\alpha r}{2}\right) \quad (5.2\text{-}25)$$

となる. 規格化定数の C を決定するのは複雑であるため, ここでは, 結果のみ示すこととする. $R_{n,l}(r)$ は,

$$R_{n,l}(r) = -\sqrt{\left(\frac{2}{na_0}\right)^3 \frac{(n-l-1)!}{2n[(n+l)!]^3}} \left(\frac{2r}{na_0}\right)^l \exp\left(-\frac{r}{na_0}\right) L_{n+l}^{2l+1}\left(\frac{2r}{na_0}\right),$$
$$(5.2\text{-}26)$$

$$a_0 = \frac{4\pi\varepsilon_0 \hbar^2}{m_e e^2} = \frac{\varepsilon_0 h^2}{\pi m_e e^2} \quad (5.2\text{-}27)$$

となる. (5.2-27)式は, 付録 A で示しているボーア半径((A3-12)式)を表す式である.

ここで, $R_{n,l}(r)$ の直交性は確認したほうがよいであろう. この直交性は以下のように表される.

5.2 動径波動関数

$$\int_0^\infty R_{n',l}(r)R_{n,l}(r)r^2 \mathrm{d}r = 0 \quad (n' \neq n) \tag{5.2-28}$$

$R_{n,l}(r)$ は(5.1-1)式を満たしているが，これを少し変形して，

$$\frac{1}{r^2}\frac{\mathrm{d}}{\mathrm{d}r}\left(r^2\frac{\mathrm{d}R_{n,l}}{\mathrm{d}r}\right) - \frac{2m_\mathrm{e}}{\hbar^2}\left[V(r) + \frac{l(l+1)\hbar^2}{2m_\mathrm{e}r^2}\right]R_{n,l}(r) = -\frac{2m_\mathrm{e}}{\hbar^2}E_n \cdot R_{n,l}(r) \tag{5.2-29}$$

を得る．

(5.2-28)式の左辺を参照し，(5.2-29)式の両辺に r^2 および $R_{n',l}(r)$ を乗じて積分すると，

$$\int_0^\infty R_{n',l}(r)\frac{\mathrm{d}}{\mathrm{d}r}\left(r^2\frac{\mathrm{d}R_{n,l}(r)}{\mathrm{d}r}\right)\mathrm{d}r - \frac{2m_\mathrm{e}}{\hbar^2}\int_0^\infty\left[V(r)r^2 + \frac{l(l+1)\hbar^2}{2m_\mathrm{e}}\right]R_{n',l}(r)R_{n,l}(r)\mathrm{d}r$$
$$= -\frac{2m_\mathrm{e}}{\hbar^2}E_n\int_0^\infty R_{n',l}(r)R_{n,l}(r)r^2\mathrm{d}r \tag{5.2-30}$$

となる．(5.2-30)式の n と n' の役割を交換し，さらにそれを(5.2-30)式から引くと，左辺第2項が消えることに注意して，

$$\int_0^\infty R_{n',l}(r)\frac{\mathrm{d}}{\mathrm{d}r}\left(r^2\frac{\mathrm{d}R_{n,l}(r)}{\mathrm{d}r}\right)\mathrm{d}r - \int_0^\infty R_{n,l}(r)\frac{\mathrm{d}}{\mathrm{d}r}\left(r^2\frac{\mathrm{d}R_{n',l}(r)}{\mathrm{d}r}\right)\mathrm{d}r$$
$$= -\frac{2m_\mathrm{e}}{\hbar^2}(E_n - E_{n'})\int_0^\infty R_{n',l}(r)R_{n,l}(r)r^2\mathrm{d}r \tag{5.2-31}$$

が得られる．左辺第1項は，部分積分をすると，

$$\int_0^\infty R_{n',l}(r)\frac{\mathrm{d}}{\mathrm{d}r}\left(r^2\frac{\mathrm{d}R_{n,l}(r)}{\mathrm{d}r}\right)\mathrm{d}r$$
$$= \left[R_{n',l}(r)r^2\frac{\mathrm{d}R_{n,l}(r)}{\mathrm{d}r}\right]_0^\infty - \int_0^\infty \frac{\mathrm{d}R_{n',l}(r)}{\mathrm{d}r}r^2\frac{\mathrm{d}R_{n,l}(r)}{\mathrm{d}r}\mathrm{d}r$$
$$= -\int_0^\infty \frac{\mathrm{d}R_{n',l}(r)}{\mathrm{d}r}r^2\frac{\mathrm{d}R_{n,l}(r)}{\mathrm{d}r}\mathrm{d}r \tag{5.2-32}$$

となる．このとき，$r = 0$ では，r^2 の項により，$r \to \infty$ では，(5.2-26)式の指数関数により，(5.2-32)式の右辺第 1 項の値が 0 になることを利用している．(5.2-31)式の左辺第 2 項も同様に部分積分ができるが，(5.2-32)式と同じ（ただし符号は逆）結果を得る．そのため，(5.2-31)式の左辺は 0 となる．これにより，

$$-\frac{2m_e}{\hbar^2}(E_n - E_{n'})\int_0^\infty R_{n',l}(r)R_{n,l}(r)r^2 dr = 0 \qquad (5.2\text{-}33)$$

を得る．$n' \neq n$ なので，$E_{n'} \neq E_n$ であり，(5.2-33)式が成立することから (5.2-28)式を得る．これで直交性が確認された．

$R_{n,l}(r)$ が決定されると，水素原子の波動関数は，

$$u(r, \theta, \varphi) = R_{n,l}(r)Y_{l,m_l}(\theta, \varphi) \qquad (5.2\text{-}34)$$

となる．具体的な関数を与えよう．

$$R_{1,0} = 2\left(\frac{1}{a_0}\right)^{3/2}\exp\left(-\frac{r}{a_0}\right) \qquad (5.2\text{-}35)$$

$$R_{2,0} = \frac{1}{\sqrt{2}}\left(\frac{1}{a_0}\right)^{3/2}\left(1 - \frac{r}{2a_0}\right)\exp\left(-\frac{r}{2a_0}\right) \qquad (5.2\text{-}36)$$

$$R_{2,1} = \frac{1}{2\sqrt{6}}\left(\frac{1}{a_0}\right)^{3/2}\frac{r}{a_0}\exp\left(-\frac{r}{2a_0}\right) \qquad (5.2\text{-}37)$$

$$R_{3,0} = \frac{2}{3\sqrt{3}}\left(\frac{1}{a_0}\right)^{3/2}\left\{1 - \frac{2r}{3a_0} + \frac{2}{27}\left(\frac{r}{a_0}\right)^2\right\}\exp\left(-\frac{r}{3a_0}\right) \qquad (5.2\text{-}38)$$

$$R_{3,1} = \frac{8}{27\sqrt{6}}\left(\frac{1}{a_0}\right)^{3/2}\frac{r}{a_0}\left\{1 - \frac{r}{6a_0}\right\}\exp\left(-\frac{r}{3a_0}\right) \qquad (5.2\text{-}39)$$

$$R_{3,2} = \frac{4}{81\sqrt{30}}\left(\frac{1}{a_0}\right)^{3/2}\left(\frac{r}{a_0}\right)^2\exp\left(-\frac{r}{3a_0}\right) \qquad (5.2\text{-}40)$$

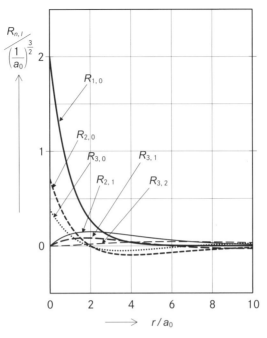

図 5.2-1　動径波動関数

　図 5.2-1 は，(5-2-35)〜(5.2-40)式のグラフである．横軸は，ボーア半径 a_0 を単位とした距離をプロットしている．方位量子数が 1 以上の動径波動関数は，原点で 0 の値をとっている．

　一方，電子が，微小体積，$d\nu = r^2 \sin\theta \, dr d\theta d\varphi$ に存在する確率は，

$$P = |u_{n,l,m_l}|^2 r^2 \sin\theta \, drd\theta d\varphi = \sin\theta |Y_{l,m_l}|^2 d\theta d\varphi \cdot r^2 |R_{n,l}|^2 dr \quad (5.2\text{-}41)$$

で与えられる．そのため，r 方向の確率密度は $r^2 |R_{n,l}(r)|^2$ で与えられることがわかる．この確率密度をグラフに表すと，図 5.2-2 になる．この図から，電子の分布は，主量子数と方位量子数に依存することがわかる．

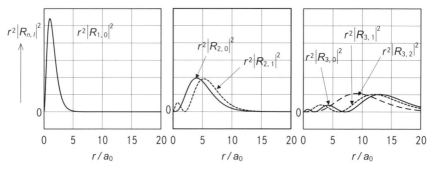

図 5.2-2　動径方向の電子の存在確率密度

5.3　水素原子の波動関数

水素原子の波動関数は，球面調和関数と動径波動関数の積で表される．水素原子の波動関数をここで改めて書くと以下のようになる．

$$u_{n,l,m_l}(r,\theta,\varphi) = -(-1)^{(m_l+|m_l|)/2}\frac{1}{\sqrt{2\pi}}\sqrt{\left(\frac{2}{na_0}\right)^3\frac{(n-l-1)!}{2n[(n+l)!]^3}}\left(\frac{2r}{na_0}\right)^l$$
$$\times\sqrt{\frac{(2l+1)(l-|m_l|)!}{2(l+|m_l|)!}}\exp\left(-\frac{r}{na_0}\right)L_{n+l}^{2l+1}\left(\frac{2r}{na_0}\right)P_l^{|m_l|}(\cos\theta)\exp(im_l\varphi) \tag{5.3-1}$$

(5.3-1)式は複雑であるが，n, l, m_l を指定すれば決まる関数でもあるので，単純に u_{n,l,m_l} と表記しよう．これを用いて，水素原子の波動関数として得られた結果をまとめると，

$$\hat{H}u_{n,l,m_l} = E_n u_{n,l,m_l}, \tag{5.3-2}$$

$$n \text{ は自然数},\quad 0 \le l \le n-1,\quad |m_l| \le l, \tag{5.3-3}$$

$$E_n = -\frac{m_e e^4}{8\varepsilon_0^2 h^2}\frac{1}{n^2} = -\frac{e^2}{8\pi\varepsilon_0 a_0}\frac{1}{n^2}, \tag{5.3-4}$$

$$a_0 = \frac{\varepsilon_0 h^2}{\pi\, m_e e^2} = \frac{4\pi\varepsilon_0 \hbar^2}{m_e e^2} \tag{5.3-5}$$

となる．(5.3-2)式からわかるように，エネルギー固有値の値は，主量子数 n のみに依存する．そして，方位量子数，磁気量子数には依存しない．そのため，あるエネルギー固有値に属する固有関数の数を計算すると，一つの方位量子数 l に対して，磁気量子数 m_l は，$-l$ から l までの $2l+1$ 個あることに注意して，

$$\sum_{l=0}^{n-1}(2l+1) = 2\frac{(n-1)n}{2} + n = n^2 \tag{5.3-6}$$

となる．すなわち，n^2 重に縮退していることがわかる．後に，第7章角運動量でスピン磁気量子数が出てくるので，これを考慮すると，$2n^2$ 重に縮退していることになる．

次に，u_{n,l,m_l} のうち，適当なものを選択し，それらを線形結合する場合を考えよう（この結合の重要性はこの節の最後に述べることにする）．ただし，線形結合する波動関数は，n が同じものを用いるとする．このとき，(5.3-4)式からエネルギー E_n に変化は無い．そのため，線形結合された波動関数は $\hat{H}$ の固有関数であり，固有値は E_n である．まず，u_{n,l,m_l} のうち，実数関数になる場合は，$m_l = 0$ のときだけであることに着目する．$m_l \neq 0$ の場合は，$\exp(im_l\varphi)$ の部分により複素数関数になる．そこで，適当に線形結合することにより，$m_l \neq 0$ の場合でも実数関数になるようにしてみたい．簡単のため，$n=2$，$l=1$ の場合を例にとってみよう．このとき，独立な波動関数は，$u_{2,1,1}$，$u_{2,1,0}$，$u_{2,1,-1}$ の三つがあるが，このうち，$u_{2,1,0}$ は既に実数関数になっているので，残り二つの線形結合を考える．そこで，これら二つの関数を複素数にしている $\exp(im_l\varphi)$ 部分に着目し，

$$u_{2p_y} = \frac{1}{\sqrt{2}\mathrm{i}}(u_{2,1,1} + u_{2,1,-1})$$

$$= \frac{1}{\sqrt{2}\mathrm{i}} R_{2,1} \frac{1}{2}\sqrt{\frac{3}{2\pi}} \sin\theta(\exp(\mathrm{i}\varphi) - \exp(-\mathrm{i}\varphi))$$

$$= R_{2,1} \frac{1}{2}\sqrt{\frac{3}{\pi}} \sin\theta \sin\varphi$$

$$= R_{2,1}\left(\frac{1}{2}\sqrt{\frac{3}{\pi}}\frac{y}{r}\right) \tag{5.3-7}$$

ならびに

$$u_{2p_x} = \frac{1}{\sqrt{2}}(u_{2,1,1} - u_{2,1,-1}) = R_{2,1}\left(\frac{1}{2}\sqrt{\frac{3}{2\pi}}\frac{x}{r}\right) \tag{5.3-8}$$

と線形結合すれば，上記二つの波動関数は実数関数になる．ちなみに，

$$u_{2,1,0} = R_{2,1}\left(\frac{1}{2}\sqrt{\frac{3}{\pi}}\cos\theta\right) = R_{2,1}\left(\frac{1}{2}\sqrt{\frac{3}{\pi}}\frac{z}{r}\right) \tag{5.3-9}$$

であるので，(5.3-7)式，(5.3-8)式のように表現すると，

$$u_{2p_z} = u_{2,1,0} \tag{5.3-10}$$

と置くことができる．ここに，(5.2-37)式を，(5.3-9)式に代入すると，

$$u_{2p_z} = \left(\frac{1}{a_0}\right)^{3/2} \frac{1}{4\sqrt{2\pi}} \frac{z}{a_0} \exp\left(-\frac{r}{2a_0}\right) \tag{5.3-11}$$

となる．(5.3-11)式を用いて，u_{2p_z} の等高線を3次元空間に表してみよう．(5.3-11)式がある値になるときは，適当な定数 α があり，

$$\frac{z}{a_0} \exp\left(-\frac{r}{2a_0}\right) = \alpha \tag{5.3-12}$$

となるようなときである．z をある値 z_0 に固定した場合を考えると，$z = z_0$ のときに(5.3-12)式を成り立たせる r が決まる．すなわち，

$$r = 2a_0 \ln\left(\frac{z_0}{\alpha a_0}\right) \quad (5.3\text{-}13)$$

である．$r = \sqrt{x^2 + y^2 + z_0{}^2}$ であり，(5.3-13)式の右辺が定数であることを考えると，結局，$z = z_0$ 面では，

$$x^2 + y^2 = \text{const.} \quad (5.3\text{-}14)$$

となっていることがわかる．これは円の方程式である．図 5.3-1 は，このことを示している．

u_{2p_x}，u_{2p_y} も，z 軸をそれぞれ x 軸，y 軸に置き換えると同じ議論が成り立つ．これら三つの波動関数の概略形を図 5.3-2 に示した．

このようにして，複素数波動関数を実数波動関数にすることができたが，注意すべきことがある．それは，u_{2p_x}，u_{2p_y} は，$\hat{\ell}_z$ の固有関数ではなくなっているという点である．これら二つの波動関数は，(5.3-7)式，(5.3-8)式からわかるように，$\hat{\ell}_z$ の異なる固有値の線形結合になっているためである．一方，(4.5-2)式（より詳しくは第 7 章の(7.1-14)式参照）で表される $\hat{\ell}^2$ の固有関数である点も注意したい．これは，線形結合前の元の波動関数 $u_{2,1,1}$，

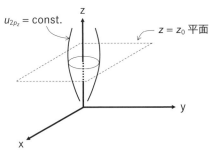

図 5.3-1　u_{2p_z} の等高線図

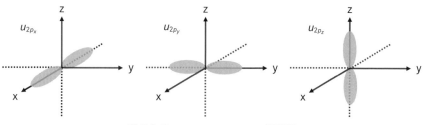

図 5.3-2　u_{2p_x}, u_{2p_y}, u_{2p_z} の概略形

$u_{2,1,0}$, $u_{2,1,-1}$ はすべて同じ固有値 $\hbar^2 l(l+1)$ に属しているためである.

　複素数関数を実数関数にしたことの意味は,単に実数化しただけではなく,もっと別の意味がある.それは,例えば電子が 6 個ある炭素のような多電子系原子を考えたときに,$u_{2,1,1}$, $u_{2,1,0}$, $u_{2,1,-1}$ より,u_{2p_x}, u_{2p_y}, u_{2p_z} で考慮したほうがより適切な場合があるからである.多電子系の場合,3.1 節で簡単に紹介したが,パウリの原理により,ある量子数の組み合わせの状態に対しては,電子は 1 個しか占有することができない.$n = 2, l = 1$ の場合は,$m_l = 1, 0, -1$ の三つの組み合わせがあり,スピンも考えると六つの組み合わせが存在する.すなわち,$n = 2, l = 1$ の状態には,電子は 6 個まで収容することができる.もし,この状態に電子 3 個を収容させるとすると,どの状態に配置した場合が最もエネルギーが低くなるのであろうか.水素原子の場合は,電子が 1 個しかないため,どの状態でもエネルギーは同じである.しかし,電子が複数個ある場合は,それらの相互作用があるため,必ずしもエネルギーが同じとは限らない.そのため,電子間の斥力が小さくなるような電子配置が実現される.これは,できるだけ電子間の距離が大きくなるように配置することを意味する.電子 3 個を配置する場合,u_{2p_x}, u_{2p_y}, u_{2p_z} 状態にそれぞれ 1 個ずつ配置する場合のほうが,$u_{2,1,1}$, $u_{2,1,0}$, $u_{2,1,-1}$ に配置する場合より電子間の斥力が小さい.後者の状態に配置する場合は,各電子の存在位置の重なりがそれだけ大きくなるからである.

　以上のように,波動関数の線形結合には,深い意味がある.

5.4 水素原子のまとめ

水素原子については，二つの章にまたがっているので，得られた結果をここでまとめておく．

シュレディンガー方程式：

$$\hat{H}u_{n,l,m_l} = E_n u_{n,l,m_l}, \quad \hat{H} = -\frac{\hbar^2}{2m_e}\Delta - \frac{e^2}{4\pi\varepsilon_0 r} \tag{5.4-1}$$

エネルギー：

$$E_n = -\frac{m_e e^4}{32\pi^2 \varepsilon_0^2 \hbar^2}\frac{1}{n^2} = -\frac{m_e e^4}{8\varepsilon_0^2 h^2}\frac{1}{n^2} \tag{5.4-2}$$

波動関数：

$$u_{n,l,m_l}(r,\theta,\varphi) = -(-1)^{(m_l+|m_l|)/2}\frac{1}{\sqrt{2\pi}}\sqrt{\left(\frac{2}{na_0}\right)^3 \frac{(n-l-1)!}{2n[(n+l)!]^3}}\left(\frac{2r}{na_0}\right)^l$$

$$\times \sqrt{\frac{(2l+1)(l-|m_l|)!}{2(l+|m_l|)!}}\exp\left(-\frac{r}{na_0}\right)L_{n+l}^{2l+1}\left(\frac{2r}{na_0}\right)P_l^{|m_l|}(\cos\theta)\exp(im_l\varphi)$$

$$= R_{n,l}(r)Y_{l,m_l}(\theta,\varphi) \tag{5.4-3}$$

$$P_l^{|m_l|}(z) = (1-z^2)^{|m_l|/2}\frac{d^{|m_l|}P_l(z)}{dz^{|m_l|}} \quad (\text{ルジャンドルの陪多項式})$$

$$P_l(z) = \frac{1}{2^l l!}\frac{d^l}{dz^l}(z^2-1)^l \quad (\text{ルジャンドルの多項式})$$

$$L_{n+l}^{2l+1}(\rho) = \frac{d^{2l+1}}{d\rho^{2l+1}}\left(\exp(\rho)\frac{d^{n+l}}{d\rho^{n+l}}(\rho^{n+l}\exp(-\rho))\right)$$

$$(\text{ラゲールの陪多項式})$$

$$a_0 = \frac{4\pi\varepsilon_0\hbar^2}{m_e e^2} = \frac{\varepsilon_0 h^2}{\pi m_e e^2} \quad (\text{ボーア半径})$$

量子数；
- n：主量子数 $(= 1, 2, 3, \cdots)$
- l：方位量子数 $(= 0, 1, 2, \cdots, n-1)$
- m_l：磁気量子数 $(= -l, -l+1, \cdots, l+1, l)$

特に，エネルギーが最も低い $n = 1$ の場合の波動関数は以下のようになる．

$$u_{1,0,0} = R_{1,0} Y_{0,0} = 2\left(\frac{1}{a_0}\right)^{3/2} \exp\left(-\frac{r}{a_0}\right)\frac{1}{\sqrt{4\pi}} = \sqrt{\frac{1}{a_0^3 \pi}} \exp\left(-\frac{r}{a_0}\right) \quad (5.4\text{-}4)$$

角運動量については以下が成り立つ．

$$\hat{\ell}^2 R_{n,l}(r) Y_{l,m_l}(\theta, \varphi) = l(l+1)\hbar^2 R_{n,l}(r) Y_{l,m_l}(\theta, \varphi) \quad (5.4\text{-}5)$$

$$\hat{\ell}_z R_{n,l}(r) Y_{l,m_l}(\theta, \varphi) = m\hbar R_{n,l}(r) Y_{l,m_l}(\theta, \varphi) \quad (5.4\text{-}6)$$

(5.4-4)式を用いて電子が存在する確率が最大になる半径，平均半径を計算することができる．問題 5.4-1 では，その値とボーアモデル（ボーアモデルについては，付録 A の A3 節参照のこと）から得られる値との比較を行っている．

また，(5.4-2)式から，エネルギーは主量子数のみに依存することから，図 5.4-1 のように，$n > 1$ では波動関数が縮退していることになる．ただし，スピン量子数を考慮した場合には，$n \geq 1$ で波動関数が縮退している．

E_4 ─────
E_3 ─────
E_2 ───── $u_{2,0,0}$ $u_{2,1,-1}$ $u_{2,1,0}$ $u_{2,1,1}$

E_1 ───── $u_{1,0,0}$

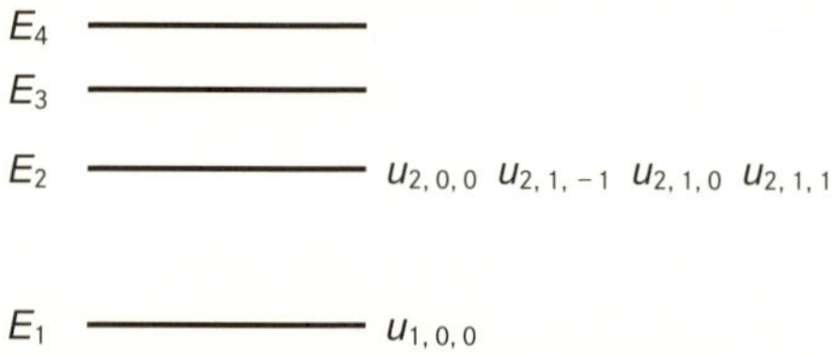

図 5.4-1　エネルギー準位と波動関数の縮退

問題 5.4-1　(5.4-4)式を用いて，電子が存在する確率が最大となる半径，電子の存在する半径の平均値を計算し，ボーアモデルと比較せよ．

第 6 章

エルミート演算子と交換子

　第 2 章にて，量子力学では物理量と演算子が対応していることを述べた．これら演算子は，エルミート演算子と呼ばれているもので，その固有値は実数であることが示される．代表的物理量であるエネルギーに対応する演算子はハミルトニアンであり，その固有関数は波動関数そのものである．一方，電子の位置に対応する演算子は，(2.2-5)式で導入したものの，その固有関数についてはまだ説明していなかった．本章にて導入するデルタ関数は位置演算子の固有関数である．また，二つのエルミート演算子を考えているとき，これら演算子が交換可能かどうかも重要な問題である．既に述べたハイゼンベルグの不確定性原理は，エルミート演算子の交換関係を用いて数学的に記述できることを示す．また，本章では，生成，消滅演算子という新たな演算子を導入し，第 3 章 3.3 節で示した 1 次元調和振動子を扱う．その他，演算子の行列表示なども説明しているが，これらはすべて量子力学における重要事項である．

6.1　エルミート演算子

　第 2 章 2.2 節物理量と演算子で，ある物理量とそれに対応する演算子があることを述べた．この演算子は，量子力学の要求を満たす特徴をもっている必要がある．例えば，ある電子の状態を記述する波動関数が φ であり，これから測定しようとする物理量 F に対応する演算子を $\hat{F}$，その固有値を

f_n, f_n に属する固有関数を φ_n とする．もし，$\varphi = \varphi_n$ の場合は，測定値の期待値 $\bar{f}$ は f_n になる．測定値として得られるのが f_n であるので，f_n は実数でなければならない．そのため，物理量に対応する演算子は，何でもよいというわけではない．量子力学では，これらは，エルミート演算子と呼ばれる演算子であるとしている．エルミート演算子の場合，固有値は実数であり，かつ，異なる固有値に属する固有関数は直交していることを示すことができる．箱型ポテンシャルの場合は，実際に計算して直交性を確かめたが，一般論から直交性を示してみよう．

まず，エルミート演算子の定義から始める．$\hat{F}$ がエルミート演算子とは，任意の関数，φ，ψ に対して，以下の式を満足する演算子のことである（＊は，複素共役を表す）．

$$\int \psi^* \hat{F} \varphi \mathrm{d}v = \int (\hat{F}\psi)^* \varphi \mathrm{d}v = \left(\int \varphi^* \hat{F} \psi \mathrm{d}v \right)^* \tag{6.1-1}$$

これにより，固有値が実数であることが以下のようにして示すことができる．なお，(2.6-1)式は，演算子がハミルトニアン $\hat{H}$ で固有値が E_n の場合であったが，ここでは $\hat{H}$ 以外の演算子も対象にしているので，それぞれ $\hat{F}$，f_n に置き換えて考える．まず，(6.1-1)式で，$\psi = \varphi_n$，$\varphi = \varphi_n$ の場合を考える．このとき，

$$\hat{F}\varphi_n = f_n \varphi_n, \tag{6.1-2}$$

より，(6.1-1)式の左辺は，

$$\int \varphi_n^* \hat{F} \varphi_n \mathrm{d}v = \int \varphi_n^* f_n \varphi_n \mathrm{d}v = f_n \int \varphi_n^* \varphi_n \mathrm{d}v = f_n \tag{6.1-3}$$

であり，右辺は，$(\hat{F}\varphi_n)^* = f_n^* \varphi_n^*$ より，

$$\int f_n^* \varphi_n^* \varphi_n \mathrm{d}v = f_n^* \int \varphi_n^* \varphi_n \mathrm{d}v = f_n^* \tag{6.1-4}$$

となる．なお，上式では φ_n が規格化されているとした．これより，

$$f_n = f_n^* \tag{6.1-5}$$

がわかる．これは f_n が実数であることを示している．次に，異なる固有値に属する固有関数は直交することを示すことができる．(6.1-1)式で，$\psi = \varphi_m$，$\varphi = \varphi_n$ とし，$m \neq n$ とすると，左辺は，

$$\int \varphi_m{}^* \hat{F} \varphi_n \mathrm{d}v = \int \varphi_m{}^* f_n \varphi_n \mathrm{d}v = f_n \int \varphi_m{}^* \varphi_n \mathrm{d}v \tag{6.1-6}$$

であり，右辺は，

$$\int f_m{}^* \varphi_m{}^* \varphi_n \mathrm{d}v = f_m \int \varphi_m{}^* \varphi_n \mathrm{d}v \quad (\because f_m{}^* = f_m) \tag{6.1-7}$$

となるので，左辺＝右辺とすることで，

$$(f_n - f_m) \int \varphi_m{}^* \varphi_n \mathrm{d}v = 0 \tag{6.1-8}$$

となるが，$f_n \neq f_m$ であるので，直交性が成り立つ．

$$\int \varphi_m{}^* \varphi_n \mathrm{d}v = 0 \quad (m \neq n) \tag{6.1-9}$$

では，同じ固有値に属する複数の異なる固有関数がある場合は，直交性が満足されるのであろうか．箱型ポテンシャルの場合と異なり，第3章3.2節で出てきた周期的ポテンシャルの場合は，このような現象が出てくる．このとき，「異なる」というのは，単に定数倍の違いだけではなく，1次独立である，という意味である．1次独立とは，例えば，固有値 f_n に属する二つの異なる固有関数を $\varphi_{n,1}$，$\varphi_{n,2}$ とし，以下の式，

$$c_1 \varphi_{n,1} + c_2 \varphi_{n,2} = 0 \tag{6.1-10}$$

が任意の x について成り立つのは $c_1 = c_2 = 0$ のときのみである，ということである．これは，線形代数におけるベクトルの1次独立と同じである．実際，直交性を表している(6.1-9)式は，ベクトルにおける内積の性質をもっている．そこで，量子力学では，ベクトル表記になぞらえて，

$$\langle \psi | \varphi \rangle \equiv \int \psi^* \varphi \mathrm{d}v \quad (\langle \varphi | \psi \rangle = \langle \psi | \varphi \rangle^* \text{である}) \tag{6.1-11}$$

と表記する．これをディラック(Paul Dirac)$^{(1902-1984,\ イギリス)}$のブラケット (bracket, 括弧) 記法という．すなわち，ディラックは $\langle\psi|$ をブラ (bra) ベクトル，$|\varphi\rangle$ をケット (ket) ベクトルと呼び，両ベクトルの内積 $\langle\psi||\varphi\rangle$ を $\langle\psi|\varphi\rangle$ と表すこととした．これらを用いると，エルミート演算子の定義，(6.1-1)式は，

$$\langle\psi|\hat{F}\varphi\rangle = \langle\hat{F}\psi|\varphi\rangle = \langle\psi|\hat{F}\varphi\rangle^*, \quad (\langle\psi|\hat{F}\varphi\rangle \text{ は } \langle\psi|\hat{F}|\varphi\rangle \text{ とも書く}) \quad (6.1\text{-}12)$$

と表現される．これを使って，$\varphi_{n,1}$，$\varphi_{n,2}$ から直交する二つの固有関数を作成してみたい．まず，注意すべきは，両方とも共通の固有値 f_n をもっているので，その線形結合も固有値 f_n をもっている点である．そこで，まず，1番目の固有関数 $\varphi'_{n,1}$ は，$\varphi_{n,1}$ そのものとする．次に，2番目の固有関数であるが，$\varphi_{n,2}$ から $\varphi_{n,1}$ 成分を取り除くことをする．図 6.1-1 にあるように，ベクトルのイメージを頭に描くと，その成分は，$\langle\varphi_{n,1}|\varphi_{n,2}\rangle\varphi_{n,1}$ である．よって，

$$\varphi'_{n,2} = \varphi_{n,2} - \langle\varphi_{n,1}|\varphi_{n,2}\rangle\varphi_{n,1} \quad (6.1\text{-}13)$$

とする．このとき，

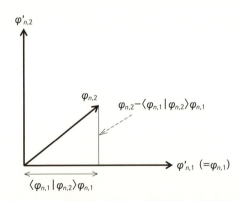

図 6.1-1　縮退がある場合の固有関数の直交化法

$$\langle \varphi'_{n,2} | \varphi_{n,1} \rangle = \langle \varphi_{n,2} | \varphi_{n,1} \rangle - \langle \varphi_{n,1} | \varphi_{n,2} \rangle^* \cdot \langle \varphi_{n,1} | \varphi_{n,1} \rangle$$
$$= \langle \varphi_{n,2} | \varphi_{n,1} \rangle - \langle \varphi_{n,1} | \varphi_{n,2} \rangle^* = 0 \quad (6.1\text{-}14)$$

となる．ここで，$\varphi_{n,1}$ が規格化されていることを利用した．また，右辺の最後の式が 0 になるのは，(6.1-11) 式に基づく．上の $\varphi'_{n,2}$ は規格化されていない場合もあるので，適当な定数を掛け算して規格化したものを $\varphi'_{n,2}$ として採用する．

同じ固有値に属する三つ目の固有関数 $\varphi_{n,3}$ が存在する場合は，以下を採用すればよい．

$$\varphi'_{n,3} = \varphi_{n,3} - \langle \varphi'_{n,2} | \varphi_{n,3} \rangle \varphi'_{n,2} - \langle \varphi_{n,1} | \varphi_{n,3} \rangle \varphi_{n,1} \quad (6.1\text{-}15)$$

これは，$\varphi_{n,3}$ より，$\varphi'_{n,2}$，$\varphi_{n,1}$ 成分を取り除くイメージである．実際に $\varphi'_{n,2}$，$\varphi_{n,1}$ と直交していることの確認は容易にできる．以上のことから，エルミート演算子の固有関数はすべて直交させることができることがわかる．

箱型ポテンシャルで出てきた演算子，$\hat{x} = x$，$\hat{p}_x = \dfrac{\hbar}{\mathrm{i}} \dfrac{\partial}{\partial x}$ で，エルミート演算子の条件，(6.1-1) 式が成り立つかどうかをチェックしてみよう．まず，座標の演算子，$\hat{x} = x$ であるが，座標は実数であるので $x^* = x$ が成り立つので，(6.1-1) 式左辺に代入して

$$\int \psi^* \hat{x} \varphi \mathrm{d}v \,(= \langle \psi | \hat{x} | \varphi \rangle) = \int \psi^* x \varphi \mathrm{d}v \,(= \langle \psi | x | \varphi \rangle)$$
$$= \int (x\psi)^* \varphi \mathrm{d}v \,(= \langle x\psi | \varphi \rangle) = \int (\hat{x}\psi)^* \varphi \mathrm{d}v \,(= \langle \hat{x}\psi | \varphi \rangle) \quad (6.1\text{-}16)$$

となるので，確かに (6.1-1) 式が成り立つ．次に，運動量の演算子，$\hat{p}_x = \dfrac{\hbar}{\mathrm{i}} \dfrac{\partial}{\partial x}$ については，(6.1-1) 式左辺に代入し，部分積分を実施すると，

$$\int \psi^* \hat{p}_x \varphi \mathrm{d}v = \int \psi^* \frac{\hbar}{\mathrm{i}} \frac{\partial \varphi}{\partial x} \mathrm{d}v \left(= \left\langle \psi \left| \frac{\hbar}{\mathrm{i}} \frac{\partial}{\partial x} \right| \varphi \right\rangle \right)$$

$$= \left[\frac{\hbar}{\mathrm{i}} \psi^* \varphi \right]_{-\infty}^{\infty} - \frac{\hbar}{\mathrm{i}} \int \frac{\partial \psi^*}{\partial x} \varphi \mathrm{d}v$$

$$= \int \left(\frac{\hbar}{\mathrm{i}} \frac{\partial \psi}{\partial x} \right)^* \varphi \mathrm{d}v = \int (\hat{p}_x \psi)^* \varphi \mathrm{d}v \ (= \langle \hat{p}_x \psi | \varphi \rangle) \quad (6.1\text{-}17)$$

となり，$\hat{p}_x$ が(6.1-1)式を満たしていることがわかる．ここで，$x = \pm \infty$ のときの波動関数の値を0としている．これは，波動関数が電子の存在確率を表しているということから，無限遠でも0でない有限の値をもっているとすると，規格化ができなくなり，確率として扱うことができなくなることに起因する．ただ，無限領域に周期的境界条件を導入し，無限遠で0にはならないが，境界で同じ値をとるという条件でも(6.1-17)式が成り立つ．以上のように，座標演算子，運動量演算子はともにエルミート演算子であることが示された．

一般の演算子は，必ずしもエルミート演算子ではない．量子力学では，物理量に対応する演算子はエルミート演算子と考えているので，エルミート演算子以外は考えなくてもいいような気もするが，議論を進める上で，エルミート演算子以外の演算子も出てくることがある．この場合，エルミート共役な演算子を考えることがある．ある演算子 $\hat{A}$ があり，そのエルミート共役な演算子 $\hat{A}^+$ とは，以下を満足する演算子のことである．

$$\int \psi^* \hat{A} \varphi \mathrm{d}v \ (= \langle \psi | \hat{A} | \varphi \rangle) = \int (\hat{A}^+ \psi)^* \varphi \mathrm{d}v = \langle \hat{A}^+ \psi | \varphi \rangle \quad (6.1\text{-}18)$$

これからわかるように，エルミート演算子とは，

$$\hat{A} = \hat{A}^+ \quad (6.1\text{-}19)$$

である演算子のことである．

6.2 ディラックのデルタ関数と位置演算子

第 2 章にて物理量と演算子について述べたが，箱型ポテンシャル問題の例で，運動量演算子，$\hat{p}_x = \dfrac{\hbar}{i}\dfrac{\partial}{\partial x}$ の固有関数として $\exp(ikx)$ が出てきた．しかし位置演算子 $\hat{x} = x$ の固有関数については紹介してこなかった．位置演算子の固有関数は，ディラックのデルタ関数 $\delta(x)$ と呼ばれているものである．

デルタ関数 $\delta(x)$ とは，以下で定義される関数である．

$$\delta(x) = \begin{cases} \infty & x = 0 \\ 0 & x \neq 0 \end{cases} \tag{6.2-1}$$

数学的には，関数ではなく超関数と呼ばれている．

デルタ関数は，(6.2-1) 式の定義より，以下の積分が重要である（むしろこれが定義といってもよい）．

$$\int_{-\infty}^{\infty} f(x)\delta(x)\,dx = f(0) \tag{6.2-2}$$

特に $f(x) = 1$ なら，

$$\int_{-\infty}^{\infty} \delta(x)\,dx = 1 \tag{6.2-3}$$

となる．また，$a \neq 0$ なる定数を考えると，

$$\int_{-\infty}^{\infty} f(x)\delta(x-a)\,dx = \int_{-\infty}^{\infty} f(x'+a)\delta(x')\,dx' = f(a) \tag{6.2-4}$$

であり，さらに，

$$\int_{-\infty}^{\infty} f(x)\delta(-x)\,dx = \int_{\infty}^{-\infty} f(-x')\delta(x')\,d(-x')$$
$$= \int_{-\infty}^{\infty} f(-x')\delta(x')\,dx' = f(-0) = f(0) \tag{6.2-5}$$

である．(6.2-2)式，(6.2-5)式から，

$$\delta(-x) = \delta(x) \tag{6.2-6}$$

と考えてよい．

　一つ注意することがあるとすれば，(6.2-2)式において，$f(x)$ は，性格のよい関数を用いるべきである．例えば $f(x) = x^2/\delta(x)$ とし，

$$\int_{-\infty}^{\infty} f(x)\delta(x)\mathrm{d}x = \int_{-\infty}^{\infty} x^2 \mathrm{d}x \to \infty \tag{6.2-7}$$

というような積分を考えてはいけない．$f(x)$ はすべての x に対して有限の値となるような関数を考えている．$f(x) = x^2/\delta(x)$ は，$x \neq 0$ では ∞ になってしまうが，このような関数を想定してはいない．

　デルタ関数は位置演算子 $\hat{x} = x$ の固有関数になっていることを示そう．(6.2-4)式で，特に $f(x) = x\,(=\hat{x})$ と置くと，

$$\int_{-\infty}^{\infty} x\delta(x-a)\mathrm{d}x = a \tag{6.2-8}$$

となる．一方，$f(x) = a$ とすると，

$$\int_{-\infty}^{\infty} a\delta(x-a)\mathrm{d}x = a \tag{6.2-9}$$

である．(6.2-8)式，(6.2-9)式から，

$$x\delta(x-a) = a\delta(x-a) \tag{6.2-10}$$

となり，これより $\hat{x} = x$ の固有値が a で，その固有関数が $\delta(x-a)$ であることがわかる．

　(6.2-10)式で，a の値は飛び飛びの値をとるものではなく，連続的な値をとる．この点は，水素原子におけるエネルギーなどとは異なる点である．(6.2-6)式や(6.2-10)式が成り立つのは，「積分」という意味で等しい，としていることがわかるであろう．実際，それらは積分した結果が等しい，ということから等号で結ばれている．そういう意味では，通常の関数ではない

ことが理解できる．問題 6.2-1 に，デルタ関数の性質をいくつか紹介している．

デルタ関数の具体例を以下に紹介する．

$$\delta(x) = \lim_{n\to\infty} \sqrt{\frac{n}{\pi}} \exp(-nx^2), \qquad (6.2\text{-}11)$$

$$\delta(x) = \lim_{n\to\infty} \frac{\sin(nx)}{\pi x} \qquad (6.2\text{-}12)$$

いずれも，(6.2-1)式を満たすと考えてよい．(6.2-11)式では，ガウス積分

$$\int_{-\infty}^{\infty} \exp(-x^2)\mathrm{d}x = \sqrt{\pi} \qquad (6.2\text{-}13)$$

を利用すれば，(6.2-3)式を満足していることが確認できる．(6.2-12)式も，以下の公式を利用すれば(6.2-3)式を満足していることが確認できる．

$$\int_{-\infty}^{\infty} \frac{\sin x}{x}\mathrm{d}x = \pi \qquad (6.2\text{-}14)$$

なお，(6.2-12)式で，$x \neq 0$ における値については少し説明が必要かもしれない．$n \to \infty$ の場合，$\sin(nx)$ の周期は $2\pi/n$ であり，この間で -1 から $+1$ の間で増減する．その間隔がきわめて小さく，特に $n \to \infty$ の極限では，この間の値は，その平均値である 0 とみなしてよい．$x = 0$ では，

$$\lim_{x\to 0} \frac{\sin(nx)}{x} = n \qquad (6.2\text{-}15)$$

を利用することで，(6.2-1)を満足していることが確認できる．図 6.2-1 はいくつかの n に対する(6.2-12)式の関数を示している．

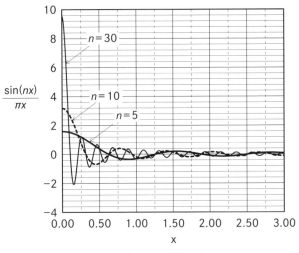

図 6.2-1　(6.2-12)式の概略図

問題 6.2-1　以下の式を示せ．

(1)　$x\delta(x) = 0$

(2)　$\delta(ax) = \dfrac{1}{a}\delta(x)$,　$(a > 0)$

(3)　$\delta(x^2 - a^2) = \dfrac{1}{2a}\{\delta(x-a) + \delta(x+a)\}$,　$(a > 0)$

6.3　物理量の期待値

　第 2 章 2.6 節の重ね合わせの原理のところで既に述べたが，物理量を測定するとき，どのような値が得られるかについて，量子力学はその期待値しか教えてくれない．ここでは，その期待値の計算方法について述べる．

　ある物理量 F を測定するとする．その物理量に対応する演算子を $\hat{F}$，$\hat{F}$ の固有関数を φ_n，固有値を f_n とする（$n = 1, 2, 3, \cdots$）．さらに，φ_n は規格化されているとする．すなわち，

6.3 物理量の期待値

$$\hat{F}\varphi_n = f_n\varphi_n, \quad \int \varphi_n{}^* \varphi_n \mathrm{d}v = 1 \qquad (6.3\text{-}1)$$

である．(6.3-1)式の積分は，考えている全空間で実施するものとする．第2章の箱型ポテンシャルの場合は，1次元問題で，かつ $0 \leq x \leq L$ の範囲に限定されているので，$\mathrm{d}v = \mathrm{d}x$ として，積分範囲を $0 \leq x \leq L$ とすればよい．ここで，電子の状態を表す波動関数が φ である場合を考える．また，この波動関数は，規格化されているとする．このとき，物理量 F を測定したとすると，測定値の期待値 $\bar{f}$ は，以下の式で計算される（第2章で少し触れている）．

$$\bar{f} = \int \varphi^* \hat{F} \varphi \mathrm{d}v \qquad (6.3\text{-}2)$$

第2章2.6節の重ね合わせの原理のところで，一組の固有関数 $\{\varphi_n\}$ は完全系であり，任意の関数 φ は，$\{\varphi_n\}$ の線形結合で表される，と量子力学は要求していると述べた．(6.3-2)式で期待値が計算できるのは，φ_n が完全系であるということを利用している．φ_n が完全系であるので，任意の関数 φ は，φ_n を用いて(2.6-5)式のように表現できる．6.1節から，f_n は実数であり，かつ，φ_n は直交していることが示されているので，これを利用して話を進める．また，より厳密には第2章2.6節の後半に記述した(2.6-18)式であることを付記しておく．再度目を通していただきたい．さて，

$$\hat{F}\varphi = \hat{F}\sum c_n \varphi_n = \sum_n c_n \hat{F}\varphi_n = \sum_n c_n f_n \varphi_n \qquad (6.3\text{-}3)$$

であり，添え字を区別できるよう，

$$\varphi^* = \sum_m c_m{}^* \varphi_m{}^* \qquad (6.3\text{-}4)$$

と表現してから(6.3-2)式右辺に代入すると，

$$\int \varphi^* \hat{F}\varphi \mathrm{d}v = \sum_{m,n} c_m{}^* c_n f_n \int \varphi_m{}^* \varphi_n \mathrm{d}v = \sum_n f_n c_n{}^* c_n = \sum_n f_n |c_n|^2 \qquad (6.3\text{-}5)$$

となる．(6.3-5)式では，(6.1-9)式を利用した．重ね合わせの原理 II から，

(6.3-5)式は物理量の期待値である．すなわち，(6.3-2)式で期待値が計算できることになる．

6.4　演算子の交換関係

第2章 2.7節で，電子の位置と運動量を同時に確定しようとしてもある程度の不確かさがあることを記した．これは，不確定性原理と言われ，位置 x と運動量 p_x の場合，その不確かさをそれぞれ Δx，Δp_x とすると，$\Delta x \cdot \Delta p_x \approx \hbar$（(2.7-5)式）程度であった．一方，以下で述べるが，位置 x と位置 y の場合には不確かさはない．このように，二つの物理量の間には，不確さがある場合とない場合が存在する．不確さがある場合は，二つの物理量を同時に測定する観測手段がない，と考えてもよい．不確定性原理は量子力学の根本であり，これを理解することがとても大切である．以下では，この不確定性原理の数学的表現である交換子について記すことにする．これは，解析力学で学ぶポアッソンブラケットあるいはラグランジェブラケットに対応する．

ある物理量 A，B に対応する演算子を $\hat{A}$，$\hat{B}$ とする．次に，

$$[\hat{A}, \hat{B}] \equiv \hat{A}\hat{B} - \hat{B}\hat{A} \tag{6.4-1}$$

を定義する．これを $\hat{A}$ と $\hat{B}$ の交換子と呼ぶ．そしてすべての波動関数 ψ に対して，

$$[\hat{A}, \hat{B}]\psi = 0 \tag{6.4-2}$$

が成り立つ場合，$\hat{A}$ と $\hat{B}$ は可換であるという．この場合，

$$\hat{A}\hat{B} = \hat{B}\hat{A} \tag{6.4-3}$$

のように表記する．(6.4-2)式が必ずしも成り立たない場合を非可換という．可換な演算子としては，角運動量の大きさの2乗に対応する演算子 $\hat{\ell}^2$ と角運動量の z 成分の演算子 $\hat{\ell}_z$ がある．また，$\hat{\ell}^2$ と $\hat{\ell}_x$，$\hat{\ell}_y$ も可換である．

6.4 演算子の交換関係

一方,非可換の例として,$\hat{x}$ と $\hat{p}_x$ があげられる.また,$\hat{\ell}_x$, $\hat{\ell}_y$, $\hat{\ell}_z$ はそれぞれが非可換の関係にある.これらの関係について以下に証明をする.

まず,$\hat{x}$ と $\hat{p}_x$ の交換子を調べてみよう.

$$\hat{x} \cdot \hat{p}_x \psi = x \cdot \frac{\hbar}{\mathrm{i}} \frac{\partial \psi}{\partial x}, \tag{6.4-4}$$

$$\hat{p}_x \cdot x\psi = \frac{\hbar}{\mathrm{i}} \frac{\partial}{\partial x}(x\psi) = \frac{\hbar}{\mathrm{i}}\left(\psi + x\frac{\partial \psi}{\partial x}\right) \tag{6.4-5}$$

であるので,(6.4-1)式より

$$[\hat{x}, \hat{p}_x]\psi = -\frac{\hbar}{\mathrm{i}}\psi \tag{6.4-6}$$

となる.これより,

$$[\hat{x}, \hat{p}_x] = -\frac{\hbar}{\mathrm{i}} = \mathrm{i}\hbar \tag{6.4-7}$$

であることを意味している.慣れてきたら,ψ を省略して計算を進めてよい.

次に,$\hat{\ell}_x$, $\hat{\ell}_y$ の交換子を調べよう.第4章の4.5節で角運動量演算子の話を少ししたが,そのときは極座標表示の演算子であった.ここでは,xyz座標で表示された演算子で進めることにする.

まず,角運動量演算子を求めよう.古典物理学における角運動量 $\vec{\ell}$ は,

$$\vec{\ell} = \vec{r} \times \vec{p} \tag{6.4-8}$$

で計算される.これから,各成分を求めると,

$$\vec{\ell} = (yp_z - zp_y, zp_x - xp_z, xp_y - yp_x) \tag{6.4-9}$$

である.よって,角運動量の各成分に対する演算子も,量子化の手続きにしたがい,

$$\hat{\ell}_x = \frac{\hbar}{\mathrm{i}} \left(y \frac{\partial}{\partial z} - z \frac{\partial}{\partial y} \right), \tag{6.4-10}$$

$$\hat{\ell}_y = \frac{\hbar}{\mathrm{i}} \left(z \frac{\partial}{\partial x} - x \frac{\partial}{\partial z} \right), \tag{6.4-11}$$

$$\hat{\ell}_z = \frac{\hbar}{\mathrm{i}} \left(x \frac{\partial}{\partial y} - y \frac{\partial}{\partial x} \right) \tag{6.4-12}$$

となる．これらを用いると，

$$\begin{aligned}\hat{\ell}_x \hat{\ell}_y &= -\hbar^2 \left(y \frac{\partial}{\partial z} - z \frac{\partial}{\partial y} \right)\left(z \frac{\partial}{\partial x} - x \frac{\partial}{\partial z} \right) \\ &= -\hbar^2 \left(y \frac{\partial}{\partial x} + yz \frac{\partial^2}{\partial z \partial x} - xy \frac{\partial^2}{\partial z^2} - z^2 \frac{\partial^2}{\partial x \partial y} + xz \frac{\partial^2}{\partial y \partial z} \right),\end{aligned} \tag{6.4-13}$$

$$\begin{aligned}\hat{\ell}_y \hat{\ell}_x &= -\hbar^2 \left(z \frac{\partial}{\partial x} - x \frac{\partial}{\partial z} \right)\left(y \frac{\partial}{\partial z} - z \frac{\partial}{\partial y} \right) \\ &= -\hbar^2 \left(yz \frac{\partial^2}{\partial x \partial z} - z^2 \frac{\partial^2}{\partial x \partial y} - xy \frac{\partial^2}{\partial z^2} + x \frac{\partial}{\partial y} + xz \frac{\partial^2}{\partial y \partial z} \right)\end{aligned} \tag{6.4-14}$$

と計算される．よって，

$$[\hat{\ell}_x, \hat{\ell}_y] = \hat{\ell}_x \hat{\ell}_y - \hat{\ell}_y \hat{\ell}_x = -\hbar^2 \left(y \frac{\partial}{\partial x} - x \frac{\partial}{\partial y} \right) \tag{6.4-15}$$

となる．この式は(6.4-12)式を用いると，

$$[\hat{\ell}_x, \hat{\ell}_y] = -\frac{\hbar}{\mathrm{i}} \hat{\ell}_z = \mathrm{i}\hbar \hat{\ell}_z \tag{6.4-16}$$

であることがわかる．同様に，

$$[\hat{\ell}_y, \hat{\ell}_z] = \mathrm{i}\hbar \hat{\ell}_x \tag{6.4-17}$$

$$[\hat{\ell}_z, \hat{\ell}_x] = i\hbar \hat{\ell}_y \tag{6.4-18}$$

である．これらのことにより，$\hat{\ell}_x$，$\hat{\ell}_y$，$\hat{\ell}_z$ はそれぞれが非可換の関係にあることが示された．

ここで，第 4 章の水素原子 1 の 4.5 節において述べた，角運動量の大きさを表す演算子，$\hat{\ell}^2$，と角運動量の z 成分演算子，$\hat{\ell}_z$，の交換子を調べてみよう．

$$\hat{\ell}^2 = \hat{\ell}_x{}^2 + \hat{\ell}_y{}^2 + \hat{\ell}_z{}^2 \tag{6.4-19}$$

であり，この式を直接用いて調べる方法もあるが，(6.3-16)〜(6.3-18)式が得られているので，これを利用しよう．

$$\begin{aligned}
\hat{\ell}^2 \hat{\ell}_z &= \hat{\ell}_x(\hat{\ell}_x \hat{\ell}_z) + \hat{\ell}_y(\hat{\ell}_y \hat{\ell}_z) + \hat{\ell}_z{}^3 \\
&= \hat{\ell}_x(\hat{\ell}_z \hat{\ell}_x - i\hbar \hat{\ell}_y) + \hat{\ell}_y(\hat{\ell}_z \hat{\ell}_y + i\hbar \hat{\ell}_x) + \hat{\ell}_z{}^3 \\
&= \hat{\ell}_x \hat{\ell}_z \hat{\ell}_x - i\hbar \hat{\ell}_x \hat{\ell}_y + \hat{\ell}_y \hat{\ell}_z \hat{\ell}_y + i\hbar \hat{\ell}_y \hat{\ell}_x + \hat{\ell}_z{}^3 \\
&= (\hat{\ell}_z \hat{\ell}_x - i\hbar \hat{\ell}_y)\hat{\ell}_x - i\hbar \hat{\ell}_x \hat{\ell}_y + (\hat{\ell}_z \hat{\ell}_y + i\hbar \hat{\ell}_x)\hat{\ell}_y + i\hbar \hat{\ell}_y \hat{\ell}_x + \hat{\ell}_z{}^3 \\
&= \hat{\ell}_z \hat{\ell}_x{}^2 - i\hbar \hat{\ell}_y \hat{\ell}_x - i\hbar \hat{\ell}_x \hat{\ell}_y + \hat{\ell}_z \hat{\ell}_y{}^2 + i\hbar \hat{\ell}_x \hat{\ell}_y + i\hbar \hat{\ell}_y \hat{\ell}_x + \hat{\ell}_z{}^3 \\
&= \hat{\ell}_z \hat{\ell}_x{}^2 + \hat{\ell}_z \hat{\ell}_y{}^2 + \hat{\ell}_z{}^3 \\
&= \hat{\ell}_z \hat{\ell}^2 \tag{6.4-20}
\end{aligned}$$

と式変形できるので，

$$[\hat{\ell}^2, \hat{\ell}_z] = 0 \tag{6.4-21}$$

となり，確かに可換であることがわかる．$\hat{\ell}_x$，$\hat{\ell}_y$ も同様に示すことができ，

$$[\hat{\ell}^2, \hat{\ell}_x] = 0, \tag{6.4-22}$$

$$[\hat{\ell}^2, \hat{\ell}_y] = 0 \tag{6.4-23}$$

が成り立つ．このように，交換子が 0 になるものとならないものがある．このことと固有関数の関係について以下に述べ，それが不確定性と深く結び

ついていることを説明する．

物理量 A, B に対応する演算子 $\hat{A}$, $\hat{B}$ が可換の場合，共通の固有関数をもつことを示そう．まず，縮退がない場合を考える．演算子 $\hat{A}$ の固有値を a_n とし，それに属する固有関数を φ_n とする．すなわち，

$$\hat{A}\varphi_n = a_n\varphi_n \tag{6.4-24}$$

である．これの右辺に $\hat{B}$ を作用させると，

$$\hat{B}(a_n\varphi_n) = a_n(\hat{B}\varphi_n) \tag{6.4-25}$$

となり，左辺に作用させると，

$$\hat{B}(\hat{A}\varphi_n) = \hat{B}\hat{A}\varphi_n = \hat{A}\hat{B}\varphi_n = \hat{A}(\hat{B}\varphi_n) \tag{6.4-26}$$

となる．これら二つの式を等しいと置くと，

$$\hat{A}(\hat{B}\varphi_n) = a_n(\hat{B}\varphi_n) \tag{6.4-27}$$

となる．(6.4-24)式と(6.4-27)式を比較するとわかるように，関数 $\hat{B}\varphi_n$ は，$\hat{A}$ の固有関数であり，その固有値は a_n であることがわかる．このことにより，$\hat{B}\varphi_n$ は，φ_n で表されることになり，その比例定数を b_n と置けば，

$$\hat{B}\varphi_n = b_n\varphi_n \tag{6.4-28}$$

である．よって，φ_n は $\hat{B}$ の固有関数でもあることがわかった．この結論は，(6.4-26)式で，演算子 $\hat{A}$, $\hat{B}$ が可換であることを利用したことにより得られたものである．そのため，可換な演算子は共通の固有関数をもつことがわかる．

次に，縮退がある場合について考えよう．このとき，一つの固有値（a とする）に対して，固有関数が f 重に縮退しているものとする．すなわち，

$$\hat{A}\varphi_j = a\varphi_j, \quad (j = 1, 2, 3, \cdots, f) \tag{6.4-29}$$

である．これら固有関数は，規格化，直交化されているものとする．これら固有関数が $\hat{B}$ の固有関数でもあれば問題ないが，必ずしもそのようにはなっていない．そこで，これら関数の線形結合で表される以下の関数を考える．

$$\psi = C_1\varphi_1 + C_2\varphi_2 + \cdots + C_f\varphi_f \tag{6.4-30}$$

(6.4-30)式の ψ は，C_j の値にかかわらず，固有値 a に属する $\hat{A}$ の固有関数である．そこで，

$$\hat{B}\psi = b\psi \tag{6.4-31}$$

となるように，係数 C_j を決めることができることを示す．(6.4-31)式に(6.4-30)式を代入し，

$$\hat{B}\psi = C_1\hat{B}\varphi_1 + C_2\hat{B}\varphi_2 + \cdots + C_f\hat{B}\varphi_f = b(C_1\varphi_1 + C_2\varphi_2 + \cdots + C_f\varphi_f) \tag{6.3-32}$$

であるので，この両辺に $\varphi_1{}^*$ をかけて積分すると，φ_j ($j = 1, 2, 3, \cdots, f$) が規格化，直交化されているので

$$C_1\langle\varphi_1|\hat{B}|\varphi_1\rangle + C_2\langle\varphi_1|\hat{B}|\varphi_2\rangle + \cdots + C_f\langle\varphi_1|\hat{B}|\varphi_f\rangle = C_1 b \tag{6.4-33}$$

となる．特に，

$$B_{l,j} \equiv \langle\varphi_l|\hat{B}|\varphi_j\rangle \left(= \int\varphi_l{}^*\hat{B}\varphi_j\mathrm{d}v\right) \tag{6.4-34}$$

とすれば，

$$C_1 B_{1,1} + C_2 B_{1,2} + \cdots + C_f B_{1,f} = C_1 b \tag{6.4-35}$$

である．$\varphi_2{}^* \sim \varphi_f{}^*$ についても同じ計算をすることにより，

$$C_1 B_{j,1} + C_2 B_{j,2} + \cdots + C_f B_{j,f} = C_j b, \quad (j = 1, 2, 3, \cdots, f) \tag{6.4-36}$$

を得る．これを行列で表すと，

$$\begin{pmatrix} (B_{1,1}-b) & B_{1,2} & \cdots & B_{1,f} \\ B_{2,1} & (B_{2,2}-b) & \cdots & B_{2,f} \\ & & & \\ B_{f,1} & & \cdots & (B_{f,f}-b) \end{pmatrix} \begin{pmatrix} C_1 \\ C_2 \\ \\ C_f \end{pmatrix} = \begin{pmatrix} 0 \\ 0 \\ \\ 0 \end{pmatrix} \quad (6.4\text{-}37)$$

となる.C_jがすべて0にならないようにするためには,左辺の行列式が0になる必要がある.このとき,bはf個の解に対応し,各解に対してC_jの組を定めることができる.このようにして,一般にf個のC_jの組,すなわち,f個のψを決定することができる.すなわち,縮退がある場合でも,$\hat{A}$,$\hat{B}$は,共通の固有関数をもつことになる.

以上のことから,交換子が0となる場合,すなわち,演算子$\hat{A}$,$\hat{B}$が可換の場合は,これら二つの物理量には不確かさがないことになる.

一方,交換子が0でない場合,すなわち,演算子$\hat{A}$,$\hat{B}$が非可換の場合は,これら二つの物理量には不確定さが存在することになる.上で計算をした角運動量の大きさと角運動量のxあるいはyあるいはz成分とには不確定さがないことになる.しかしながら,位置と運動量あるいは角運動量の成分間には不確定さがあることになる.

ここで,演算子$\hat{A}$,$\hat{B}$が非可換の場合について考えよう.演算子$\hat{A}$の固有値およびそれに属する固有関数をそれぞれa_n,φ_nとし,演算子$\hat{B}$の固有値およびそれに属する固有関数をそれぞれb_j,ψ_jとする.始めに,電子の状態が波動関数φ_nで表されているとき,$\hat{A}\varphi_n = a_n\varphi_n$なので,物理量$A$を測定すると必ず$a_n$が得られる(不確定さはない).しかし,この状態で物理量Bの測定を考える場合,φ_nが演算子$\hat{B}$の固有関数ではないため,$\hat{B}$の固有関数ψ_jを用いて,$\varphi_n = \sum_{j=1}^{\infty} c_j \psi_j$と展開できることを利用する必要がある.これは,$\psi_j$が完全系であるため,任意の関数,$\varphi_n$は,$\psi_j$を用いて表現できることによる.このとき,物理量$B$の測定値として$b_j$が得られる確率は,重ね合わせの原理IIから$|c_j|^2$で与えられる.他の値が得られる場合もある

ので不確定さが存在することになる．実際測定した結果，b_j が得られたとしよう．このとき波束の収縮が生じ，電子の状態は φ_n から ψ_j へ転移する．もう一度物理量 B を測定すると，今度は $\hat{B}\psi_j = b_j \psi_j$ となっているので，b_j が得られ不確定さはない．しかし，再度物理量 A を測定すると，現在の状態は，最初の φ_n ではなくなっているので，再び a_n が得られるかどうかはわからない．この場合は，φ_n も完全系であることを利用し $\psi_j = \sum_{n=1}^{\infty} c_n \varphi_n$ と展開して考える必要がある．以上の表現は，次節の不確定性原理の数学的表現と関連している．

6.5 不確定性原理の数学的表現

第 2 章の 2.7 節で述べたが，電子の位置と運動量を同時に測定しようとしてもある程度の不確かさがあり，それら不確かさの間には，(2.7-5)式で示した関係があることを述べた．本節では，位置と運動量に存在するこの関係を波動関数と演算子を用いて導出することにする．

始めに，位置と運動量の不確かさ，Δx, Δp_x を定義しておこう．

$$\Delta x \equiv \sqrt{\langle (x - \bar{x})^2 \rangle} \tag{6.5-1}$$

$$\Delta p_x \equiv \sqrt{\langle (p_x - \bar{p}_x)^2 \rangle} \tag{6.5-2}$$

ここで，$\bar{x}$, $\bar{p}_x$ は，x, p_x の平均値である．また括弧 $\langle\ \rangle$ ではさんだ場合，それは平均値を表すこととする．このとき，

$$\bar{x} = \langle x \rangle \tag{6.5-3}$$

$$\bar{p}_x = \langle p_x \rangle \tag{6.5-4}$$

であり，(6.5-1)式，(6.5-2)式は，これらを用いてもよいのであるが，式が見づらくなるので $\bar{x}$, $\bar{p}_x$ を用いている．ここで，

$$\langle (x-\overline{x})^2 \rangle = \langle x^2 - 2\overline{x}\cdot x + \overline{x}^2 \rangle = \langle x^2 \rangle - 2\overline{x}\langle x \rangle + \overline{x}^2 = \langle x^2 \rangle - \overline{x}^2 \tag{6.5-5}$$

より,

$$\Delta x = \sqrt{\langle x^2 \rangle - \overline{x}^2} \tag{6.5-6}$$

となり, 同様に,

$$\Delta p_x = \sqrt{\langle p_x^2 \rangle - \overline{p_x}^2} \tag{6.5-7}$$

となる. ここで, $\langle x^2 \rangle$, $\langle p_x^2 \rangle$ は以下で与えられる.

$$\langle x^2 \rangle = \int_{-\infty}^{\infty} \psi^* x^2 \psi \mathrm{d}x \; (= \langle \psi | x^2 | \psi \rangle) \tag{6.5-8}$$

$$\langle p_x^2 \rangle = \int_{-\infty}^{\infty} \psi^* (\hat{p}_x)^2 \psi \mathrm{d}x = \int_{-\infty}^{\infty} \psi^* \left(-\hbar^2 \frac{\partial^2}{\partial x^2} \right) \psi \mathrm{d}x \left(= \left\langle \psi \left| -\hbar^2 \frac{\partial^2}{\partial x^2} \right| \psi \right\rangle \right) \tag{6.5-9}$$

(6.5-8)式, (6.5-9)式は重ね合わせの原理からくるものである. ここで, 簡単化のため, $\overline{x}=0$, $\overline{p}_x=0$ となっている場合を考えよう. すなわち,

$$\Delta x = \sqrt{\langle x^2 \rangle}, \quad \Delta p_x = \sqrt{\langle p_x^2 \rangle} \tag{6.5-10}$$

の場合を考える. このとき, 以下のようにして不確定性関係を示すことができる.

まず, 任意の実数 λ に対して成立する以下の式を考える.

$$I(\lambda) = \int_{-\infty}^{\infty} \left| \lambda x \psi + \frac{\partial \psi}{\partial x} \right|^2 \mathrm{d}x \geq 0 \tag{6.5-11}$$

このとき,

$$I(\lambda) = \int_{-\infty}^{\infty} \left(\lambda x \psi^* + \frac{\partial \psi^*}{\partial x} \right) \left(\lambda x \psi + \frac{\partial \psi}{\partial x} \right) dx$$
$$= \lambda^2 \int_{-\infty}^{\infty} \psi^* x^2 \psi dx + \lambda \left(\int_{-\infty}^{\infty} \psi^* x \frac{\partial \psi}{\partial x} dx + \int_{-\infty}^{\infty} \psi x \frac{\partial \psi^*}{\partial x} dx \right) + \int_{-\infty}^{\infty} \frac{\partial \psi}{\partial x} \frac{\partial \psi^*}{\partial x} dx$$
(6.5-12)

である.ここで,(6.5-10)式より,(6.5-12)式の λ^2 の係数は $(\Delta x)^2$ である. λ の係数は,

$$\int_{-\infty}^{\infty} \psi^* x \frac{\partial \psi}{\partial x} dx + \int_{-\infty}^{\infty} \psi x \frac{\partial \psi^*}{\partial x} dx = \int_{-\infty}^{\infty} x \frac{\partial}{\partial x} (\psi^* \psi) dx$$
$$= [x \psi^* \psi]_{-\infty}^{\infty} - \int_{-\infty}^{\infty} \psi^* \psi dx = -1$$
(6.5-13)

となる.なお,(6.5-13)式を求めるときに,$|x| \to \infty$ で,$x\psi^*\psi \to 0$ を考慮している.もし,これが成立しないとすると,ある x_0 より大きい x で,$x\psi^*\psi = x|\psi|^2 > \alpha > 0$ なる定数 α が存在する.このとき,

$$\int_{x_0}^{\infty} \psi^* \psi dx > \int_{x_0}^{\infty} \frac{\alpha}{x} dx = [\alpha \ln(x)]_{x_0}^{\infty} \to \infty \qquad (6.5\text{-}14)$$

となってしまい,波動関数が規格化できず,確率解釈が成立しなくなる.よって,$|x| \to \infty$ で,$x\psi^*\psi \to 0$ となる.(6.5-12)式の定数項は,

$$\int_{-\infty}^{\infty} \frac{\partial \psi^*}{\partial x} \frac{\partial \psi}{\partial x} dx = \left[\psi^* \frac{\partial \psi}{\partial x} \right]_{-\infty}^{\infty} - \int_{-\infty}^{\infty} \psi^* \frac{\partial^2 \psi}{\partial x^2} dx$$
$$= \frac{1}{\hbar^2} \int_{-\infty}^{\infty} \psi^* \left(-\hbar^2 \frac{\partial^2 \psi}{\partial x^2} \right) dx = \frac{1}{\hbar^2} \langle p_x^2 \rangle = \left(\frac{\Delta p_x}{\hbar} \right)^2$$
(6.5-15)

である.これらから,(6.5-11)式は,

$$I(\lambda) = (\Delta x)^2 \lambda^2 - \lambda + \left(\frac{\Delta p_x}{\hbar}\right)^2 \geq 0 \qquad (6.5\text{-}16)$$

となる．これが任意の λ について成り立つためには，(6.5-16)式の右辺を λ の2次方程式と見たとき，その判別式が0以下でなければならない．よって，

$$(-1)^2 - 4(\Delta x)^2 \left(\frac{\Delta p_x}{\hbar}\right)^2 \leq 0 \qquad (6.5\text{-}17)$$

これより，

$$\Delta x \, \Delta p_x \geq \frac{\hbar}{2} \qquad (6.5\text{-}18)$$

となり，不確定性関係が得られる．

$\bar{x} \neq 0$, $\bar{p}_x \neq 0$ の場合は，

$$\hat{x}' = \hat{x} - \bar{x} = x - \bar{x}, \quad \hat{p}_x' = \hat{p}_x - \bar{p}_x = \frac{\hbar}{i}\left(\frac{\partial}{\partial x} - \frac{i}{\hbar}\bar{p}_x\right) \qquad (6.5\text{-}19)$$

なる二つの演算子を考え，同様の議論を適用する．(6.5-11)式に対応する式として

$$I(\lambda) = \int_{-\infty}^{\infty} \left|\lambda(x - \bar{x})\psi + \left(\frac{\partial}{\partial x} - \frac{i}{\hbar}\bar{p}_x\right)\psi\right|^2 dx \qquad (6.5\text{-}20)$$

を考える．この式を(6.5-12)式のように展開すると，

$$\begin{aligned}
I(\lambda) = &\lambda^2 \int_{-\infty}^{\infty} \psi^* (x - \bar{x})^2 \psi \, dx \\
&+ \lambda \left(\int_{-\infty}^{\infty} \psi^*(x - \bar{x})\left(\frac{\partial \psi}{\partial x} - \frac{i}{\hbar}\bar{p}_x \psi\right) dx + \int_{-\infty}^{\infty} \psi(x - \bar{x})\left(\frac{\partial \psi^*}{\partial x} + \frac{i}{\hbar}\bar{p}_x \psi^*\right) dx\right) \\
&+ \int_{-\infty}^{\infty} \left(\frac{\partial \psi^*}{\partial x} + \frac{i}{\hbar}\bar{p}_x \psi^*\right)\left(\frac{\partial \psi}{\partial x} - \frac{i}{\hbar}\bar{p}_x \psi\right) dx \qquad (6.5\text{-}21)
\end{aligned}$$

6.5 不確定性原理の数学的表現

となる. λ^2 の係数は

$$\langle (x-\bar{x})^2 \rangle = (\Delta x')^2 \tag{6.5-22}$$

であり, λ の係数は,

$$\int_{-\infty}^{\infty} \psi^*(x-\bar{x})\frac{\partial \psi}{\partial x}\mathrm{d}x - \frac{\mathrm{i}}{\hbar}\bar{p}_x\int_{-\infty}^{\infty}\psi^*(x-\bar{x})\psi \mathrm{d}x$$

$$+ \int_{-\infty}^{\infty}\psi(x-\bar{x})\frac{\partial \psi^*}{\partial x}\mathrm{d}x + \frac{\mathrm{i}}{\hbar}\bar{p}_x\int_{-\infty}^{\infty}\psi(x-\bar{x})\psi^*\mathrm{d}x$$

$$= \int_{-\infty}^{\infty}(x-\bar{x})\left(\psi\frac{\partial \psi^*}{\partial x} + \psi^*\frac{\partial \psi}{\partial x}\right)\mathrm{d}x$$

$$= \int_{-\infty}^{\infty}(x-\bar{x})\frac{\partial}{\partial x}(\psi\psi^*)\mathrm{d}x$$

$$= [(x-\bar{x})\psi\psi^*]_{-\infty}^{\infty} - \int_{-\infty}^{\infty}\psi\psi^*\mathrm{d}x$$

$$= -1 \tag{6.5-23}$$

となる. また, 定数項は,

$$\int_{-\infty}^{\infty}\frac{\partial \psi^*}{\partial x}\frac{\partial \psi}{\partial x}\mathrm{d}x + \frac{\mathrm{i}}{\hbar}\bar{p}_x\int_{-\infty}^{\infty}\psi^*\frac{\partial \psi}{\partial x}\mathrm{d}x$$

$$-\frac{\mathrm{i}}{\hbar}\bar{p}_x\int_{-\infty}^{\infty}\psi\frac{\partial \psi^*}{\partial x}\mathrm{d}x + \frac{\bar{p}_x^2}{\hbar^2}\int_{-\infty}^{\infty}\psi\psi^*\mathrm{d}x$$

$$= \frac{1}{\hbar^2}\langle p_x^2\rangle - \frac{\bar{p}_x}{\hbar^2}\int_{-\infty}^{\infty}\psi^*\frac{\hbar}{\mathrm{i}}\frac{\partial \psi}{\partial x}\mathrm{d}x - \frac{\bar{p}_x}{\hbar^2}\int_{-\infty}^{\infty}\psi\left(\frac{\hbar}{\mathrm{i}}\frac{\partial \psi}{\partial x}\right)^*\mathrm{d}x + \frac{\bar{p}_x^2}{\hbar^2} \tag{6.5-24}$$

となるが, $\hat{p}_x = \dfrac{\hbar}{\mathrm{i}}\dfrac{\partial}{\partial x}$ はエルミート演算子なので,

$$\int_{-\infty}^{\infty} \psi \left(\frac{\hbar}{i} \frac{\partial \psi}{\partial x} \right)^* dx = \int_{-\infty}^{\infty} \psi^* \frac{\hbar}{i} \frac{\partial \psi}{\partial x} dx = \int_{-\infty}^{\infty} \psi^* \hat{p}_x \psi dx \quad (6.5\text{-}25)$$

となり,これを(6.5-24)式に代入すると,定数項は以下のようになる.

$$\frac{1}{\hbar^2} \langle p_x{}^2 \rangle - \frac{\overline{p}_x}{\hbar^2} \langle p_x \rangle - \frac{\overline{p}_x}{\hbar^2} \langle p_x \rangle + \frac{\overline{p}_x{}^2}{\hbar^2}$$

$$= \frac{1}{\hbar^2} \{ \langle p_x{}^2 \rangle - \overline{p}_x{}^2 \} = \frac{1}{\hbar^2} \langle (p_x - \overline{p}_x)^2 \rangle = \frac{1}{\hbar^2} (\Delta p_x')^2 \quad (6.5\text{-}26)$$

したがって,$I(\lambda)$ は,

$$I(\lambda) = (\Delta x')^2 \lambda^2 - \lambda + \left(\frac{\Delta p_x'}{\hbar} \right)^2 \geq 0 \quad (6.5\text{-}27)$$

となる.

これは,(6.5-16)式に対応し,判別式の条件を考慮すると,

$$\Delta x' \Delta p_x' \geq \frac{\hbar}{2} \quad (6.5\text{-}28)$$

が得られ,不確定性関係を示すことができる.

以上の議論は,Δx, Δp_x に関するものであったが,不確定性関係は,x, p_x に限るものではない.より一般的には,物理量に対応する演算子の交換子を用いた議論が可能である.以下にそれを記す.

物理量 A, B に対応する演算子を,$\hat{A}$, $\hat{B}$ とする.この二つの演算子の交換子が,

$$[\hat{A}, \hat{B}] \equiv \hat{A}\hat{B} - \hat{B}\hat{A} = i\hat{C} \quad (6.5\text{-}29)$$

となっているとしよう.まず,$\hat{C}$ はエルミート演算子である(問題 6.5-1 参照).さらに,

$$\overline{a} = \int_{-\infty}^{\infty} \psi^* \hat{A} \psi \mathrm{d}x, \qquad (6.5\text{-}30)$$

$$\overline{b} = \int_{-\infty}^{\infty} \psi^* \hat{B} \psi \mathrm{d}x, \qquad (6.5\text{-}31)$$

$$\overline{c} = \int_{-\infty}^{\infty} \psi^* \hat{C} \psi \mathrm{d}x \qquad (6.5\text{-}32)$$

と置く．先ほどの(6.5-19)式を参照し，

$$\hat{F} = \hat{A} - \overline{a}, \qquad (6.5\text{-}33)$$

$$\hat{G} = \hat{B} - \overline{b} \qquad (6.5\text{-}34)$$

なる演算子を定義する．このとき，

$$(\Delta F)^2 = \langle F^2 \rangle = \int_{-\infty}^{\infty} \psi^* (\hat{F})^2 \psi \mathrm{d}x, \qquad (6.5\text{-}35)$$

$$(\Delta G)^2 = \langle G^2 \rangle = \int_{-\infty}^{\infty} \psi^* (\hat{G})^2 \psi \mathrm{d}x \qquad (6.5\text{-}36)$$

を考え，以下の関係が成立することを示すのが目的である．

$$(\Delta F)^2 (\Delta G)^2 \geq \frac{1}{4} \overline{c}^2 \qquad (6.5\text{-}37)$$

まず，(6.5-20)式に対応する式として，任意の実数 λ について成り立つ以下の式を考える．

$$\begin{aligned} I(\lambda) &= \int_{-\infty}^{\infty} \left| (\lambda \hat{F} - \mathrm{i}\hat{G}) \psi \right|^2 \mathrm{d}x \\ &= \int_{-\infty}^{\infty} \{(\lambda \hat{F} - \mathrm{i}\hat{G})\psi\}^* \{(\lambda \hat{F} - \mathrm{i}\hat{G})\psi\} \mathrm{d}x \end{aligned} \qquad (6.5\text{-}38)$$

$\hat{F}$, $\hat{G}$ がエルミート演算子なので，

$$I(\lambda) = \lambda^2 \int_{-\infty}^{\infty} (\hat{F}\psi)^* (\hat{F}\psi) \, dx$$

$$- i\lambda \left(\int_{-\infty}^{\infty} (\hat{F}\psi)^* \hat{G}\psi \, dx - \int_{-\infty}^{\infty} (\hat{G}\psi)^* (\hat{F}\psi) \, dx \right) + \int_{-\infty}^{\infty} (\hat{G}\psi)^* (\hat{G}\psi) \, dx$$

$$= \lambda^2 \int_{-\infty}^{\infty} \psi^* (\hat{F})^2 \psi \, dx - i\lambda \int_{-\infty}^{\infty} \psi^* (\hat{F}\hat{G} - \hat{G}\hat{F}) \psi \, dx + \int_{-\infty}^{\infty} \psi^* (\hat{G})^2 \psi \, dx \tag{6.5-39}$$

となる.ここで,

$$\begin{aligned}\hat{F}\hat{G} - \hat{G}\hat{F} &= (\hat{A} - \overline{a})(\hat{B} - \overline{b}) - (\hat{B} - \overline{b})(\hat{A} - \overline{a}) \\ &= \hat{A}\hat{B} - \overline{a}\hat{B} - \overline{b}\hat{A} + \overline{a}\overline{b} - \hat{B}\hat{A} + \overline{b}\hat{A} + \overline{a}\hat{B} - \overline{a}\overline{b} \\ &= \hat{A}\hat{B} - \hat{B}\hat{A} = i\hat{C}\end{aligned} \tag{6.5-40}$$

なので,これを(6.5-39)式に代入すると,

$$I(\lambda) = \lambda^2 \langle F^2 \rangle + \lambda \int_{-\infty}^{\infty} \psi^* \hat{C} \psi \, dx + \langle G^2 \rangle$$

$$= (\Delta F)^2 \lambda^2 + \lambda \cdot \overline{c} + (\Delta G)^2 \geq 0 \tag{6.5-41}$$

となる.これが(6.5-27)式に対応し,(6.5-41)式から,

$$\overline{c}^2 - 4(\Delta F)^2 (\Delta G)^2 \leq 0 \tag{6.5-42}$$

が得られる.よって,(6.5-37)式の不確定性関係が示された.

問題 6.5-1 $\hat{A}, \hat{B}$ がエルミート演算子のとき,(6.5-29)式で定義される演算子 $\hat{C}$ もエルミート演算子であることを示せ.

6.6 生成,消滅演算子

電子は,波動とともに粒子の性質をもつことは既に述べた.これまでは,

6.6 生成, 消滅演算子

電子の波動性を主に強調して，その状態を記述してきた．この節では，電子の粒子性を主に強調した電子状態の記述を紹介する．ここでは，その一つとして，生成, 消滅演算子と呼ばれる演算子について紹介する．この演算子の導入で，現象の見通し良さと計算の簡便さが得られる．本節では，電子ではないが，同様な議論ができる，第3章3.3節で扱った1次元調和振動子を取り上げて説明する．その内容は次のようになる．(3.3-26)式は1次元調和振動子エネルギーであり，量子数nの関数となっている．これを，n個の粒子が生成されたと考え，その粒子をフォノンと呼ぶ．生成, 消滅演算子は，nを一つ増加または減少させる演算子で，これはフォノンが一つ生成あるいは消滅することに対応する．

まず，以下の演算子を導入する．

$$\hat{A} = \sqrt{\frac{M\omega}{2\hbar}}\left(\hat{x} + \frac{\mathrm{i}}{M\omega}\hat{p}_x\right) \tag{6.6-1}$$

$$\hat{A}^+ = \sqrt{\frac{M\omega}{2\hbar}}\left(\hat{x} - \frac{\mathrm{i}}{M\omega}\hat{p}_x\right) \tag{6.6-2}$$

これら二つの演算子はエルミート共役である．なぜならば，$\hat{x}$, $\hat{p}_x$ がエルミート演算子なので，

$$\begin{aligned}
\langle\psi|\hat{A}|\varphi\rangle &= \int\psi^*\hat{A}\varphi\mathrm{d}x = \sqrt{\frac{M\omega}{2\hbar}}\int\psi^*\left(\hat{x} + \frac{\mathrm{i}}{M\omega}\hat{p}_x\right)\varphi\mathrm{d}x \\
&= \sqrt{\frac{M\omega}{2\hbar}}\left\{\int\psi^*\hat{x}\varphi\mathrm{d}x + \int\psi^*\frac{\mathrm{i}}{M\omega}\hat{p}_x\varphi\mathrm{d}x\right\} \\
&= \sqrt{\frac{M\omega}{2\hbar}}\left\{\int(\hat{x}\psi)^*\varphi\mathrm{d}x - \int\left(\frac{\mathrm{i}}{M\omega}\hat{p}_x\psi\right)^*\varphi\mathrm{d}x\right\} \\
&= \sqrt{\frac{M\omega}{2\hbar}}\int\left(\hat{x} - \frac{\mathrm{i}}{M\omega}\hat{p}_x\psi\right)^*\varphi\mathrm{d}x \\
&= \int(\hat{A}^+\psi)^*\varphi\mathrm{d}x = \langle\hat{A}^+\psi|\varphi\rangle \tag{6.6-3}
\end{aligned}$$

となり，確かにエルミート共役であることがわかる．また，以下の性質がある（問題 6.6-1 参照）．

$$[\hat{A}, \hat{A}^+] = 1, \quad [\hat{A}, \hat{A}] = 0, \quad [\hat{A}^+, \hat{A}^+] = 0 \tag{6.6-4}$$

これら，$\hat{A}$, $\hat{A}^+$ を用いると，1次元調和振動子のハミルトニアン（(3.3-2) 式）は，以下のように表すことができる．

$$\hat{H} = \hbar\omega\left(\hat{A}^+\hat{A} + \frac{1}{2}\right) \tag{6.6-5}$$

実際，(6.3-7)式の $[\hat{x}, \hat{p}_x] = i\hbar$ に注意すれば，

$$\begin{aligned}
\hat{A}^+\hat{A} &= \frac{M\omega}{2\hbar}\left(\hat{x} - \frac{i}{M\omega}\hat{p}_x\right)\left(\hat{x} + \frac{i}{M\omega}\hat{p}_x\right) \\
&= \frac{M\omega}{2\hbar}\left(\hat{x}^2 + \frac{i}{M\omega}[\hat{x}, \hat{p}_x] + \frac{i}{M^2\omega^2}\hat{p}_x^2\right) \\
&= \frac{1}{\hbar\omega}\left(\frac{1}{2M}\hat{p}_x^2 + \frac{1}{2}M\omega^2\hat{x}^2\right) - \frac{1}{2}
\end{aligned} \tag{6.6-6}$$

となるので，(6.6-6)式を(6.6-5)式右辺に代入すれば(3.3-2)式となる．

第3章の(3.3-26)式から，1次元調和振動子のエネルギー固有値は，

$$E_n = \left(n + \frac{1}{2}\right)\hbar\omega, \quad n = 0, 1, 2, 3, \cdots \tag{6.6-7}$$

であった．これと(6.6-5)式を比べるとわかるように，1次元調和振動子の固有関数を φ_n と置くと，

$$\hat{A}^+\hat{A}\varphi_n = n \cdot \varphi_n \tag{6.6-8}$$

となることがわかるであろう．そこで，

$$\hat{N} = \hat{A}^+ \hat{A} \tag{6.6-9}$$

と置き，これを個数演算子と呼ぶ．$\hat{N}$ の固有値は，(6.6-7)式の n である．ここで，$\hat{A}$, $\hat{A}^+$ の交換子，(6.6-4)式を用いると以下のことがわかる．

$$\begin{aligned}\hat{N} \cdot \hat{A}\varphi_n &= \hat{A}^+ \hat{A} \hat{A} \varphi_n = (\hat{A}^+ \hat{A})\hat{A}\varphi_n \\ &= (\hat{A}\hat{A}^+ - 1)\hat{A}\varphi_n = \hat{A}(\hat{A}^+\hat{A} - 1)\varphi_n \\ &= \hat{A}(n-1)\varphi_n = (n-1)\hat{A}\varphi_n\end{aligned} \tag{6.6-10}$$

すなわち，

$$\hat{N} \cdot \hat{A}\varphi_n = (n-1)\hat{A}\varphi_n \tag{6.6-11}$$

がわかる．これは，$\hat{A}\varphi_n$ は $\hat{N}$ の固有関数であり，かつその固有値が $(n-1)$ であることを示している．もともと，φ_n は $\hat{N}$ の固有関数であり，その固有値は(6.6-8)式から n であったので，演算子 $\hat{A}$ は，固有値を一つ減らす働きがあることになる．そのため，$\hat{A}$ を消滅演算子と呼ぶ．同様に，

$$\hat{N} \cdot \hat{A}^+ \varphi_n = (n+1)\hat{A}^+\varphi_n \tag{6.6-12}$$

となり，$\hat{A}^+$ は固有値を一つ増やす働きがあり，そのため，これを生成演算子と呼ぶ．

$\hat{A}\varphi_n$ の固有値が $(n-1)$ ということは，$\hat{A}\varphi_n$ は φ_{n-1} の定数倍で表されることを意味する．

$$\hat{A}\varphi_n = b \cdot \varphi_{n-1} \tag{6.6-13}$$

φ_{n-1} が規格化されているので，

$$\int_{-\infty}^{\infty} |\hat{A}\varphi_n|^2 \, dx = b^2 \int_{-\infty}^{\infty} |\varphi_{n-1}|^2 \, dx = b^2 \tag{6.6-14}$$

であり，一方，

$$\int_{-\infty}^{\infty} |\hat{A}\varphi_n|^2 dx = \int_{-\infty}^{\infty} (\hat{A}\varphi_n)^* \hat{A}\varphi_n dx$$
$$= \int_{-\infty}^{\infty} (\varphi_n)^* \hat{A}^+ \hat{A}\varphi_n dx$$
$$= n \int_{-\infty}^{\infty} (\varphi_n)^* \varphi_n dx = n \quad (6.6\text{-}15)$$

である．(6.6-15)式は，(6.6-8)式を利用している．これらより，

$$b^2 = n, \quad \therefore \hat{A}\varphi_n = \sqrt{n}\,\varphi_{n-1} \quad (6.6\text{-}16)$$

となる．同様な計算を行うことで，

$$\hat{A}^+ \varphi_n = \sqrt{n+1}\,\varphi_{n+1} \quad (6.6\text{-}17)$$

も示すことができる．特に，$n = 0$ では，(6.6-16)式から，

$$\hat{A}\varphi_0 = 0 \quad (6.6\text{-}18)$$

となっていることがわかる．

　(6.6-18)式は，1次元調和振動子のシュレディンガー方程式(3.3-2)式よりはるかに簡単な微分方程式である．第3章の(3.3-3)式で示したように，

$$\alpha = \sqrt{\frac{M\omega}{\hbar}}, \quad \xi = \alpha \cdot x, \quad (6.6\text{-}19)$$

と置くと，(6.6-18)式は，

$$\frac{1}{\sqrt{2}}\left(\xi + \frac{d}{d\xi}\right)\varphi_0(\xi) = 0 \quad (6.6\text{-}20)$$

となる．これは，すぐに解けて，

$$\varphi_0 = C \exp\left(-\frac{\xi^2}{2}\right) = C \exp\left(-\frac{M\omega x^2}{2\hbar}\right) \quad (6.6\text{-}21)$$

である．規格化の条件から，

$$\int_{-\infty}^{\infty} |\varphi_0|^2 \mathrm{d}x = C^2 \int_{-\infty}^{\infty} \exp\left(-\frac{M\omega}{\hbar}x^2\right) \mathrm{d}x$$

$$= C^2 \sqrt{\frac{\hbar}{M\omega}} \int_{-\infty}^{\infty} \exp(-\xi^2) \mathrm{d}\xi = C^2 \sqrt{\frac{\hbar}{M\omega}} \sqrt{\pi} = 1 \quad (6.6\text{-}22)$$

であるので,これより,

$$\varphi_0 = \left(\frac{M\omega}{\pi\hbar}\right)^{1/4} \exp\left(-\frac{\xi^2}{2}\right) = \left(\frac{M\omega}{\pi\hbar}\right)^{1/4} \exp\left(-\frac{M\omega x^2}{2\hbar}\right) \quad (6.6\text{-}23)$$

であることがわかる.(6.6-23)式は,(3.3-38)式そのものである.φ_0 が定まると,(6.6-17)式を順次適用していけば,φ_n が計算できることになる.そのためには,まず $\hat{A}^+$ を ξ を用いて表す.

$$\hat{A}^+ = \frac{1}{\sqrt{2}}\left(\xi - \frac{\mathrm{d}}{\mathrm{d}\xi}\right) \quad (6.6\text{-}24)$$

このとき,任意の関数 $\varphi(\xi)$ に対し,

$$\hat{A}^+ \varphi(\xi) = -\frac{1}{\sqrt{2}} \exp\left(\frac{\xi^2}{2}\right) \frac{\mathrm{d}}{\mathrm{d}\xi} \left\{\exp\left(-\frac{\xi^2}{2}\right)\varphi(\xi)\right\} \quad (6.6\text{-}25)$$

であることが示される.実際,

$$\exp\left(\frac{\xi^2}{2}\right) \frac{\mathrm{d}}{\mathrm{d}\xi} \left\{\exp\left(-\frac{\xi^2}{2}\right)\varphi(\xi)\right\}$$

$$= \exp\left(\frac{\xi^2}{2}\right) \left\{-\xi \exp\left(-\frac{\xi^2}{2}\right)\varphi + \frac{\mathrm{d}\varphi}{\mathrm{d}\xi} \exp\left(-\frac{\xi^2}{2}\right)\right\}$$

$$= \frac{\mathrm{d}\varphi}{\mathrm{d}\xi} - \xi\varphi = \left(\frac{\mathrm{d}}{\mathrm{d}\xi} - \xi\right)\varphi$$

$$= -\sqrt{2}\hat{A}^+ \varphi \quad (6.6\text{-}26)$$

と計算される.(6.6-26)式は,(6.6-25)式そのものである.$\varphi(\xi)$ を $\varphi_0(\xi)$

とし，(6.6-25)式を 2 回繰り返すと，

$$(\hat{A}^+)^2 \varphi_0(\xi) = \frac{1}{2} \exp\left(\frac{\xi^2}{2}\right) \frac{d}{d\xi} \left\{ \exp\left(-\frac{\xi^2}{2}\right) \exp\left(\frac{\xi^2}{2}\right) \frac{d}{d\xi} \left(\exp\left(-\frac{\xi^2}{2}\right) \varphi_0 \right) \right\}$$

$$= \frac{1}{2} \exp\left(\frac{\xi^2}{2}\right) \frac{d^2}{d\xi^2} \left\{ \exp\left(-\frac{\xi^2}{2}\right) \varphi_0 \right\} \quad (6.6\text{-}27)$$

となる．これをさらに繰り返し，

$$(\hat{A}^+)^n \varphi_0(\xi) = \left(\frac{1}{2^n}\right)^{1/2} (-1)^n \exp\left(\frac{\xi^2}{2}\right) \frac{d^n}{d\xi^n} \left\{ \exp\left(-\frac{\xi^2}{2}\right) \varphi_0 \right\} \quad (6.6\text{-}28)$$

が得られる．

以上の準備をすれば，φ_0 より φ_n を求めることができる．以下にその手順について説明する．(6.6-17)式から，

$$\varphi_n(x) = \frac{1}{\sqrt{n}} \hat{A}^+ \varphi_{n-1}(x) = \frac{1}{\sqrt{n(n-1)}} (\hat{A}^+)^2 \varphi_{n-2}(x) = \cdots$$

$$= \frac{1}{\sqrt{n!}} (\hat{A}^+)^n \varphi_0(x)$$

$$= \left(\frac{M\omega}{\pi\hbar}\right)^{1/4} \frac{1}{\sqrt{n!}} (\hat{A}^+)^n \exp\left(-\frac{M\omega}{2\hbar} x^2\right) \quad (6.6\text{-}29)$$

となる．ここで，

$$(\hat{A}^+)^n \exp\left(-\frac{M\omega}{2\hbar} x^2\right) = (\hat{A}^+)^n \exp\left(-\frac{\xi^2}{2}\right)$$

$$= \left(\frac{1}{2^n}\right)^{1/2} (-1)^n \exp\left(\frac{\xi^2}{2}\right) \frac{d^n}{d\xi^n} \exp(-\xi^2)$$

$$= \left(\frac{1}{2^n}\right)^{1/2} (-1)^n \exp(\xi^2) \left\{ \frac{d^n}{d\xi^n} \exp(-\xi^2) \right\} \exp\left(-\frac{\xi^2}{2}\right)$$

$$(6.6\text{-}30)$$

である．(6.6-30)式の右辺最後の式は，(3.3-29)式より，エルミートの多項式が含まれている．(3.3-29)式にならい，これを $H_n(\xi)$ と置くと，(6.6-30)式は

$$(\hat{A}^+)^n \exp\left(-\frac{\xi^2}{2}\right) = \left(\frac{1}{2^n}\right)^{1/2} H_n(\xi) \exp\left(-\frac{\xi^2}{2}\right) \quad (6.6\text{-}31)$$

となる．以上から，

$$\begin{aligned}
\varphi_n(x) &= \left(\frac{M\omega}{\pi\hbar}\right)^{1/4} \frac{1}{\sqrt{n!}} \left(\frac{1}{2^n}\right)^{1/2} H_n(\xi) \exp\left(-\frac{\xi^2}{2}\right) \\
&= \left(\frac{1}{2^n n!} \sqrt{\frac{M\omega}{\pi\hbar}}\right)^{1/2} H_n\left(\sqrt{\frac{M\omega}{\hbar}} x\right) \exp\left(-\frac{M\omega}{2\hbar} x^2\right), \quad (n=0,1,2,3,\cdots)
\end{aligned}$$
$$(6.6\text{-}32)$$

となる．(3.3-38)～(3.3-41)式では，規格化定数を決定する前の波動関数を示したが，(6.6-32)式は規格化定数も計算された波動関数になっている．

問題 6.6-1 (6.6-4)式を示せ．

6.7 演算子の行列表示

第2章2.6節で，エルミート行列とエルミート演算子はともに線形写像であるため，写像として同等であることを述べた．したがって，エルミート演算子は，エルミート行列として表現できることになる．本節ではこのことについて簡単に説明する．

一般の電子状態を表す波動関数を φ' とする．また，ある φ_n ($n=1,2,3,\cdots$) が完全系をなしているとする．このとき，

$$\varphi' = \alpha_1 \varphi_1 + \alpha_2 \varphi_2 + \cdots = \sum_{n=1} \alpha_n \varphi_n \quad (6.7\text{-}1)$$

と展開することができる．異なる φ' には，異なる α_n $(n = 1, 2, 3, \cdots)$ の組が対応することになる．逆に，これは，α_n の組を与えれば φ' を決定することができることを意味する．すなわち，

$$|\varphi'\rangle = \begin{pmatrix} \alpha_1 \\ \alpha_2 \\ \alpha_3 \\ \cdot \\ \cdot \end{pmatrix} \qquad (6.7\text{-}2)$$

というベクトルで φ' を表現してもよいことになる．

次に，ある演算子 $\hat{A}$ を考え，この $\hat{A}$ の行列表示を考える．$\hat{A}$ を φ' に作用させると，

$$\hat{A}\varphi' = \hat{A} \sum_n \alpha_n \varphi_n = \sum_n \alpha_n \hat{A} \varphi_n \qquad (6.7\text{-}3)$$

である．φ_n は必ずしも $\hat{A}$ の固有関数とは限らない．そのため，$\hat{A}\varphi_n$ をさらに φ_j で展開する．

$$\hat{A}\varphi_n = \sum_j \lambda_{j,n} \varphi_j \qquad (6.7\text{-}4)$$

これより，

$$\hat{A}\varphi' = \sum_n \alpha_n \varphi_n = \sum_n \alpha_n \sum_j \lambda_{j,n} \varphi_j = \sum_j \left(\sum_n \lambda_{j,n} \alpha_n \right) \varphi_j \qquad (6.7\text{-}5)$$

となる．これは，$\hat{A}\varphi_n$ を φ_j で展開したときの係数が，$\sum_n \lambda_{j,n} \alpha_n$ であることを示している．これより，$\hat{A}$ の行列表示は，

$$|\varphi'\rangle = \begin{pmatrix} \alpha_1 \\ \alpha_2 \\ \alpha_3 \\ \cdot \\ \cdot \end{pmatrix} \rightarrow \begin{pmatrix} \sum_n \lambda_{1,n}\alpha_n \\ \sum_n \lambda_{2,n}\alpha_n \\ \sum_n \lambda_{3,n}\alpha_n \\ \cdot \end{pmatrix} \tag{6.7-6}$$

と変換する行列であることがわかる．よって，その行列を A とすると，

$$A = (\lambda_{j,n}) = \begin{pmatrix} \lambda_{1,1} & \lambda_{1,2} & \lambda_{1,3} & \cdots \\ \lambda_{2,1} & \lambda_{2,2} & \cdots & \\ \lambda_{3,1} & \cdots & & \\ \cdots & & & \end{pmatrix} \tag{6.7-7}$$

である．ここで，$\lambda_{j,n}$ の値は φ_n の選び方に依存するので，基準系 φ_n に関する行列表示という．

次に，$\lambda_{j,n}$ を求める．(6.7-4)式から，

$$\hat{A}\varphi_n = \sum_{j'} \lambda_{j',n}\varphi_{j'} \tag{6.7-8}$$

と置ける．これに左より $\varphi_j{}^*$ を掛け算して積分する．

$$\int \varphi_j{}^* \hat{A}\varphi_n \mathrm{d}v = \sum_{j'} \lambda_{j',n} \int \varphi_j{}^* \varphi_{j'} \mathrm{d}v = \lambda_{j,n} \tag{6.7-9}$$

ここで，φ_j が規格化，直交化されていることを利用した．以上より，

$$\lambda_{j,n} = \int \varphi_j{}^* \hat{A}\varphi_n \mathrm{d}v \tag{6.7-10}$$

となり，これを(6.7-7)式に代入すれば求める行列が決定される．特に，φ_j が $\hat{A}$ の固有関数であるとき，

$$A = \begin{pmatrix} \lambda_{1,1} & 0 & 0 & \cdots \\ 0 & \lambda_{2,2} & 0 & \cdots \\ 0 & 0 & \lambda_{3,3} & \cdots \\ & \cdots & & \end{pmatrix} \qquad (6.7\text{-}11)$$

となる．

$\hat{A}$ は，エルミート演算子であったので，(6.7-10)式より

$$\lambda_{j,n} = \int \varphi_j{}^* \hat{A} \varphi_n \mathrm{d}v = \int (\hat{A}\varphi_j)^* \varphi_n \mathrm{d}v = \left\{ \int \varphi_n{}^* (\hat{A}\varphi_j) \mathrm{d}v \right\}^* = \lambda_{n,j}{}^*$$
$$(6.7\text{-}12)$$

となる．すなわち行列 A の j 行 n 列の成分と n 行 j 列の成分は，互いに複素共役であることがわかる．このような性質をもつ行列をエルミート行列という．すなわちエルミート演算子の行列表示はエルミート行列で表されることがわかった．

第7章

角運動量

電子が角運動量をもっているということは，電子が原子核の周りを運動していること意味する．この運動は円電流を形成するので，磁場を発生する．そのため，電子の角運動量は，固体の磁性と深く関連する．本章では，磁性材料を理解するうえで欠かせない角運動量を扱う．角運動量には，原子核の周りの電子の運動に起因する軌道角運動量だけでなく，正確な表現ではないが電子自身が回転することによるスピン角運動量もある．これらの角運動量を説明する際に威力を発揮するのが角運動量演算子である．

7.1 角運動量演算子

角運動量は量子力学でよく議論される物理量であるが，それは磁性にきわめて関係しているからである．そのため，第2章，第6章においても簡単に触れてきた．本節では，この角運動量の基礎事項のまとめならびにその展開事項について水素原子を例にして詳細に記す．

古典物理学での角運動量 $\vec{\ell}$ は，

$$\vec{\ell} = \vec{r} \times \vec{p} \tag{7.1-1}$$

であり，$\vec{r}$ と $\vec{p}$ の外積で表される．図7.1-1は，円運動している電子の $\vec{\ell}$，$\vec{r}$，$\vec{p}$ の関係を示した図である．

$\vec{r} \times \vec{p}$ の各成分の覚え方は，行列式計算と同じ覚え方でよい．すなわち，

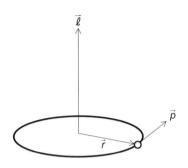

図 7.1-1　円運動している電子の角運動量

$\vec{i}$, $\vec{j}$, $\vec{k}$ をそれぞれ x, y, z 方向の単位ベクトルとして,

$$\vec{r} \times \vec{p} = \begin{vmatrix} \vec{i} & \vec{j} & \vec{k} \\ x & y & z \\ p_x & p_y & p_z \end{vmatrix} \tag{7.1-2}$$

とすればよい. 実際, (7.1-2)式の右辺を計算するとき, $\vec{i}$ に関する項は,

$$yp_z\vec{i} - zp_y\vec{i} = (yp_z - zp_y)\vec{i} \tag{7.1-3}$$

となるので, これより,

$$\ell_x = yp_z - zp_y \tag{7.1-4}$$

とわかる. 同様に,

$$\ell_y = zp_x - xp_z \tag{7.1-5}$$

$$\ell_z = xp_y - yp_x \tag{7.1-6}$$

となる. 量子化の手続きにより, 角運動量演算子は,

$$\hat{\ell}_x = \hat{y}\hat{p}_z - \hat{z}\hat{p}_y = \frac{\hbar}{i}\left(y\frac{\partial}{\partial z} - z\frac{\partial}{\partial y}\right) \tag{7.1-7}$$

$$\hat{\ell}_y = \frac{\hbar}{\mathrm{i}}\left(z\frac{\partial}{\partial x} - x\frac{\partial}{\partial z}\right) \tag{7.1-8}$$

$$\hat{\ell}_z = \frac{\hbar}{\mathrm{i}}\left(x\frac{\partial}{\partial y} - y\frac{\partial}{\partial x}\right) \tag{7.1-9}$$

となる.

ここで，角運動量演算子を極座標表示してみよう．(4.1-18)～(4.1-20)式を利用する．

$$\begin{aligned}
&x\frac{\partial}{\partial y} - y\frac{\partial}{\partial x} \\
&= r\sin\theta\cos\varphi\left(\sin\theta\sin\varphi\frac{\partial}{\partial r} + \frac{1}{r}\cos\theta\sin\varphi\frac{\partial}{\partial\theta} + \frac{1}{r}\frac{\cos\varphi}{\sin\theta}\frac{\partial}{\partial\varphi}\right) \\
&\quad - r\sin\theta\sin\varphi\left(\sin\theta\cos\varphi\frac{\partial}{\partial r} + \frac{1}{r}\cos\theta\cos\varphi\frac{\partial}{\partial\theta} - \frac{1}{r}\frac{\sin\varphi}{\sin\theta}\frac{\partial}{\partial\varphi}\right) \\
&= r\sin^2\theta\sin\varphi\cos\varphi\frac{\partial}{\partial r} + \sin\theta\cos\theta\sin\varphi\cos\varphi\frac{\partial}{\partial\theta} + \cos^2\varphi\frac{\partial}{\partial\varphi} \\
&\quad - r\sin^2\theta\sin\varphi\cos\varphi\frac{\partial}{\partial r} - \sin\theta\cos\theta\sin\varphi\cos\varphi\frac{\partial}{\partial\theta} + \sin^2\varphi\frac{\partial}{\partial\varphi} \\
&= (\cos^2\varphi + \sin^2\varphi)\frac{\partial}{\partial\varphi} = \frac{\partial}{\partial\varphi}
\end{aligned} \tag{7.1-10}$$

であるから，$\hat{\ell}_z$ は

$$\hat{\ell}_z = \frac{\hbar}{\mathrm{i}}\frac{\partial}{\partial\varphi} = -\mathrm{i}\hbar\frac{\partial}{\partial\varphi} \tag{7.1-11}$$

となる.

同様に，

$$\hat{\ell}_y = i\hbar \left(\cot\theta \sin\varphi \frac{\partial}{\partial \varphi} - \cos\varphi \frac{\partial}{\partial \theta} \right) \tag{7.1-12}$$

$$\hat{\ell}_x = i\hbar \left(\sin\varphi \frac{\partial}{\partial \theta} + \cot\theta \cos\varphi \frac{\partial}{\partial \varphi} \right) \tag{7.1-13}$$

を得る．(7.1-11)～(7.1-13)式より，

$$\begin{aligned}\hat{\ell}^2 &\equiv \hat{\ell}_x{}^2 + \hat{\ell}_y{}^2 + \hat{\ell}_z{}^2 \\ &= -\hbar^2 \left(\frac{1}{\sin\theta} \frac{\partial}{\partial \theta} \left(\sin\theta \frac{\partial}{\partial \theta} \right) + \frac{1}{\sin^2\theta} \frac{\partial^2}{\partial \varphi^2} \right) \\ &= -\hbar^2 \Lambda(\theta, \varphi) \end{aligned} \tag{7.1-14}$$

(7.1-14)式に出てくる $\Lambda(\theta, \varphi)$ は，ラプラシアン Δ を極座標表示したとき出てきた，第4章の(4.1-6)式の $\Lambda(\theta, \varphi)$ である．

$\hat{\ell}_x, \hat{\ell}_y, \hat{\ell}_z$ の交換子，また，それらと $\hat{\ell}^2$ の交換子は，第6章の(6.4-16)～(6.4-23)式で求めている．特に，$\hat{\ell}^2$ は $\Lambda(\theta, \varphi)$ で表されているため，水素原子の波動関数 u_{n,l,m_l}，((5.4-3)式) は $\hat{\ell}^2$ の固有関数である．また，水素原子のハミルトニアンは，(5.4-1)式，または(4.1-4)式の左辺で与えられ，$\Lambda(\theta, \varphi)$ 以外の部分は r のみで表されているので，

$$[\hat{H}, \hat{\ell}^2] = [\hat{H}, \hat{\ell}_z] = 0 \tag{7.1-15}$$

である．そのため，u_{n,l,m_l} は $\hat{\ell}_z$ の固有関数でもあった．ここで，u_{n,l,m_l} は，三つの量子数，n, l, m_l が与えられると定まる関数なので，

$$u_{n,l,m_l} = |n, l, m_l\rangle \tag{7.1-16}$$

と書くことにする．これを用いて上記の特徴をまとめると，

$$\hat{H}|n, l, m_l\rangle = E_n|n, l, m_l\rangle \tag{7.1-17}$$

$$\hat{\ell}^2|n, l, m_l\rangle = \hbar^2 l(l+1)|n, l, m_l\rangle \tag{7.1-18}$$

$$\hat{\ell}_z |n, l, m_l\rangle = m_l \hbar |n, l, m_l\rangle \qquad (7.1\text{-}19)$$

となる．これらの関係は水素原子の特徴を端的に示しているといっても過言ではない．また，上記の特徴と第 6 章の(6.4-16)式から(6.4-18)式に示した角運動量の成分間の交換子の関係（$\hat{\ell}_x$, $\hat{\ell}_y$, $\hat{\ell}_z$ はそれぞれが非可換の関係）を考慮すると，角運動量は図 7.1-2 のような描像となる．

この図は，$l = 2$ を例として描いた概念図である．角運動量 $\vec{\ell}$ の大きさは，第 4 章の (4.5-3)式より $\hbar\sqrt{l(l+1)} = \sqrt{6}\hbar$ である．一方，その z 成分は $m_l \hbar$ なので，第 4 章の(4.3-7)式より，$-2\hbar$, $-\hbar$, 0, $\hbar$, $2\hbar$ の五つの値を取ることができる．この角運動量の大きさとその z 成分は(7.1-18)式と(7.1-19)式から保存されることになる．しかしながら，角運動量の x 成分と y 成分は，$\hat{\ell}_x$, $\hat{\ell}_y$, $\hat{\ell}_z$ のそれぞれが非可換の関係にあるため保存されない．この状況を図に示したのが図 7.1-2 である．すなわち，角運動量 $\vec{\ell}$ が z 軸とある角度を保ち，z 軸まわりに回転しているという描像である．したがって，角運動量の x 成分と y 成分は刻々と変わるため，確定した値にはならないとするものである．

ここで，角運動量の z 成分が量子化されている，すなわち磁気量子数で表されていることについて少し考察を加えよう．z 軸方向の成分が量子化さ

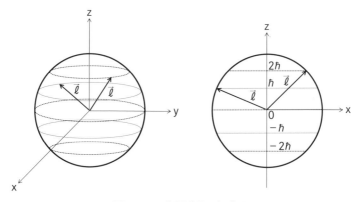

図 7.1-2　角運動量の概念図

れているという条件は，(4.2-7)式の解として(4.2-9)式を導き出すときに出てきた．これは，角度が 2π ずれても波動関数が同じである，という考えからもたらされたものである．では，x軸や，y軸に関してはどうなのであろうか．一般には，水素原子のシュレディンガー方程式，(4.1-4)式は，方位量子数と磁気量子数に関しては縮退しているため，これら波動関数の重ね合わせで実際の電子の波動関数が表されているはずである．角運動量のz成分が問題になるのは，それを測定したとき，例えば，磁場をかけたときである．このとき，第2章の2.6節で示した重ね合わせの原理IIにより，波束の収縮が生じるため，角運動量のz成分は，測定値として $m_l\hbar$ で表される値となる（そのときの測定値を $m_{l1}\hbar$ とする）．すなわち，磁場をかけた方向がz方向ということになる．その後，角運動量のx成分を測定するとどうなるのか．このときも，測定値としては $m_l\hbar$ で表される値にしかならない（$m_{l2}\hbar$ とする）．測定しない場合は，z成分が $m_{l1}\hbar$ となっている状態を角運動量のx成分の演算子 $\hat{\ell}_x$ の固有関数で展開し，重ね合わせの原理IIを適用し，その期待値を計算するということになる．それでは，さらにその後，再びz成分を測定するとどうなるのであろうか．この場合，必ずしも最初に測定した $m_{l1}\hbar$ になるとは限らない．これは重ね合わせの原理Iに反するように思えるが，そうではない．z成分を測定した後に，x成分を測定しているため，この時点で波束の収縮が起こり，z成分を測定した後の状態（z成分が $m_{l1}\hbar$ の状態）ではなくなっている．そのため，z成分を測定するときにどのような結果が得られるかは，x成分測定後の状態を，$\hat{\ell}_z$ の固有関数で展開し，その結果から期待値を計算することになる．

このように，z軸とは，角運動量の成分を測定する方向，あるいは，磁場を印加する方向，と考えてよい．これを，量子化軸という．

7.2　昇降演算子

第6章6.6節で1次元調和振動子の生成，消滅演算子について述べたが，

7.2 昇降演算子

角運動量についても同様な演算子,昇降演算子がある.この演算子の導入で,現象の見通し良さと計算の簡便さが得られる.この節では,この演算子の特徴を説明するとともにそれを用いた次の式,$\hat{\ell}^2|n,l,m_l\rangle = \hbar^2 l(l+1)|n,l,m_l\rangle$ と $\hat{\ell}_x|n,l,m_l\rangle$,の計算を行う.

まず,昇降演算子を次に示す.

$$\hat{\ell}_+ = \hat{\ell}_x + \mathrm{i}\hat{\ell}_y \tag{7.2-1}$$

$$\hat{\ell}_- = \hat{\ell}_x - \mathrm{i}\hat{\ell}_y \tag{7.2-2}$$

始めに,これら二つの演算子と $\hat{\ell}_z$ の交換子がどうなっているか調べる.

$$\begin{aligned}
[\hat{\ell}_+, \hat{\ell}_z] &= (\hat{\ell}_x + \mathrm{i}\hat{\ell}_y)\hat{\ell}_z - \hat{\ell}_z(\hat{\ell}_x + \mathrm{i}\hat{\ell}_y) \\
&= [\hat{\ell}_x, \hat{\ell}_z] + \mathrm{i}[\hat{\ell}_y, \hat{\ell}_z] \\
&= -\mathrm{i}\hbar\hat{\ell}_y - \hbar\hat{\ell}_x \\
&= -\hbar(\hat{\ell}_x + \mathrm{i}\hat{\ell}_y) \\
&= -\hbar\hat{\ell}_+
\end{aligned} \tag{7.2-3}$$

(7.2-3)式では,(6.4-17)式,(6.4-18)式を使った.同様に,

$$[\hat{\ell}_-, \hat{\ell}_z] = \hbar\hat{\ell}_- \tag{7.2-4}$$

となる.これ以外にも以下の関係がある(問題 7.2-1 参照).

$$[\hat{\ell}_+, \hat{\ell}_-] = 2\hbar\hat{\ell}_z \tag{7.2-5}$$

$$\hat{\ell}^2 = \frac{1}{2}(\hat{\ell}_+\hat{\ell}_- + \hat{\ell}_-\hat{\ell}_+) + \hat{\ell}_z^2 \tag{7.2-6}$$

$\hat{\ell}_+$,$\hat{\ell}_-$ が昇降演算子と呼ばれている理由は,これら演算子により磁気量子数 m_l が一つ増えたり減ったりするからである.例えば,波動関数 $|n,l,m_l\rangle$ は $\hat{\ell}_z$ の固有関数であり,(7.1-19)式が成り立っている.よって,(7.2-3)式より,

$$\hat{\ell}_z \hat{\ell}_+ |n, l, m_l\rangle = (\hat{\ell}_+ \hat{\ell}_z + \hbar \hat{\ell}_+)|n, l, m_l\rangle$$
$$= \hat{\ell}_+ \hat{\ell}_z |n, l, m_l\rangle + \hbar \hat{\ell}_+ |n, l, m_l\rangle$$
$$= m_l \hbar \hat{\ell}_+ |n, l, m_l\rangle + \hbar \hat{\ell}_+ |n, l, m_l\rangle$$
$$= (m_l + 1)\hbar \hat{\ell}_+ |n, l, m_l\rangle \tag{7.2-7}$$

となる.(7.2-7)式は,$\hat{\ell}_+ |n, l, m_l\rangle$ が $\hat{\ell}_z$ の固有関数であり,その固有値が $(m_l + 1)\hbar$ であることを示している.固有値 $(m_l + 1)\hbar$ に属する固有関数は $|n, l, m_l + 1\rangle$ なので,

$$\hat{\ell}_+ |n, l, m_l\rangle = C_{m_l}^+ |n, l, m_{l+1}\rangle \tag{7.2-8}$$

と表される.$C_{m_l}^+$ は規格化定数である.同様に,(7.2-4)式を用いれば,

$$\hat{\ell}_z \hat{\ell}_- |n, l, m_l\rangle = (\hat{\ell}_- \hat{\ell}_z - \hbar \hat{\ell}_-)|n, l, m_l\rangle$$
$$= (m_l - 1)\hbar \hat{\ell}_- |n, l, m_l\rangle \tag{7.2-9}$$

となり,$\hat{\ell}_- |n, l, m_l\rangle$ は,固有値 $(m_l - 1)\hbar$ に属する $\hat{\ell}_z$ の固有関数であることがわかる.よって,

$$\hat{\ell}_- |n, l, m_l\rangle = C_{m_l}^- |n, l, m_l - 1\rangle \tag{7.2-10}$$

である.ここで,規格化定数,$C_{m_l}^+$,$C_{m_l}^-$ を求めておこう.波動関数 $|n, l, m_l\rangle$ などは,既に規格化されているので,

$$|C_{m_l}^+|^2 = \int (\hat{\ell}_+ |n, l, m_l\rangle)^* \hat{\ell}_+ |n, l, m_l\rangle dv$$
$$= \langle n, l, m_l | \hat{\ell}_- \hat{\ell}_+ |n, l, m_l\rangle \tag{7.2-11}$$

である.ここで,$\hat{\ell}_+$ のエルミート共役が $\hat{\ell}_-$ であることを利用している(エルミート共役については,第 6 章の(6.1-18)式を参照).(7.2-5)式,(7.2-6)式から

7.2 昇降演算子

$$\hat{\ell}^2 = \frac{1}{2}(\hat{\ell}_+\hat{\ell}_- + \hat{\ell}_-\hat{\ell}_+) + \hat{\ell}_z{}^2$$

$$= \frac{1}{2}(\hat{\ell}_-\hat{\ell}_+ + 2\hbar\hat{\ell}_z + \hat{\ell}_-\hat{\ell}_+) + \hat{\ell}_z{}^2$$

$$= \hat{\ell}_-\hat{\ell}_+ + \hbar\hat{\ell}_z + \hat{\ell}_z{}^2 \tag{7.2-12}$$

であるので,

$$\hat{\ell}_-\hat{\ell}_+ = \hat{\ell}^2 - \hbar\hat{\ell}_z - \hat{\ell}_z{}^2 \tag{7.2-13}$$

となる. (7.2-13)式を(7.2-11)式に代入すると,

$$\begin{aligned}|C_{m_l}{}^+|^2 &= \langle n,l,m_l|\hat{\ell}^2 - \hbar\hat{\ell}_z - \hat{\ell}_z{}^2|n,l,m_l\rangle \\ &= \langle n,l,m_l|l(l+1)\hbar^2 - m_l\hbar^2 - m_l{}^2\hbar^2|n,l,m_l\rangle \\ &= \{l(l+1) - m_l(m_l+1)\}\hbar^2\langle n,l,m_l|n,l,m_l\rangle \\ &= (l-m_l)(l+m_l+1)\hbar^2 \end{aligned} \tag{7.2-14}$$

となる. これより, $C_{m_l}{}^+$ を決めて,

$$\begin{aligned}\hat{\ell}_+|n,l,m_l\rangle &= C_{m_l}{}^+|n,l,m_l+1\rangle \\ &= \hbar\sqrt{(l-m_l)(l+m_l+1)}\,|n,l,m_l+1\rangle\end{aligned} \tag{7.2-15}$$

となる. (7.2-15)式では,

$$\hat{\ell}_+|n,l,m_l\rangle = 0 \quad (m_l = l) \tag{7.2-16}$$

を意味している. m_l の範囲は, $-l \sim l$ であったので, $m_l = l$ のときには, m_l をさらに一つ増やすことはできないことを示している.

$C_{m_l}{}^-$ については以下の通りである.

$$\begin{aligned}|C_{m_l}{}^-|^2 &= \int (\hat{\ell}_-|n,l,m_l\rangle)^* \hat{\ell}_-|n,l,m_l\rangle\,\mathrm{d}v \\ &= \langle n,l,m_l|\hat{\ell}_+\hat{\ell}_-|n,l,m_l\rangle\end{aligned} \tag{7.2-17}$$

であり,

$$\hat{\ell}^2 = \frac{1}{2}(\hat{\ell}_+\hat{\ell}_- + \hat{\ell}_-\hat{\ell}_+) + \hat{\ell}_z{}^2$$

$$= \frac{1}{2}(\hat{\ell}_+\hat{\ell}_- + \hat{\ell}_+\hat{\ell}_- - 2\hbar\hat{\ell}_z) + \hat{\ell}_z{}^2$$

$$= \hat{\ell}_-\hat{\ell}_+ - \hbar\hat{\ell}_z + \hat{\ell}_z{}^2 \tag{7.2-18}$$

を(7.2-17)式に代入し,

$$|C_{m_l}^-|^2 = \langle n, l, m_l | \hat{\ell}^2 + \hbar\hat{\ell}_z - \hat{\ell}_z{}^2 | n, l, m_l \rangle$$
$$= \{l(l+1) - m_l(m_l-1)\}\hbar^2 \langle n, l, m_l | n, l, m_l \rangle$$
$$= (l+m_l)(l-m_l+1)\hbar^2 \tag{7.2-19}$$

となる. これより,

$$\hat{\ell}_-|n, l, m_l\rangle = \hbar\sqrt{(l+m_l)(l-m_l+1)}\,|n, l, m_l-1\rangle \tag{7.2-20}$$

となる. (7.2-20)式は,

$$\hat{\ell}_-|n, l, m_l\rangle = 0 \quad (m_l = -l) \tag{7.2-21}$$

であり, $m_l = -l$ のときは, さらに m_l を一つ減らすことができないことを示している. これも, m_l の範囲が $-l \sim l$ であることに対応している.

次にこの演算子を用いて, $\hat{\ell}^2|n, l, m_l\rangle = \hbar^2 l(l+1)|n, l, m_l\rangle$ と $\hat{\ell}_x|n, l, m_l\rangle$ の計算を行うことにする. (7.2-12)式, (7.1-19)式から,

$$\hat{\ell}^2|n, l, m_l\rangle = (\hat{\ell}_-\hat{\ell}_+ + \hbar\hat{\ell}_z + \hat{\ell}_z{}^2)|n, l, m_l\rangle$$
$$= \hat{\ell}_-\hat{\ell}_+|n, l, m_l\rangle + \hbar^2 m_l|n, l, m_l\rangle + \hbar^2 m_l{}^2|n, l, m_l\rangle \tag{7.2-22}$$

である. ここで, (7.2-15)式, (7.2-20)式より,

$$\hat{\ell}_-\hat{\ell}_+|n, l, m_l\rangle = \hbar\sqrt{(l-m_l)(l+m_l+1)}\,\hat{\ell}_-|n, l, m_l+1\rangle$$
$$= \hbar\sqrt{(l-m_l)(l+m_l+1)}\,\hbar\sqrt{(l+m_l+1)(l-m_l)}\,|n, l, m_l\rangle$$
$$= \hbar^2(l-m_l)(l+m_l+1)|n, l, m_l\rangle \tag{7.2-23}$$

なので,これを(7.2-22)式に代入し整理すると,

$$\hat{\ell}^2|n,l,m_l\rangle = \hbar^2\{(l-m_l)(l+m_l+1) + m_l + m_l^2\}|n,l,m_l\rangle$$
$$= \hbar^2 l(l+1)|n,l,m_l\rangle \qquad (7.2\text{-}24)$$

となる.これは(7.1-18)式である.また,(7.2-1)式,(7.2-2)式より,

$$\hat{\ell}_x = \frac{1}{2}(\hat{\ell}_+ + \hat{\ell}_-) \qquad (7.2\text{-}25)$$

であるので,

$$\hat{\ell}_x|n,l,m_l\rangle = \frac{1}{2}(\hat{\ell}_+ + \hat{\ell}_-)|n,l,m_l\rangle$$
$$= \frac{\hbar}{2}\sqrt{(l-m_l)(l+m_l+1)}\,|n,l,m_l+1\rangle$$
$$+ \frac{\hbar}{2}\sqrt{(l+m_l)(l-m_l+1)}\,|n,l,m_l-1\rangle \quad (7.2\text{-}26)$$

となる.(7.2-26)式から,$|n,l,m_l\rangle$は,演算子$\hat{\ell}_x$の固有関数ではないことがわかる.

問題 7.2-1 (7.2-5)式,(7.2-6)式を示せ.

7.3 ボーア磁子

ここでは,角運動量の量子化による,磁気モーメント(磁石)の大きさの単位として,しばしば現れるボーア磁子について説明する.そのために,電流による磁場と棒磁石による磁場の計算を行い,それをもとに等価磁石のことについて触れ,その後,ゼーマン効果について説明する.

始めに電流による磁場について水素原子を例に説明する.水素原子の簡単

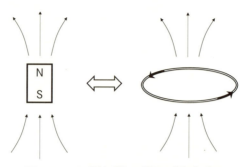

図 7.3-1　円電流が作る磁場と等価な磁石

なイメージは，原子核の周りを電子が円運動しているものである．一方，電子が円運動しているということは，そこに電流が形成されていることを意味し，その円電流が磁場を生み出す．そこで，円電流が作る磁場と等価な磁石を考えよう（図 7.3-1）．しばらくは，古典物理学の範囲で考察し，その後，量子化の手続きに入る．

まず，電子は，半径 a の円周上を運動していて，電流 I を形成しているとする．円の中心を座標の原点に取る．

図 7.3-2 を参考にすると，$Id\vec{s}$ により z 軸上の点 P に形成される磁場 $d\vec{H}$

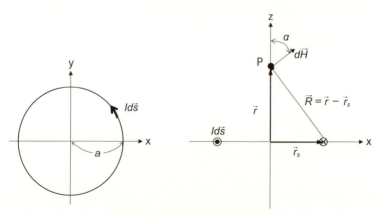

図 7.3-2　円電流が作る磁場

は，ビオ-サバールの法則により，

$$d\vec{H} = \frac{I}{4\pi}\frac{d\vec{s}\times(\vec{r}-\vec{r}_s)}{R^3} \tag{7.3-1}$$

である．(7.3-1)式を円周に沿って積分すると，対称性から，積分後に残るのは z 軸方向の成分のみである．

$$dH_z = |d\vec{H}|\cos\alpha = \frac{I}{4\pi}\frac{\mathrm{d}sR}{R^3}\cos\alpha = \frac{I}{4\pi}\frac{a\mathrm{d}s}{R^3} \tag{7.3-2}$$

(7.3-2)式を円周に沿って積分し，

$$H_z = \frac{I}{4\pi}\oint\frac{a}{R^3}\mathrm{d}s = \frac{I}{4\pi}\frac{a}{R^3}2\pi a = \frac{Ia^2}{2R^3} \tag{7.3-3}$$

を得る．今，a の大きさは原子レベルの大きさなので，$a \ll R$ と考えると，$R \approx r$ である．よって，

$$H_z = \frac{Ia^2}{2r^3} \tag{7.3-4}$$

である．

次に，等価な磁石を求めてみよう．図 7.3-3 のように，磁荷，q, $-q$ を z 軸上に置き，さらに，$\vec{d}$ を図のように定義する．

二つの磁荷が点 P に作る磁場の z 成分 H_z は，

$$H_z = \frac{q}{4\pi\mu_0\left(r-\dfrac{d}{2}\right)^2} - \frac{q}{4\pi\mu_0\left(r+\dfrac{d}{2}\right)^2} \tag{7.3-5}$$

となるが，$d \ll r$ を考慮して変形していくと，

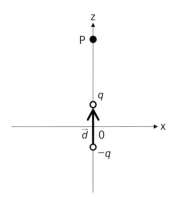

図 7.3-3　円電流と等価な磁石

$$H_z = \frac{q}{4\pi\mu_0}\left\{\frac{1}{(r-d/2)^2} - \frac{1}{(r+d/2)^2}\right\}$$

$$= \frac{q}{4\pi\mu_0}\frac{2rd}{(r-d/2)^2(r+d/2)^2}$$

$$\approx \frac{q}{4\pi\mu_0}\frac{2rd}{r^4} = \frac{qd}{2\pi\mu_0 r^3} \tag{7.3-6}$$

となる．(7.3-4)式と(7.3-6)式を等しいと置いて，

$$qd = \mu_0 \pi a^2 I = \mu_0 A I \tag{7.3-7}$$

となる．ただし，$A = \pi a^2$ は円電流が作る円の面積である．ここで，

$$\vec{\mu} \equiv q\vec{d} \tag{7.3-8}$$

を定義する．$\vec{\mu}$ を磁気双極子モーメント（あるいは磁気モーメント）と呼ぶ．

電子の角運動量 $\vec{l}$ は，$\vec{l} = \vec{r} \times \vec{p}$ である．また，$\vec{p} = m_e\vec{v}$ でもある．$\vec{l}$ と $\vec{\mu}$ は，図 7.3-1，図 7.3-3 からわかるように，反対方向を向いている．また，電子は速さ v で，円周 $2\pi a$ を運動しているので，1秒当たり $v/(2\pi a)$ 回まわることになる．これより，

$$I = e\frac{v}{2\pi a} \qquad (7.3\text{-}9)$$

である．よって，(7.3-7)式，(7.3-8)式より

$$|\vec{\mu}| = q|\vec{d}| = \mu_0 AI = \mu_0 \pi a^2 e \frac{v}{2\pi a}$$

$$= \mu_0 \frac{ae}{2} v \qquad (7.3\text{-}10)$$

であり，

$$|\vec{\ell}| = |\vec{r} \times m_e \vec{v}| = m_e |\vec{r}||\vec{v}| = m_e a v \qquad (7.3\text{-}11)$$

なので，av を消去して，

$$|\vec{\mu}| = \frac{e\mu_0}{2m_e}|\vec{\ell}| \qquad (7.3\text{-}12)$$

を得る．$\vec{\ell}$ と $\vec{\mu}$ は方向が反対なので，

$$\vec{\mu} = -\frac{e\mu_0}{2m_e}\vec{\ell} = -\frac{\mu_B}{\hbar}\vec{\ell} \qquad (7.3\text{-}13)$$

となる．また，(7.3-13)式の μ_B はボーア磁子と呼ばれるもので，

$$\mu_B \equiv \mu_0 \frac{e\hbar}{2m_e} \qquad (7.3\text{-}14)$$

で定義される．この値は，磁気モーメントの大きさの単位として用いられる．

7.4 ゼーマン効果

前節で角運動量と磁気双極子モーメントの関係式,(7.3-13)式を得た.この磁気双極子モーメントが外部磁場 $\vec{H}$ の中に存在するときのポテンシャルエネルギー V' は,

$$V' = -\vec{\mu}\cdot\vec{H} \tag{7.4-1}$$

で与えられる.

これは,図 7.4-1 のように考えればよい.図 7.4-1(a) を $V' = 0$ の状態とする.$\vec{\mu}$ と $\vec{H}$ の角度が α の状態(図 7.4-1(b))にするには,①→②のパスを通って $+q$, $-q$ の磁荷を移動させるとすると,②のパスではポテンシャルエネルギーの変化はない.①のパスでは,$+q$ の磁荷については,

$$V' = -q\cdot H \cdot \frac{d}{2}\cos\alpha \tag{7.4-2}$$

であり,$-q$ の磁荷についても同じだけ変化するので,両方合わせて,

$$V' = -q\cdot H\cdot d\cos\alpha = -\vec{\mu}\cdot\vec{H} \tag{7.4-3}$$

となる.これは,(7.4-1)式である.また,(7.3-13)式から,

$$V' = \frac{\mu_\mathrm{B}}{\hbar}\vec{\ell}\cdot\vec{H} \tag{7.4-4}$$

と表現することもできる.ここで,$\vec{H}$ を z 軸方向にとると,

$$V' = \frac{\mu_\mathrm{B}}{\hbar}\ell_z H \tag{7.4-5}$$

となる.

V' が求められたので,量子化の手続きにより,(7.4-5)式の ℓ_z に $\hat{\ell}_z$ を代

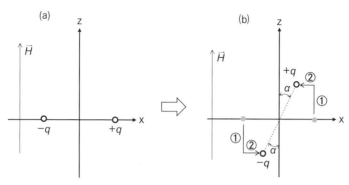

図 7.4-1　磁気双極子モーメントがもつエネルギーの計算方法

入し，V' に対応するハミルトニアン $\hat{H}'$ を求め，磁場を加える前のハミルトニアン（$\hat{H}_0$ とする）に加えることで，全体のハミルトニアンを求めることができる．

$$\hat{H} = \hat{H}_0 + \hat{H}'$$
$$= -\frac{\hbar^2}{2m_e}\Delta + V(r) + \frac{\mu_B}{\hbar}H\hat{\ell}_z \quad (7.4\text{-}7)$$

磁場中に置かれた水素原子の場合，(7.4-7)式の解は，$|n, l, m_l\rangle$ で与えられる．なぜなら，(7.4-7)式の右辺に新たに加えられた項は，演算子 $\hat{\ell}_z$ で表されており，$|n, l, m_l\rangle$ は $\hat{\ell}_z$ の固有関数でもあるからである．

(7.4-7)式の $\hat{H}$ を $|n, l, m_l\rangle$ に作用させてみよう．このとき，

$$\hat{H}|n, l, m_l\rangle = \hat{H}_0|n, l, m_l\rangle + \left(\frac{\mu_B}{\hbar}H\right)\hat{\ell}_z|n, l, m_l\rangle$$
$$= E_n|n, l, m_l\rangle + \left(\frac{\mu_B}{\hbar}H\right)\cdot m_l\hbar|n, l, m_l\rangle$$
$$= (E_n + m_l\mu_B H)|n, l, m_l\rangle \quad (7.4\text{-}8)$$

となり，磁場中に置かれた水素原子のエネルギーは，$E_n + m_l\mu_B H$ で与えら

図 7.4-2　ゼーマン効果によるエネルギー分裂（$n = 2$, $l = 1$ の場合）

れることがわかる．$n = 2$, $l = 1$ の場合，$m_l = -1, 0, 1$ であるので，図 7.4-2 のように，エネルギーが三つに分かれることがわかる．このように，磁場を加えることで，これまで一つのエネルギー状態であった水素原子が三つのエネルギー状態に分裂する．これをゼーマン効果（Zeeman effect,$^{(1865-1943,\ オランダ)}$ 1896 年）と呼ぶ．

図 7.4-2 では，$l = 1$ の場合を考えたが，磁気量子数 m_l が，$-l \sim l$ の範囲でしか許されないため，分裂の数は $2l + 1$，すなわち奇数となることがわかる．この事実は，次節においてとても重要なことになる．

7.5　スピン角運動量

ゼーマン効果により，エネルギーが $2l + 1$ に分裂することがわかった．この結果から判断すると，$l = 0$ なら，エネルギー分裂は起こらないことになる．シュテルンとゲルラッハ$^{(1888-1969,\ アメリカ)\ (1889-1979,\ ドイツ)}$（Stern and Gerlach, 1922 年）は，このことを以下の実験で確認しようとした．

図 7.5-1 のように，N 極をとがった形にし，S 極を平面とする．このとき，磁力線は，N 極近くで高密度（高磁場），S 極付近では低密度（低磁場）となる．この間に水素原子を通す．実際は，$l = 0$ の Ag を用いて行われたが，ここでは水素原子として話を進める．このとき，図 7.5-2 のように，水素原子の N 極が上側にある場合と下側にある場合の二つのケースを考える．

図 7.5-2(a) の場合，水素原子の S 極が上側に引き寄せられることにな

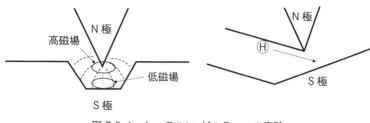

図 7.5-1　シュテルン-ゲルラッハの実験

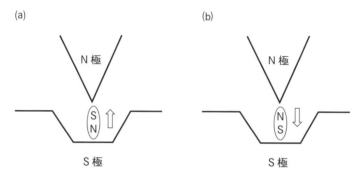

図 7.5-2　シュテルン-ゲルラッハの実験における考えられるケース

る．水素原子の N 極は，下側に引き寄せられるが，高磁場の影響で水素原子の S 極が上側に引き寄せられる力のほうが勝るであろう．よって，図 7.5-2(a) の場合は，水素原子は上側へ移動する．図 7.5-2(b) では，逆に下側へ移動する．水素原子の磁気双極子モーメントが 0 の場合は，磁場の影響を受けない．よって，水素原子の運動は分裂せず，分裂するとしても，奇数個に分裂するはずである．このような状態で実験したところ，水素原子の運動は二つに分裂した．予想と異なったため，異常ゼーマン効果と呼ばれた．

予想と実験の異なる点は二つある．一つは，分裂する数が偶数個である点，もう一つは，水素原子の場合，基底状態が $n=1$ の場合であり，$l=0$ しか許されない，すなわち，磁気双極子モーメントが 0 のはずなのに分裂

した,という点である.

　この現象を説明するために,ウーレンベック(1900-1988, アメリカ)とハウトスミット(1902-1978, アメリカ)(Uhlenbeck and Goudsmit, 1925 年) は,電子のスピンという概念を打ち出した.電子そのものが回転をしていて,それによる磁気双極子モーメントをもつ,というものである.電子そのものが回転しているため,この回転による角運動量も定義できる.これをスピン角運動量という.これまで,水素原子における角運動量は,図 7.1-1 のように,原子核の周りを円運動している電子の角運動量を指していたが,スピン角運動量と区別するため,これまでの角運動量は,軌道角運動量と呼ばれている.スピン角運動量における量子数 s, m_s を導入する.これらは,それぞれ,スピン角運動量の大きさ,z 成分を表す量子数であり,軌道角運動量における方位量子数 ℓ, 磁気量子数 m_l に対応するものである.s はスピン量子数であり,その大きさは,ディラックが相対論的量子力学を用いて導出した.その値は,

$$s = \frac{1}{2} \qquad (7.5\text{-}1)$$

となる.

　m_s は,スピンの z 軸成分を表す量子数で,スピン磁気量子数と呼ばれ,

$$m_s = -\frac{1}{2}, \frac{1}{2} \qquad (7.5\text{-}2)$$

である.(7.5-1)式,(7.5-2)式を説明するのは本書の範囲を超えるので,これを認めて次に進みたい.

　スピン角運動量を $\vec{s}$ とし,その大きさを $|\vec{s}|$ とすると,

$$|\vec{s}| = \sqrt{s(s+1)}\,\hbar = \frac{\sqrt{3}}{2}\hbar \qquad (7.5\text{-}3)$$

である.また,その z 成分は $m_s\hbar$ で与えられる.(7.5-2)式より z 成分は二

つしか許されない．シュテルン-ゲルラッハの実験で，二つに分裂したのはこのためである．

以上をまとめると，電子の磁気双極子モーメント$\vec{\mu}$は，$\vec{s}$と$\vec{\ell}$の両方に依存し，それは以下の式で表される．

$$\vec{\mu} = -\frac{\mu_B}{\hbar}(\vec{\ell} + 2\vec{s}) \tag{7.5-4}$$

(7.5-4)式では，$\vec{s}$の前に2という係数がついていることに注意しよう．

7.6 角運動量の合成

異常ゼーマン効果の事実から，電子のスピン角運動量$\vec{s}$が導入され，軌道角運動量$\vec{\ell}$とあわせて，全角運動量$\vec{j}$が以下の式で計算できることになる．

$$\vec{j} = \vec{\ell} + \vec{s} \tag{7.6-1}$$

スピン量子数s，スピン磁気量子数m_sは，n, l, m_lとは異なる量子数であり，波動関数もこの違いを示しておいたほうがよい．すなわち，

$$|n, l, m_l\rangle \rightarrow |n, l, m_l, m_s\rangle \tag{7.6-2}$$

と表記しなおしたほうがよい．なお，スピン量子数sそのものは，1/2と一つの値しかないので(7.6-2)式に入れなかった．これが水素原子の電子の状態を表す最終に近い波動関数である．

次に，全角運動量演算子を記述し，全エネルギーを表すハミルトニアンとの交換関係について整理することにする．まず，全角運動量に対する演算子は，スピン角運動量演算子を，$\hat{s}_x$, $\hat{s}_y$, $\hat{s}_z$とすると，以下で定義できる．

$$\hat{j}_x = \hat{\ell}_x + \hat{s}_x, \quad \hat{j}_y = \hat{\ell}_y + \hat{s}_y, \quad \hat{j}_z = \hat{\ell}_z + \hat{s}_z \tag{7.6-3}$$

$\hat{s}_x$, $\hat{s}_y$, $\hat{s}_z$も，$\hat{\ell}_x$, $\hat{\ell}_y$, $\hat{\ell}_z$と同じ交換関係，すなわち，(6.4-16)～(6.4-18)

式を満足しているものとする．すなわち，

$$[\hat{s}_x, \hat{s}_y] = i\hbar \hat{s}_z, \quad [\hat{s}_y, \hat{s}_z] = i\hbar \hat{s}_x, \quad [\hat{s}_z, \hat{s}_x] = i\hbar \hat{s}_y \qquad (7.6\text{-}4)$$

が満足されているとする．軌道角運動量の場合，古典物理学での角運動量を考え，量子化の手続きにより角運動量演算子を得たが，スピン角運動量演算子については，(7.6-4)式を仮定しそこから出発する．このとき以下の交換関係が成り立つ．

$$[\hat{j}_x, \hat{j}_y] = i\hbar \hat{j}_z, \quad [\hat{j}_y, \hat{j}_z] = i\hbar \hat{j}_x, \quad [\hat{j}_z, \hat{j}_x] = i\hbar \hat{j}_y \qquad (7.6\text{-}5)$$

例えば，(7.6-5)式の第 1 式は，$\hat{\ell}_x$ と $\hat{s}_y$ が可換であるなどに注意すると，

$$\begin{aligned}
[\hat{j}_x, \hat{j}_y] &= [\hat{\ell}_x + \hat{s}_x, \hat{\ell}_y + \hat{s}_y] = [\hat{\ell}_x, \hat{\ell}_y + \hat{s}_y] + [\hat{s}_x, \hat{\ell}_y + \hat{s}_y] \\
&= [\hat{\ell}_x, \hat{\ell}_y] + [\hat{\ell}_x, \hat{s}_y] + [\hat{s}_x, \hat{\ell}_y] + [\hat{s}_x, \hat{s}_y] \\
&= i\hbar \hat{\ell}_z + i\hbar \hat{s}_z = i\hbar \hat{j}_z
\end{aligned} \qquad (7.6\text{-}6)$$

となり，成り立つことがわかる．

次に議論したいのは，新しい相互作用である，スピン軌道相互作用，が加わったときの場合である．このスピン軌道相互作用を以下に説明する．

水素原子の電子は陽子である原子核の周りをまわっているが，原子核も電荷 e をもっていて，電子から見ると，原子核が電子の周りをまわっていることになる．電荷をもつ原子核がまわっているということは，その電荷が円電流を形成し，それによる磁場を電子が感じることになる．その磁場の中に，電子のスピンが作る磁気双極子モーメントが存在するため，(7.4-1)式のようなポテンシャルエネルギーが生じる．図 7.6-1 はその説明図である．

このとき，原子核の運動による電子が存在する位置に作る磁場 $\vec{H}$ は，電子の軌道角運動量 $\vec{\ell}$ に比例し，電子スピンによる磁気双極子モーメントは $\vec{s}$ に比例するので，ポテンシャルエネルギーは $\vec{\ell}\cdot\vec{s}$ に比例するであろう．その比例定数を ξ と置き，水素原子のハミルトニアンにその分を加える必要が出てくる．量子化の手続きにより，$\xi\vec{\ell}\cdot\vec{s}$ を $\xi(\hat{\ell}_x\hat{s}_x + \hat{\ell}_y\hat{s}_y + \hat{\ell}_z\hat{s}_z)$ として，

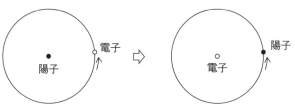

図 7.6-1　スピン軌道相互作用
右図は，電子から見た陽子の動き

水素原子のハミルトニアンに加えると，

$$\hat{H} = \hat{H}_0 + \xi(\hat{\ell}_x \hat{s}_x + \hat{\ell}_y \hat{s}_y + \hat{\ell}_z \hat{s}_z)$$
$$= -\frac{\hbar^2}{2m_e}\Delta - \frac{e^2}{4\pi\varepsilon_0 r} + \xi(\hat{\ell}_x \hat{s}_x + \hat{\ell}_y \hat{s}_y + \hat{\ell}_z \hat{s}_z) \quad (7.6\text{-}7)$$

となる．$\hat{H}_0$ はスピン軌道相互作用がないときのハミルトニアン，すなわち，第 4 章で扱った水素原子のハミルトニアンである．ξ の値は相対論的量子力学から導き出されるが，ここでは単に定数としている．

これまで，軌道角運動量に関しては (7.1-15) 式のような交換関係が成り立っていた．この節で新たに導入されたスピン角運動量に関しても $\hat{H}_0$ とは可換である．しかし，$\hat{H}$ に $\xi(\hat{\ell}_x \hat{s}_x + \hat{\ell}_y \hat{s}_y + \hat{\ell}_z \hat{s}_z)$ が含まれることになったので，$\hat{H}$ と $\hat{\ell}_x, \hat{\ell}_y, \hat{\ell}_z, \hat{s}_x, \hat{s}_y, \hat{s}_z$ は可換ではなくなる．ただ，全角運動量 $\hat{j}$ の演算子に関しては，(7.1-15) 式のような関係が成り立つ．それを以下に示す．

まず，$\hat{H}$ と $\hat{j}_x$ の交換関係について調べてみよう．$\hat{H}_0$ と $\hat{\ell}_x \sim \hat{s}_z$ は可換なので，$\hat{j}_x$ とも可換である．そのため，$\hat{H}$ と $\hat{j}_x$ が可換かどうかは，(7.6-7) 式の右辺第 2 項で決まる．

$$
\begin{aligned}
[\hat{\ell}_x\hat{s}_x + \hat{\ell}_y\hat{s}_y + \hat{\ell}_z\hat{s}_z, \hat{j}_x] &= [\hat{\ell}_x\hat{s}_x + \hat{\ell}_y\hat{s}_y + \hat{\ell}_z\hat{s}_z, \hat{\ell}_x + \hat{s}_x] \\
&= (\hat{\ell}_x\hat{s}_x + \hat{\ell}_y\hat{s}_y + \hat{\ell}_z\hat{s}_z)\hat{\ell}_x - \hat{\ell}_x(\hat{\ell}_x\hat{s}_x + \hat{\ell}_y\hat{s}_y + \hat{\ell}_z\hat{s}_z) \\
&\quad + (\hat{\ell}_x\hat{s}_x + \hat{\ell}_y\hat{s}_y + \hat{\ell}_z\hat{s}_z)\hat{s}_x - \hat{s}_x(\hat{\ell}_x\hat{s}_x + \hat{\ell}_y\hat{s}_y + \hat{\ell}_z\hat{s}_z) \\
&= \hat{\ell}_y\hat{s}_y\hat{\ell}_x + \hat{\ell}_z\hat{s}_z\hat{\ell}_x - \hat{\ell}_x\hat{\ell}_y\hat{s}_y - \hat{\ell}_x\hat{\ell}_z\hat{s}_z \\
&\quad + \hat{\ell}_y\hat{s}_y\hat{s}_x + \hat{\ell}_z\hat{s}_z\hat{s}_x - \hat{s}_x\hat{\ell}_y\hat{s}_y - \hat{s}_x\hat{\ell}_z\hat{s}_z \\
&= [\hat{\ell}_y, \hat{\ell}_x]\hat{s}_y + [\hat{\ell}_z, \hat{\ell}_x]\hat{s}_z \\
&\quad + \hat{\ell}_y[\hat{s}_y, \hat{s}_x] + \hat{\ell}_z[\hat{s}_z, \hat{s}_x] \\
&= -\mathrm{i}\hbar\hat{\ell}_z\hat{s}_y + \mathrm{i}\hbar\hat{\ell}_y\hat{s}_z + \hat{\ell}_y(-\mathrm{i}\hbar\hat{s}_z) + \hat{\ell}_z(\mathrm{i}\hbar\hat{s}_y) \\
&= 0 \quad\quad\quad\quad\quad\quad\quad\quad\quad\quad\quad\quad\quad (7.6\text{-}8)
\end{aligned}
$$

となるので,

$$[\hat{H}, \hat{j}_x] = 0 \quad\quad\quad (7.6\text{-}9)$$

である.すなわち, $\hat{H}$ と $\hat{j}_x$ は可換であることがわかった.なお, (7.6-8)式における式変形には, $\hat{\ell}_x$, $\hat{\ell}_y$, $\hat{\ell}_z$ と $\hat{s}_x$, $\hat{s}_y$, $\hat{s}_z$ が可換であることや, (7.6-4)式などを利用している.同様にして,

$$[\hat{H}, \hat{j}_y] = [\hat{H}, \hat{j}_z] = 0 \quad\quad\quad (7.6\text{-}10)$$

も成り立つ.また,これらより,

$$\hat{j}^2 = \hat{j}_x^2 + \hat{j}_y^2 + \hat{j}_z^2 \quad\quad\quad (7.6\text{-}11)$$

と定義すると,

$$[\hat{H}, \hat{j}^2] = 0 \quad\quad\quad (7.6\text{-}12)$$

も成立する.なお,(7.6-8)式の式変形を見れば,$\hat{H}$ と $\hat{\ell}_x \sim \hat{s}_z$ が非可換であることもわかるであろう.例えば,$\hat{H}$ と $\hat{\ell}_x$ の交換子の値は,(7.6-7)式,(7.6-8)式右辺から, $\mathrm{i}\hbar\xi(\hat{\ell}_y\hat{s}_z - \hat{\ell}_z\hat{s}_y)$ になることがわかる.

ハミルトニアン $\hat{H}$ と $\hat{\ell}_x \sim \hat{s}_z$ が非可換であるということは,共通の固有関数をもたないことを意味しており,物理量として確定値をもち得るのは全角

運動量であることがわかる．したがって，スピン軌道相互作用が加わった場合には，全軌道角運動量の大きさとその z 成分により固有関数を記述できることになる．次の問題として，この固有関数は，スピン軌道相互作用がないときの固有関数でいかに記述できるかがあげられる．すなわち，全角運動量の量子数 j, m_j の値が，量子数，l, m_l, s, m_s でどう与えられるか，が重要になる．以下にこのことについて説明する．

第4章の球面調和関数のときに，軌道角運動量の大きさ $\hbar\sqrt{l(l+1)}$ と z 成分 $m_l\hbar$ は与えられるが，演算子 $\hat{l}_x$, $\hat{l}_y$, $\hat{l}_z$ が互いに非可換であるため，x 成分，y 成分は定まらないことを話した．そこで図 7.6-2 にある二つの場合について，$\vec{l}$ と $\vec{s}$ を足し合わせて $\vec{j}$ を作ってみよう．このとき，$\vec{j}$ は図 7.6-2 のように，必ずしも一つには定まらないことがわかる．図 7.6-2(a) では，$\vec{l}$ と $\vec{s}$ が平行な場合，図 7.6-2(b) では，$\vec{l}$ と $\vec{s}$ が別方向を向いている場合である．図からわかるように，これらの場合で角運動量を合成すると，合成後の $\vec{j}$ は，大きさも方向も異なる可能性がある．

それでは $\vec{j}$ を決めることはできないのであろうか．改めて図 7.6-2(a) と (b) を見ると，両者に共通の値があることがわかる．それは z 成分である．すなわち，全角運動量 $\vec{j}$ の z 成分は，$\vec{l}$ と $\vec{s}$ の z 成分の合計とすることができる．すなわち，

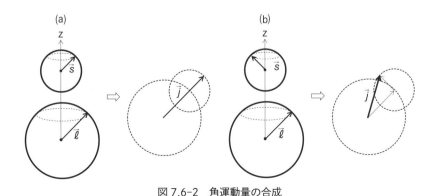

図 7.6-2　角運動量の合成

$$m_j = m_l + m_s \qquad (7.6\text{-}13)$$

が成り立っている．ここで，m_l と m_s の範囲をもう一度確認しておこう．

$$m_l = l, l-1, \cdots, -l+1, -l \qquad (7.6\text{-}14)$$

$$m_s = \frac{1}{2}, -\frac{1}{2} \qquad (7.6\text{-}15)$$

である．(7.6-14)式，(7.6-15)式で m_l と m_s が与えられるときの，m_j のとり得る値を表にすると表 7.6-1 になる．ただし，$l \geq 1$ とした．

表 7.6-1 合成角運動量の m_j (m_l と m_s の場合)

m_s \ m_l	$+l$	$l-1$	……	$-(l-1)$	$-l$
$\frac{1}{2}$	$l+\frac{1}{2}$	$l-\frac{1}{2}$	……	$-l+\frac{3}{2}$	$-l+\frac{1}{2}$
$-\frac{1}{2}$	$l-\frac{1}{2}$	$l-\frac{3}{2}$		$-l+\frac{1}{2}$	$-l-\frac{1}{2}$

表 7.6-1 の点線で囲まれた部分は，

$$m_j = l+\frac{1}{2}, l-\frac{1}{2}, \cdots, -l+\frac{1}{2}, -l-\frac{1}{2} \qquad (7.6\text{-}16)$$

となっている．これは，

$$j = l + \frac{1}{2} \qquad (7.6\text{-}17)$$

と置くと，

$$m_j = j, j-1, \cdots, -j+1, -j \qquad (7.6\text{-}18)$$

と書き換えることができる．m_j の値が(7.6-18)式の範囲内にあるということは，(7.6-17)式の j は，合成角運動量の量子数であることを意味する．これは，水素原子における方位量子数 l と磁気量子数 m_l の関係である(7.6-14)式と，(7.6-18)式が同じ形式であることから理解できるであろう．表 7.6-1 の残りの部分は，

$$m_j = l - \frac{1}{2}, \cdots, -l + \frac{1}{2} \tag{7.6-19}$$

となるので，この場合は，

$$j = l - \frac{1}{2} \tag{7.6-20}$$

であることがわかる．

より一般的な表現を求めるため，二つの角運動量 $\vec{j}_1, \vec{j}_2$ を考えよう．$\vec{j}_1, \vec{j}_2$ の大きさを表す量子数をそれぞれ j_1, j_2 とし，z 成分の量子数を m_{j1} などと表現するとする．問題を簡単にするため，$j_1 \geq j_2$ とする．このとき，(7.6-13)式に対応する式として，

$$m_{j3} = m_{j1} + m_{j2} \tag{7.6-21}$$

があり，(7.6-14)式と(7.6-15)式に対応する式として，

$$m_{j1} = j_1, j_1 - 1, \cdots, -j_1 + 1, -j_1 \tag{7.6-22}$$

$$m_{j2} = j_2, j_2 - 1, \cdots, -j_2 + 1, -j_2 \tag{7.6-23}$$

がある．表 7.6-1 のように m_{j3} のとり得る値を表 7.6-2 に示した．表 7.6-2 の左下の点線で囲まれた部分は，

$$m_{j3} = j_1 + j_2, j_1 + j_2 - 1, \cdots, -j_1 - j_2 + 1, -j_1 - j_2 \tag{7.6-24}$$

であり，その上の実線で囲まれた部分は，

$$m_{j3} = j_1 + j_2 - 1, j_1 + j_2 - 2, \cdots, -j_1 - j_2 + 2, -j_1 - j_2 + 1 \quad (7.6\text{-}25)$$

であり，右上の点線で囲まれた部分は，

$$m_{j3} = j_1 - j_2, j_1 - j_2 - 1, \cdots, -j_1 + j_2 + 1, -j_1 + j_2 \quad (7.6\text{-}26)$$

に対応する．(7.6-14)式の関係を参照して，(7.6-24)式は$j_3 = j_1 + j_2$の場合，(7.6-25)式は$j_3 = j_1 + j_2 - 1$の場合，(7.6-26)式は$j_3 = j_1 - j_2$の場合である．これらの考察より，二つの角運動量$\vec{j_1}$, $\vec{j_2}$を合成したとき，合成角運動量$\vec{j_3}$は，

$$j_3 = j_1 + j_2, j_1 + j_2 - 1, \cdots, |j_1 - j_2| \quad (7.6\text{-}27)$$

であることがわかった．(7.6-27)式は，$j_1 < j_2$の場合でも適用できるよう，最後の値に絶対値を付けた．

表 7.6-2 合成角運動量の m_{j3}（一般的な場合）

m_{j2} \ m_{j1}	j_1	$j_1 - 1$	$\cdots$	$j_1 - 2j_2$	$\cdots$	$-j_1 + 1$	$-j_1$
j_2	$j_1 + j_2$	$j_1 + j_2 - 1$		$j_1 - j_2$		$-j_1 + j_2 + 1$	$-j_1 + j_2$
$j_2 - 1$	$j_1 + j_2 - 1$	$j_1 + j_2 - 2$					
$\cdots$							
$-j_2 + 1$	$j_1 - j_2 - 1$	$j_1 - j_2$					
$-j_2$	$j_1 - j_2$	$j_1 - j_2 - 1$		$j_1 - 3j_2$		$-j_1 - j_2 + 1$	$-j_1 - j_2$

7.7 合成角運動量の固有関数

7.6 節より，スピン軌道相互作用がある場合，ハミルトニアン$\hat{H}$が(7.6-7)式の形になるため，$\hat{H}$と$\hat{\ell}_x \sim \hat{s}_z$は非可換となり，$\hat{H}$と可換なのは，

全角運動量演算子 $\hat{j}_x, \hat{j}_y, \hat{j}_z$ ということになる．それでは，その固有関数を，どのように表せばいいのであろうか．ここでは，一般的議論ができるように，合成前の二つの角運動量を $\vec{j}_1, \vec{j}_2$ とし，その演算子を，$\hat{j}_{1x}, \hat{j}_{2x}$ などと表現することとする．

合成前の $\vec{j}_1$ と $\vec{j}_2$ の固有関数をそれぞれ，$|j_1, m_{j1}\rangle, |j_2, m_{j2}\rangle$ と置く．このとき，$m_{j1} = j_1, \cdots, -j_1, m_{j2} = j_2, \cdots, -j_2$ である．合成後の波動関数を $\varphi_{j_3, m_{j3}}$ と置こう．このとき，

$$\varphi_{j_3, m_{j3}} = \sum_{m_{j1}} \sum_{m_{j2}} C_{j_1, j_2, m_{j1}, m_{j2}} |j_1, m_{j1}\rangle |j_2, m_{j2}\rangle \quad (7.7\text{-}1)$$

と展開する．なお，7.6 節の議論から，

$$C_{j_1, j_2, m_{j1}, m_{j2}} = 0, \quad (m_{j3} \neq m_{j1} + m_{j2}) \quad (7.7\text{-}2)$$

である．$C_{j_1, j_2, m_{j1}, m_{j2}}$ をクレブシュ-ゴルダン係数（Clebsh-Gordan coefficients）という．ここでは，いくつかの係数を具体的に求めてみる．まず，$m_{j1} = j_1, m_{j2} = j_2$ のときを考える．このとき，$m_{j3} = j_1 + j_2$ であるので，$j_3 = j_1 + j_2$ である．このとき，

$$\varphi_{j_3, m_{j3}} = \varphi_{j_1 + j_2, j_1 + j_2} = |j_1, j_1\rangle |j_2, j_2\rangle \quad (7.7\text{-}3)$$

である．実際，(7.7-3)式に $\hat{j}_{3z} = \hat{j}_{1z} + \hat{j}_{2z}$ を作用させると，固有値として，$(j_1 + j_2)\hbar$ が出てくる．

ここで，全角運動量における昇降演算子

$$\hat{j}_{3-} = \hat{j}_{3x} - i\hat{j}_{3y} \quad (7.7\text{-}4)$$

を導入する．7.2 節の議論は角運動量演算子の交換関係のみを用いていたので，$\hat{j}_{3-}$ に対しても同じ議論が適用できる．よって，$\hat{j}_{3-}$ を (7.7-3) 式左辺に適用すると，

$$\hat{j}_{3-}\varphi_{j_3,m_{j3}} = \hbar\sqrt{(j_3+m_{j3})(j_3-m_{j3}+1)}\,\varphi_{j_3,m_{j3}-1}$$
$$= \hbar\sqrt{2(j_1+j_2)}\,\varphi_{j_1+j_2,j_1+j_2-1} \qquad (7.7\text{-}5)$$

を得る．(7.7-5)式では，$j_3 = j_1 + j_2$, $m_{j3} = j_1 + j_2$ を代入した．一方，

$$\hat{j}_{3-} = \hat{j}_{1-} + \hat{j}_{2-} \qquad (7.7\text{-}6)$$

でもあるので，これを(7.7-3)式右辺に作用させて，

$$(\hat{j}_{1-}+\hat{j}_{2-})|j_1,j_1\rangle|j_2,j_2\rangle = (\hat{j}_{1-}|j_1,j_1\rangle)|j_2,j_2\rangle + |j_1,j_1\rangle(\hat{j}_{2-}|j_2,j_2\rangle)$$
$$= \hbar\sqrt{2j_1}|j_1,j_1-1\rangle|j_2,j_2\rangle + |j_1,j_1\rangle\hbar\sqrt{2j_2}|j_2,j_2-1\rangle$$
$$(7.7\text{-}7)$$

となる．これら2式より，

$$\varphi_{j_1+j_2,j_1+j_2-1} = \sqrt{\frac{j_1}{j_1+j_2}}|j_1,j_1-1\rangle|j_2,j_2\rangle + \sqrt{\frac{j_2}{j_1+j_2}}|j_1,j_1\rangle|j_2,j_2-1\rangle$$
$$(7.7\text{-}8)$$

となる．(7.7-8)式の右辺にクレブシュ-ゴルダン係数が出てきたことになる．(7.7-8)式にさらに $\hat{j}_{3-}$ を順次作用させることで，$j_3 = j_1 + j_2$ で，m_{j3} が，$j_1 + j_2$ から $-(j_1 + j_2)$ までの固有関数を生成することができる．

(7.7-8)式の右辺第1項は，$m_{j1} = j_1 - 1$, $m_{j2} = j_2$ の波動関数，第2項は $m_{j1} = j_1$, $m_{j2} = j_2 - 1$ の波動関数で，$\varphi_{j_1+j_2,j_1+j_2-1}$ はそれら波動関数の線形結合になっている．一方，これら二つの波動関数の線形結合であり，かつ，(7.7-8)式と直交する以下の波動関数も形成することができる．

$$-\sqrt{\frac{j_2}{j_1+j_2}}|j_1,j_1-1\rangle|j_2,j_2\rangle + \sqrt{\frac{j_1}{j_1+j_2}}|j_1,j_1\rangle|j_2,j_2-1\rangle \quad (7.7\text{-}9)$$

(7.7-9)式は，$m_{j1} + m_{j2} = j_1 + j_2 - 1$ であることから，$m_{j3} = j_1 + j_2 - 1$ の場合の波動関数であることがわかる．しかも，(7.7-8)式と直交していることから，$j_3 = j_1 + j_2 - 1$ の場合の波動関数であるとわかる．なぜなら，

$m_{j3} = j_1 + j_2 - 1$ となり得るのは，(7.6-14)式に示すように，m_{j3} のとり得る範囲から考えて，$j_3 = j_1 + j_2$ か $j_3 = j_1 + j_2 - 1$ の場合に限られるからである．$j_3 = j_1 + j_2$ の場合は，(7.7-8)式なので，(7.7-9)式は $j_3 = j_1 + j_2 - 1$ の場合の波動関数ということを意味している．すなわち，

$$\varphi_{j_1+j_2-1, j_1+j_2-1} = -\sqrt{\frac{j_2}{j_1+j_2}} |j_1, j_1-1\rangle |j_2, j_2\rangle + \sqrt{\frac{j_1}{j_1+j_2}} |j_1, j_1\rangle |j_2, j_2-1\rangle \tag{7.7-10}$$

であることがわかった．$j_3 = j_1 + j_2 - 1$，$m_{j3} = j_1 + j_2 - 1$ の波動関数が求まると，それに $\hat{j}_{3-}$ を順次作用させることで，m_{j3} が，$j_1 + j_2 - 1$ から $-(j_1 + j_2 - 1)$ までの固有関数を求めることができる．このようにして，クレブシュ-ゴルダン係数を決定することができる．

　角運動量の合成は，磁性材料を考察するときに必要なものである．それは，原子がもつ磁気モーメントは，多電子系原子の場合（第8章），各電子がもつ角運動量を合成したもので決定されるためである．

第 8 章

多電子系

　本章では，電子が二つ以上の場合，すなわち多電子系を扱う．この場合，シュレディンガー方程式の厳密な解を求めることができないため，近似的な方法を用いる必要がある．また，この多電子系では，第 3 章で紹介したパウリの原理がとても重要になる．そこで，本章では，その原理等についてより詳しい説明をする．この原理等から，物理的・化学的性質が似ている元素が周期的に現れることが説明でき，周期律表の正当性が得られる．これは量子力学が正しいことを示している．

8.1　多電子系のハミルトニアン

　これまで，水素原子のように，電子が 1 個の場合を主として扱ってきた．He 以上の原子に関しては，図 8.1-1 のように電子が複数個あるため，ハミルトニアンが複雑になり，厳密な解を求めることができない（3 体問題以上は解析的に解けない）．例えば，原子番号が N の場合，電子が N 個存在しているため，ハミルトニアンは以下のようになる．

$$\hat{H} = \sum_{j=1}^{N}\left\{-\frac{\hbar^2}{2m_e}\Delta_j + V_0(\vec{r}_j)\right\} + \sum_{i<j}\frac{e^2}{4\pi\varepsilon_0 r_{ij}}, \quad \Delta_j = \frac{\partial^2}{\partial x_j^2} + \frac{\partial^2}{\partial y_j^2} + \frac{\partial^2}{\partial z_j^2}$$

(8.1-1)

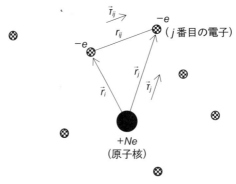

図 8.1-1　多電子系

$$V_0(\vec{r}_j) = -\frac{Ne^2}{4\pi\varepsilon_0 r_j} \tag{8.1-2}$$

　ここで，(8.1-2)式は，j 番目の電子と原子核の間のクーロンポテンシャルである．また，問題を簡単にするため，スピン軌道相互作用は無視している．(8.1-1)式の右辺第 2 項が電子-電子間の相互作用によるエネルギーである．この項があるため厳密解を求めることができなくなる．

　ここで，量子力学に特有な考えである電子の識別不可能性について考察してみよう．(8.1-1)式の特徴として，j 番目の電子と i 番目の電子を取り替えても $\hat{H}$ は変化しない．そのため，$\hat{H}$ だけで二つの電子を区別することはできない．また，電子はみな同じ質量，電荷をもっているので，これらによる電子の区別もできない．ということは，電子を区別しようとしたら，電子の位置と運動量で区別するしかない．一方，既に述べたように，電子の位置と運動量は，不確定性原理により，ある一定以上の広がりをもっている．二つの電子がある程度以上近づく確率が 0 でない場合，位置で区別しようとすると，二つの電子の位置を，それぞれきわめてよい精度で決定しなければならなくなるが，これは運動量の広がりをきわめて大きくしてしまう，すなわち運動量が決定できなくなることを意味する．そのため，量子力学では，

8.1 多電子系のハミルトニアン

二つの電子を区別することはできない，と考える．

一方，古典力学では粒子はそれぞれ区別できるものとしている．実際，j 番目の電子に着目し，ニュートン力学の範囲内で運動方程式を実際に作ってみると，

$$m_\mathrm{e} \frac{\mathrm{d}^2 \vec{r}_j}{\mathrm{d}t^2} = \sum_{i \neq j} \frac{e^2}{4\pi\varepsilon_0 r_{ij}{}^2} \vec{\tau}_{ij} - \frac{Ze^2}{4\pi\varepsilon_0 r_j{}^2} \vec{\tau}_j \qquad (8.1\text{-}3)$$

となる．ここで $\vec{\tau}_j$ と $\vec{\tau}_{ij}$ は長さが 1 のベクトルであり，図 8.1-1 に示す方向を向いているものとする．(8.1-3)式は，j 番目の電子の運動方程式であり，他の電子の運動方程式ではない．このように，ある特定の電子に着目して運動方程式を組み立てることは古典力学ではよく行われることである．しかも，量子力学と異なり，電子個々の位置と運動量は，任意の精度で決定できるとしている．そのため，二つの電子が十分離れた状態で電子に番号をつけておけば，その後の電子の軌道は十分な精度で記述できるので，電子がいくら近づこうと区別することができることになる．

このように，量子力学では，電子を区別することができないと考えていることがわかったが，そのため，波動関数の組み立てにも制限が生じてくる．それについては次節以降で説明する．なお，以後で，シュレディンガー方程式を扱うとき，j 番目の電子に着目して議論することがある．しかし，これは，j 番目の電子を他の電子と区別できる，と考えているわけではない．議論がしやすいよう j 番目の電子に着目するが，最終的な波動関数を組み立てたときには，電子が区別できない，ということが反映されるようすればよい．

それでは，(8.1-1)式の解を求める方法を考えよう．(8.1-1)式は複雑であるため，それを扱うときは近似解法を用いることになる．特に，右辺第 2 項があるために厳密解を求めることができなくなっているので，ここを近似する方法は自然な方法であろう．すなわち，他の電子から受けるクーロンポテンシャルを平均的なポテンシャルに置き換えよう，という考えである．そのポテンシャルを $V(\vec{r}_j)$ とし，ハミルトニアンを，

$$\hat{H} = \sum_{j=1}^{N}\left\{-\frac{\hbar^2}{2m_\mathrm{e}}\Delta_j + V(\vec{r}_j)\right\} \tag{8.1-4}$$

と置く．

　ここで，$V(\vec{r}_j)$ について定性的な考察をしておきたい．r_j が大きいとき，すなわち，電子が原子核から十分離れているとき（図8.1-2の(A)），原子核がもつ $+Ne$ の電荷は，j 番目の電子以外がもっている $-(N-1)e$ の電荷に遮蔽され，差し引き $+e$ の電荷によるクーロンポテンシャルだけを感じることになる．これにより，$V(\vec{r}_j) \approx -e^2/(4\pi\varepsilon_0 r_j)$ と近似することができる．一方，r_j が十分小さい，すなわち原子核に十分近いとき（図8.1-2の(B)），j 番目の電子は，原子核からのクーロンポテンシャルを強く感じることになるので，適当な数 α を用いて，$V(\vec{r}_j) \approx -\alpha e^2/(4\pi\varepsilon_0 r_j)$ と近似することができる．ポテンシャルにはこのような傾向があるが，まずは，$V(\vec{r}_j)$ を仮定して(8.1-4)式を組み立てたとする．

　(8.1-4)式の形になれば，1電子の場合と同じように扱える．例えば，

$$\hat{H}_j = -\frac{\hbar^2}{2m_\mathrm{e}}\Delta_j + V(\vec{r}_j) \tag{8.1-5}$$

と置けば，

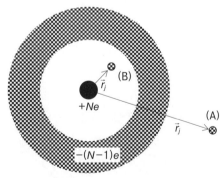

図8.1-2　多電子系におけるクーロンポテンシャル

$$\hat{H} = \sum_{j=1}^{N} \hat{H}_j \tag{8.1-6}$$

となる．これは，変数分離形になっている．そこで，求める波動関数 ψ を以下のように置く．

$$\psi = \varphi_1(\vec{r}_1) \cdot \varphi_2(\vec{r}_2) \cdot \varphi_3(\vec{r}_3) \cdots \varphi_N(\vec{r}_N) \tag{8.1-7}$$

$\varphi_j(\vec{r}_j)$ は以下を満たす j 番目の電子の波動関数である．

$$\hat{H}_j \varphi_j(\vec{r}_j) = \varepsilon_j \varphi_j(\vec{r}_j) \tag{8.1-8}$$

それでは，$V(\vec{r}_j)$ は，どのようにして定めればいいのであろうか．ここで紹介する方法は，つじつまの合う場（自己無撞着場）の方法と呼ばれている方法である．ハートリー近似 (Hartree approximation)$^{(1897-1958,\,イギリス)}$，または平均場近似とも呼ばれている．実際の手順を説明すると次のようになる．

まず，j 番目の電子が，ある $V(\vec{r}_j)$ のポテンシャルの下で運動するとしてシュレディンガー方程式 (8.1-8) 式を解いたとする．これにより波動関数 $\varphi_j(\vec{r}_j)$ が求まる．微小体積 $\mathrm{d}v$ 中にその電子を見出す確率は $|\varphi_j(\vec{r}_j)|^2 \mathrm{d}v$ なので，この電子は，$-e|\varphi_j(\vec{r}_j)|^2$ の電荷密度を作り出す．他の電子も同じように計算すると，それぞれが作り出す電荷密度が決まってくる．このようにして決まった電荷密度を用いて，j 番目の電子が感じるポテンシャルを再び決定し直す．すなわち，

$$V'(\vec{r}_j) = -\frac{Ne^2}{4\pi\varepsilon_0 r_j} + \sum_{k \neq j} \int |\varphi_k(r_k)|^2 \frac{e^2}{4\pi\varepsilon_0 r_{kj}} \mathrm{d}x_k \mathrm{d}y_k \mathrm{d}z_k \tag{8.1-9}$$

とする．これにより j 番目のシュレディンガー方程式は，

$$\left\{ -\frac{\hbar^2}{2m_\mathrm{e}} \Delta_j + V'(\vec{r}_j) \right\} \psi_j(\vec{r}_j) = \varepsilon_j \psi_j(\vec{r}_j) \tag{8.1-10}$$

と書き換えられることになる．j 番目以外の電子についても同じ扱いをする

とする.

　問題は，(8.1-10)式で決定される $\psi_j(\vec{r}_j)$ と，(8.1-8)式の $\varphi_j(\vec{r}_j)$ は一致するのであろうか，という点である．一致しているかどうかは，例えば，全領域での $|\psi_j(\vec{r}_j) - \varphi_j(\vec{r}_j)|$ の値（あるいは全領域における平均値）を計算し，それが予め決められた値より小さくなるかどうかで判断すればよい．一致していなければ，われわれはまだ求めようとしている解にはたどり着いていない，ということになる．逆に一致している場合は，それは解とみなしても特に矛盾はないであろう．そのため，一致しない場合は，$\psi_j(\vec{r}_j)$ を用いて同じ方法を繰り返す．つじつまの合う場の方法とは，このような手順で解を求める方法である．

　以上のようにして，波動関数が求められたとしよう．このときのエネルギー固有値は，水素原子の場合と異なる点があることに注意したい．水素原子の場合，$V(\vec{r}) \propto -1/r$ であったが，(8.1-9)式の $V(\vec{r}_j)$ は，必ずしも $-1/r_j$ に比例しているというわけではない．さきほど，定性的に説明したように，$V(\vec{r}_j)$ は，r_j が大きいときは $V(\vec{r}_j) \approx -e^2/(4\pi\varepsilon_0 r_j)$ となるが，r_j が小さいときは $V(\vec{r}_j) \approx -\alpha e^2/(4\pi\varepsilon_0 r_j)$ となり，係数に α があるために，単に $-1/r_j$ に比例する以上にポテンシャルエネルギーは低くなる傾向がある．このため，エネルギー固有値も，r_j の平均値が原子核から近い軌道の場合は小さく，遠い場合では大きくなると考えられる．一方，第5章で示したように，動径波動関数は，主量子数 n だけでなく方位量子数 l にも依存している．そのため，ε_j は主量子数 n だけでなく，方位量子数 l にも依存するようになる．これは，電子が一つの場合と異なる特徴である．以上の近似をすると，

$$\hat{H}\psi = E\psi, \qquad (8.1\text{-}11)$$

$$E = \sum_{j=1}^{N} \varepsilon_j \qquad (8.1\text{-}12)$$

となる.

ここで，電子が N 個ある場合のエネルギーが最低の状態，すなわち基底状態について考える．一般には，各電子が ε_j が最低となる状態になれば，その合計 E も最低になるはずである．しかし，実際はそうはなっていない．これを説明するためには，後に紹介するパウリの原理が必要である．

8.2　対称な波動関数と反対称な波動関数

前節で，二つの電子を識別することができないと量子力学は考えていることを述べた．これにより，波動関数にも制限が生じる．まず，N 個ある電子のうち，j 番目の電子と k 番目の電子を交換してみる．識別することが不可能であるため，交換前と交換後では，波動関数は同等でなければならない．そのため，

$$\psi(\vec{r}_j, \vec{r}_k) = C\psi(\vec{r}_k, \vec{r}_j) \tag{8.2-1}$$

となるはずである．C は定数である．もう一度電子の交換をして，元に戻すと，

$$\psi(\vec{r}_k, \vec{r}_j) = C\psi(\vec{r}_j, \vec{r}_k) = C^2\psi(\vec{r}_k, \vec{r}_j) \tag{8.2-2}$$

となるので，

$$C^2 = 1 \quad \therefore C = \pm 1 \tag{8.2-3}$$

である．このため，波動関数は，2 個の電子交換に対して，対称関数（$C = 1$）か，反対称関数（$C = -1$）のいずれかである．

次に，3 個以上の電子を交換する場合を考えよう．対称関数の場合は問題ないが，反対称関数の場合は，-1 の因子がいくつ出てくるかという問題が生じる．例えば，i 番目，j 番目，k 番目の電子という 3 個の電子を交換する場合を考える．交換する方法として，i を j，j を k，k を i と交換する場

合を考える. これを $(i, j, k) \to (j, k, i)$ と表現しよう. このとき, 反対称関数を扱っている場合, 符号はどのようにして決定すべきなのであろうか. これは, $(i, j, k) \to (j, k, i)$ を, 二つの電子の交換の繰り返しで表現することで決定できる. 具体的には, $(i, j, k) \to (j, i, k) \to (j, k, i)$ と二つの電子の交換を 2 回行うことで 3 個の電子の交換を表すことができる. そのため, 符号は $(-1)^2 = 1$ である. すなわち,

$$\psi(\vec{r}_i, \vec{r}_j, \vec{r}_k) = \psi(\vec{r}_j, \vec{r}_k, \vec{r}_i) \tag{8.2-4}$$

である.

上の例は, 3 個の電子の交換であったが, 任意の N 個の電子を交換するときも, 二つの電子の交換の繰り返しで表現できる. それには, 数学的帰納法を用いれば直ちに証明できる. 電子が 2 個の場合は, 問題ない. 電子が $N-1$ 個の場合で表現できるとする. N 個の場合, すなわち, $(1, \cdots, N) \to (j_1, \cdots, j_N)$ の場合は, まず, $(1, \cdots, j_1, \cdots, N) \to (j_1, \cdots, 1, \cdots, N)$ と, 1 と j_1 のみを交換する. そうすると, その後は, j_1 を動かす必要はないので, 残りの $N-1$ 個の電子の交換だけの問題になる. $N-1$ 個の電子の交換は, 2 個の電子の交換の繰り返しで表現できるとしているので, N 個の電子の交換も 2 個の電子の交換の繰り返しで表現できることが証明される.

これで, N 個の電子の交換の場合も, 反対称関数の符号が決定することができることになるのであるが, より大きな問題は, 2 個の電子の繰り返しで表現する方法は一通りではない, という点であろう. 先の例では j_1 を最初に移動させたが, j_N を最初に移動させたいと考える読者がいるかもしれない. この場合, 両者で決定した符号は一致するのであろうか.

これを考察するためには, 符号を評価する都合のよいパラメーターを見出す必要がある. 具体的な話から始めよう. 6 個の電子が 1 から 6 まで番号付けられているとする. 始めの並びを $(1, 2, 3, 4, 5, 6)$ として, 以下のように並べ替えた場合を考えてみよう.

$$(1, 2, 3, 4, 5, 6) \rightarrow (4, 5, 6, 1, 3, 2) \qquad (8.2\text{-}5)$$

ここで，右辺の 6 に注目すると，6 より左側にある数は，4, 5 のみでいずれも 6 より小さい．一方，3 に注目すると，3 より左側にある数，4, 5, 6, 1 のうち，3 より大きいのは，4, 5, 6 の 3 個である．そこで，ある数 j に着目し，j より左側にあり，j より大きい数の個数をここでパラメーター P_j と定義しよう．今の場合，$P_6 = 0$, $P_3 = 3$ であり，その他の数については，$P_4 = P_5 = 0$, $P_1 = 3$, $P_2 = 4$ である．また，(8.2-5)式の左辺については，すべての j について $P_j = 0$ である．そして，これら P_j の合計をその並びにおけるパラメーター P と定義する．(8.2-5)式の右辺については $P = 3 + 4 + 3 = 10$ であり，左辺では，$P = 0$ である．この P が符号を評価するのに都合がよいパラメーターになる．

ここで注意したいのは，P の値は，数字の並びだけで決定される値であることである．以降で，電子の交換に伴う P の増減を調べていくことになるが，P が数字の並び方だけで決定されるため，P の増減も P の値の差だけで決定されることになり，交換方法の手順にはよらないことがわかる．

電子が N 個ある場合の話に進もう．始めに，(8.2-6)式のように，隣り合う二つの数字（で示される電子）を交換してみる．これによりパラメーター P の値がどのように増減するかを調べてみる．

$$(\square\square\square\cdots, a, b, \triangle\triangle\triangle\cdots) \rightarrow (\square\square\square\cdots, b, a, \triangle\triangle\triangle\cdots) \qquad (8.2\text{-}6)$$

このとき，$a > b$, $a < b$ の二つの場合がある．始めに，$a < b$ の場合について考える．このときは，P_b の値は，$\square\square\square\cdots$ の中の b より大きい数の個数で決まるので，P_b の値に変化はない．しかし，P_a の値に関しては，交換により a より左側にあり，a より大きい数に b が加わるので P_a の値は 1 増加する．a, b 以外の番号における P_j の値の変化はない．よって，この交換によって P の値は 1 増加する．次に $a > b$ について考える．この場合，パラメーター P_a の値は変化しない．しかし，P_b の値については，a が b の

右に移動したため，b の左側にある b より大きい数が一つ減るので，P_b の値は 1 減少する．そのため，P の値は一つ減少する．以上のことにより，隣り合う二つの数字を交換すると，P の値は 1 増加するか，1 減少するか，のいずれかであることがわかる．ここで，1 と -1 は，mod 2（モジュロ演算）で見ると同じであることに注意する．つまり，

$$1 \equiv -1 \mod 2 \tag{8.2-7}$$

である．これにより，mod 2 で見ると，隣り合う二つの数字を交換すると P の値は 1 増えると考えてよいことがわかる．

次に，離れた a, b を交換する場合の P の変化を調べる．

$$(\Box\Box\Box\cdots, a, \bigcirc\bigcirc\bigcirc\cdots, b, \triangle\triangle\triangle\cdots)$$
$$\to (\Box\Box\Box\cdots, b, \bigcirc\bigcirc\bigcirc\cdots, a, \triangle\triangle\triangle\cdots) \tag{8.2-8}$$

ここで，(8.2-8)式のうち，$\bigcirc$ の数が k 個あるとしよう．ここで，a を，($k+1$) 回右隣の数字と交換すると図 8.2-1 のようになる（図 8.2-1 の上から 3 行目）．その後，b を，k 回左となりの数字と交換すると (8.2-8) 式の右辺と同じになる．図 8.2-1 にはこれも示した（図 8.2-1 の最終行）．よって，離れている a, b を交換すると，a, b の間にある数字が k 個の場合，($2k+1$) 回だけ隣り合う数字の交換を繰り返すことになる．このとき，パラメーター P の値は，($2k+1$) 増加することになるが，mod 2 なので，P の値は

$$\begin{array}{c}
(\Box\Box\Box\cdots, a, \bigcirc\bigcirc\bigcirc\cdots, b, \triangle\triangle\triangle\cdots) \\
\Downarrow \\
(\Box\Box\Box\cdots, \bigcirc, a, \bigcirc\bigcirc\cdots, b, \triangle\triangle\triangle\cdots) \\
\Downarrow \\
(\Box\Box\Box\cdots, \bigcirc\bigcirc\bigcirc\cdots, b, a, \triangle\triangle\triangle\cdots) \\
\Downarrow \\
(\Box\Box\Box\cdots, \bigcirc\bigcirc\cdots, b, \bigcirc, a, \triangle\triangle\triangle\cdots) \\
\Downarrow \\
(\Box\Box\Box\cdots, b, \bigcirc\bigcirc\bigcirc\cdots, a, \triangle\triangle\triangle\cdots)
\end{array}$$

右側に: (k+1)回交換 ， k回交換

図 8.2-1　二つの数字 a, b の交換方法

一つ増加することと同じである．つまり，パラメーター P の値は，隣り合っていようと離れていようと，二つの数字を交換すると，mod 2 で見た場合，1 増加することがわかった．

以上の準備をしたうえで，任意の電子の交換について，波動関数の符号がどうなるか考えよう．ある手順では，二つの電子の交換を K 回繰り返したとする．初期の電子の並びは，$(1, 2, \cdots, N)$ なので，これの P の値は 0 である．一方，最終的な電子の並びにおける P の値を T とすると，これは二つの電子の交換を K 回行えば得られるのであるから，

$$0 + K \equiv T \mod 2 \tag{8.2-9}$$

である．別の手順では，二つの電子の交換を L 回繰り返して最終的な電子配列にたどり着いたとしよう．このときも mod 2 で見ると，P の値は L だけ増加したことになるので，

$$0 + L \equiv T \mod 2 \tag{8.2-10}$$

である．(8.2-9)式，(8.2-10)式より

$$K \equiv L \mod 2 \tag{8.2-11}$$

であることがわかる．(8.2-1)式では，二つの電子を交換するたびに -1 という因子が出てくるため，それを K 回繰り返す場合は，符号は $(-1)^K$ であり，L 回繰り返す場合は，符号は $(-1)^L$ で与えられる．(8.2-11)式は，これら両者が一致していることを示している．すなわち，電子の交換による波動関数の符号の変化は，その手順に依存しないことがわかった．

8.3 パウリの原理

水素原子の例からわかるように，電子の状態は，いくつかの量子数で表される．8.1 節で紹介したつじつまの合う場の方法で近似解を求めると，ε_j は

n と l に依存するようになることを述べた．波動関数は，これ以外にも，m_l, s, m_s という量子数に依存する．

電子が N 個の場合，それぞれの電子に対して(8.1-8)式を解き，各電子の ε_j が最低の状態になっていれば，全エネルギーも最低になる．この考えを用いると，N 個の電子がすべて $n = 1$ の状態になれば全エネルギーも最低の状態になる．しかし，N 個の電子がすべて $n = 1$ の状態になることは必ずしも許されるものではない．パウリの原理を満たす必要があるからである．

パウリはある量子数の組み合わせで指定された状態には，電子が 1 個しか入ることができない，と考えた．これをパウリの原理という．パウリの原理は，シュレディンガー方程式から導き出されるものではない．パウリが実験事実から見出した原理である．

N 電子系について，パウリの原理を当てはめてみよう．平均場近似で得られる波動関数の量子数は，水素原子の場合のように，量子数は，n, l, m_l に加え，スピン量子数 s, m_s である．このうち，$s = 1/2$ と決まっているので，量子数の組み合わせとしては，n, l, m_l, m_s の四つを考える必要がある．1 個目の電子は，エネルギーの最も低い $n = 1$ の状態に入る．このとき $l = m_l = 0$ なので，$m_s = 1/2, -1/2$ より，$n = 1$ にもう 1 個の電子を入れれば，$n = 1$ の状態は満席になる．このため，$n = 1$ の状態には電子は 2 個しか入ることができない．3 番目の電子は $n = 2$ の状態に入ることになる．$n = 2$ の場合，$l = 0, 1$ の二つの場合がある．水素原子の場合，l の値にかかわらず，エネルギー準位は n のみで決まっていたが，多電子系の場合，原子核の近くに電子が存在している $l = 0$ のほうがエネルギーが低い．そのため，まず $l = 0$ の状態に電子が入る．$l = 0$ なら，$m_l = 0$ より $m_s = 1/2, -1/2$ の 2 通りの組み合わせなので，ここに電子が 2 個入ることができる．$l = 1$ なら，$m_l = 1, 0, -1$ の 3 通りあり，それぞれに対して m_s が 2 通りあるので，計 6 通りの組み合わせがあることになる．よって，$n = 2$ の場合，量子数の組み合わせは 8 通りあり，8 個の電子が入れば満席になる．

8.3 パウリの原理

以上のように，エネルギー状態が低いほうから1個ずつ，N個入れていくことになる．図8.3-1はその様子を示した．なお，周期律表のところで示すが，(3d)と(4s)のエネルギーの差はそれほど大きくはなく，また，(3d)に電子が入る前に(4s)に電子が入る現象が生じる．

ここで，図8.3-1に出てきた記号について説明しておく．sは$l = 0$，pは$l = 1$，dは$l = 2$を意味する．また，s, p, dの前の数字は主量子数nの値である．それぞれの状態に入ることができる電子の数を図8.3-1では丸（○）の個数で表している．磁気量子数m_lが$2l + 1$通り，m_sが2通りあるので，丸（○）の個数は，$2(2l + 1)$個あることがわかる．

以上のように，パウリの原理により，N個の電子を，エネルギー最低状態である(1s)状態にすべて入れることができない．

次なる興味は，このパウリの原理を満たす波動関数は，どうあるべきであるか，であろう．先ほど，パウリの原理はシュレディンガー方程式から導き出すことはできないと述べた．しかし，波動関数がパウリの原理を満足できない，というわけではない．

問題を簡単にするため，電子が2個の場合を考える．そして，これら電子が状態a，状態bに入れる場合を考えよう．なお，状態a，状態bは量子数の組み合わせと考えてよい．波動関数の候補として，(8.1-7)式と同じ形式の

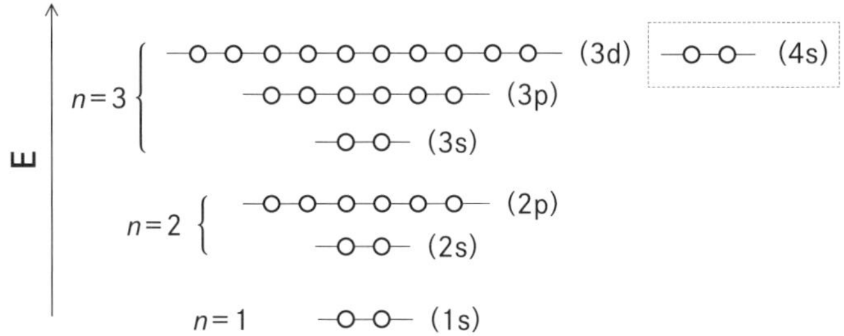

図8.3-1　多電子系のエネルギー準位概略図

$$\psi(\vec{r}_1, \vec{r}_2) = \varphi_a(\vec{r}_1)\, \varphi_b(\vec{r}_2) \tag{8.3-1}$$

がある．しかし，(8.3-1)式は問題がある．8.1節で，量子力学では，電子1，電子2は区別がつかないと考えている，と述べた．そのため，電子1と電子2の交換に対し，波動関数は，対称関数か，反対称関数でなければならない．これを満たすようにするため，(8.3-1)式にもう1項加えることにする．

$$\psi = \frac{1}{\sqrt{2}} \{\varphi_a(\vec{r}_1)\, \varphi_b(\vec{r}_2) + \varphi_a(\vec{r}_2)\, \varphi_b(\vec{r}_1)\} \tag{8.3-2}$$

$$\psi = \frac{1}{\sqrt{2}} \{\varphi_a(\vec{r}_1)\, \varphi_b(\vec{r}_2) - \varphi_a(\vec{r}_2)\, \varphi_b(\vec{r}_1)\} \tag{8.3-3}$$

(8.3-2)式は，$\vec{r}_1$と$\vec{r}_2$の交換に対して対称関数であり，(8.3-3)式は，$\vec{r}_1$と$\vec{r}_2$の交換に関して反対称関数である．パウリの原理を満たすのは，(8.3-3)式のほうである．もし，二つの電子が同じ状態，すなわち$a=b$の状態に入ったとしよう．このとき，(8.3-3)式は$\psi=0$となることがわかる．波動関数が恒等的に0ということは，この状態はとり得ないということを意味する．一方，(8.3-2)式は，$a=b$としても$\psi \neq 0$である．これは，(8.3-2)式は，二つの電子が同じ量子状態に入る確率が0ではないことを意味している．そこで，この反対称関数になるという性質を多電子系の波動関数に対して要求することとしよう．すなわち，多電子系の波動関数は，電子の交換に関して反対称関数である．なお，第3章3.1節でパウリの原理にしたがう粒子をフェルミ粒子，したがわない粒子をボーズ粒子として紹介した．本節に沿った定義では，フェルミ粒子の波動関数は粒子の交換に対して反対称，ボーズ粒子の波動関数は対称，ということができる．

8.1節で紹介した平均場近似では，(8.1-7)式の形の波動関数を用いていたため，この反対称関数になるという性質が反映されていない．N個の電子系の場合，(8.3-3)式に対応する式として，以下の式がある．

8.3 パウリの原理

$$\psi = \frac{1}{\sqrt{N!}} \begin{vmatrix} \varphi_a(\vec{r}_1) & \varphi_b(\vec{r}_1) & \cdots & \varphi_\xi(\vec{r}_1) \\ \varphi_a(\vec{r}_2) & \varphi_b(\vec{r}_2) & \cdots & \varphi_\xi(\vec{r}_2) \\ \cdot & \cdot & \cdots & \cdot \\ \cdot & \cdot & \cdots & \cdot \\ \varphi_a(\vec{r}_N) & \varphi_b(\vec{r}_N) & \cdots & \varphi_\xi(\vec{r}_N) \end{vmatrix} \quad (8.3\text{-}4)$$

(8.3-4)式の右辺は通常の行列式計算である．(8.3-4)式をスレイター行列式（Slater determinant）という．実際，$\vec{r}_1$と$\vec{r}_2$を交換すると，行列式の1行目と2行目を交換することになるので，-1という因子が出てくる．また，二つの量子状態を同じにする，例えば，$a = b$とすると，1列目と2列目が同じになるので$\psi = 0$となる．(8.3-4)式を用いる方法をハートリー–フォック近似（Hartree-Fock approximation）という．
(フォック，1898–1974, ロシア)
(1900–1976, アメリカ)

なお，量子状態はスピンも含めているので，反対称関数は，スピン部分も含めて反対称関数となっていればよい．電子スピンの波動関数は，$m_s = 1/2, -1/2$を区別できるように，αとβで表される場合が多い．αを$m_s = 1/2$に対応させ，upスピン（上向きスピン），βを$m_s = -1/2$に対応させdownスピン（下向きスピン）などと呼ぶ．また，電子1が上向きの場合は$\alpha(1)$，電子2が下向きの場合は$\beta(2)$などと表す．波動関数のスピン部分として，対称，反対称の2種があり，対称のものは，

$$\alpha(1)\alpha(2) \quad (8.3\text{-}5)$$

$$\frac{1}{\sqrt{2}}\{\alpha(1)\beta(2) + \alpha(2)\beta(1)\} \quad (8.3\text{-}6)$$

$$\beta(1)\beta(2) \quad (8.3\text{-}7)$$

の三つがあり，反対称のものは，

$$\frac{1}{\sqrt{2}}\{\alpha(1)\beta(2) - \alpha(2)\beta(1)\} \quad (8.3\text{-}8)$$

の一つがある．波動関数全体として反対称になるためには，軌道部分が(8.3-2)式の場合，スピン部分は，(8.3-8)式の形に，軌道部分が(8.3-3)式の場合，スピン部分は，(8.3-5)〜(8.3-7)式の形になる．また，スピン部分が対称になる場合，(8.3-5)〜(8.3-7)式の3種が考えられるため，これをスピン3重項という．スピン部分が反対称になる場合，(8.3-8)式のように1種なので，これをスピン1重項という．

スピン部分が対称になるか，反対称になるかという問題は，材料科学にとって，特に，磁性の理解には重要な意味をもつ．そのことについては第9章と第11章で改めて述べることとする．

8.4 周期律表

パウリの原理により，電子がN個ある場合は，エネルギーが低いところから，一つずつ入れていく必要がある．それが図8.3-1であった．8.1節で述べたように，ある電子がもつエネルギーは，主量子数nと方位量子数lに依存するようになる．そこで，同じnとlをもつ状態をまとめて電子殻と呼ぶ．また，$l = 0, 1, 2, 3, \cdots$に対応して，s，p，d，fという記号を用いて表現する．nの値をその前につけて，例えば，$n = 1$なら1s殻と表現する．また，$n = 1, 2, 3, \cdots$に対応し，それぞれK殻，L殻，M殻，N殻などとも呼ぶ．

水素（H）原子は電子が1個しかないので，1s殻に電子が一つ入る．次のヘリウム（He）原子は，電子が2個なので，1s殻に二つ入る．このようにして，エネルギーの低い準位から電子が占有されていくが，その状況を表8.4-1に示した．表8.4-1には，電子の占有状況に加え，原子から電子を一つ取り出すときに必要なエネルギー（イオン化エネルギー），W_Iも示している．

H原子のW_Iは，よく知られているように13.6 eVである．He原子は24.6 eVで，H原子より大きい．He原子の場合，二つの電子はどちらも

1s 殻に入ることができる．He 原子の場合，原子核の電荷は $+2e$ であるため，原子核に近い位置に電子がある場合，この $+2e$ からのクーロン引力を感じる．原子核から離れてくると，もう一つの電子の遮蔽効果により電子は，$+e$ のクーロン引力を感じることになるが，これは H 原子の場合と同じである．そのため，He 原子の W_I は H 原子より低くなる．また，電子が二つ入ったので，1s 殻は満席状態になる（He 原子の波動関数については第 10 章を参照のこと）．

次のリチウム（Li）原子は，電子が 3 個あるため，三つ目の電子は，2s 殻に入ることになる．この電子は，1s 殻にある二つの電子の遮蔽効果により，この電子が感じるクーロン引力は，$+e$ 分だけである．そのため，W_I はかなり低い値になる．次のベリリウム（Be）原子は，2s 殻に電子が二つ入る状態になるが，原子核の電荷も一つ増加するので，その分クーロン引力を大きく感じるため，Li 原子より Be 原子の W_I は大きい．この次のホウ素（B）原子は，2s 殻が満席状態であるため，5 番目の電子は，2p 殻に入ることになる．2p 殻は，原子核から離れたところにも電子が分布することになるので，W_I は Be 原子より低くなる．このようにして，ネオン（Ne）原子まで電子が詰まっていく．Ne 原子では，2s 殻，2p 殻がすべて電子に占有された状態であり，閉殻になるので化学的には安定である．

Ne 原子の次のナトリウム（Na）原子では，11 番目の電子は 3s 殻に入ることになる．この電子は，他の電子の遮蔽効果により，原子核からのクーロン引力は小さい．そのため W_I も小さく，化学的活性がかなり高い．Na 原子の次のマグネシウム（Mg）原子からアルゴン（Ar）原子までは Li 原子から Ne 原子までと同じように電子が詰まっていく．Ar 原子は 3s 殻，3p 殻がすべて占有された状態であるため，化学的には安定になる．

Ar 原子の次のカリウム（K）原子に関しては，少し状況が異なってくる．これまでの傾向からすると，K 原子における 19 番目の電子は，3d 殻に入るように考えられるが，4s 殻に入る．H 原子の場合，4s と 3d では，3d の軌道のほうがエネルギーは低かった．しかし，多電子系の場合は，電子間の

相互作用があるため，3d より 4s 軌道のほうがエネルギー的に低くなるので，ここに電子が侵入してくる．次のカルシウム（Ca）原子も 4s 殻が先に占有され，4s 殻が満席になるため，その次のスカンジウム（Sc）原子で初めて 3d 殻に電子が侵入してくる．

Sc 原子からは，遷移金属と呼ばれている領域に入る．この領域では，3d，4s のエネルギー準位の違いが小さいため，挙動が多少複雑である．例えば，銅（Cu）原子は，価電子が 1 個であるが，エネルギー準位の差が小さいため，価電子が 2 個になるような振る舞いもする．そのため，Cu イオンは，Cu^+ の場合もあれば Cu^{2+} になる場合もある．このようにして，原子番号 36 のクリプトン（Kr）原子までくる．

H 原子から Ar 原子までの W_I を見ると，2p 殻や 3p 殻に電子が一つずつ侵入していくとき，W_I が増加していく傾向にあるが，酸素（O）原子や硫黄（S）原子では，その傾向が他の元素とは少し異なるようである．炭素（C）原子は 2p 殻に電子が二つ入っているが，この場合，一つ目の電子軌道が，$m_l = 0$，すなわち，$2p_z$ 軌道に入っているとすると，二つ目の電子は，$2p_x$ 軌道（または $2p_y$ 軌道）に入ってくる．この理由は，一つ目の電子と二つ目の電子のクーロン斥力を小さくするために，できるだけ離れた軌道を占有しようとするためである．C 原子の次の窒素（N）原子は 2p 殻に電子が三つ入ってくるので，これで，$2p_x$，$2p_y$，$2p_z$ 軌道にそれぞれ電子が一つずつ入っている状態になる．その次の O 原子については，既にこれら軌道には電子が一つずつ入っているので，どれかの軌道に電子を二つ格納することになり，このためクーロン斥力の効果が生じて，W_I が大きくならない．S 原子の W_I も同様である．このように，W_I の大きさを定性的に理解することができる．なお，電子がどこに配属されているか，を表現するために，以下のように記述することがある．

$$H \to (1s)^1 \qquad He \to (1s)^2$$
$$Li \to (1s)^2(2s)^1$$
$$\vdots$$

8.4 周期律表

表 8.4-1　各原子の電子配置とイオン化エネルギー（W_I）

N	元素	W_I (eV)	1s	2s	2p	3s	3p	3d	4s	4p
1	H	13.6	1							
2	He	24.6	2							
3	Li	5.4	2	1						
4	Be	9.3	2	2						
5	B	8.3	2	2	1					
6	C	11.3	2	2	2					
7	N	14.5	2	2	3					
8	O	13.6	2	2	4					
9	F	17.4	2	2	5					
10	Ne	21.6	2	2	6					
11	Na	5.1	2	2	6	1				
12	Mg	7.6	2	2	6	2				
13	Al	6.0	2	2	6	2	1			
14	Si	8.1	2	2	6	2	2			
15	P	10.5	2	2	6	2	3			
16	S	10.4	2	2	6	2	4			
17	Cl	13.0	2	2	6	2	5			
18	Ar	15.8	2	2	6	2	6			
19	K	4.3	2	2	6	2	6		1	
20	Ca	6.1	2	2	6	2	6		2	
21	Sc	6.5	2	2	6	2	6	1	2	
22	Ti	6.8	2	2	6	2	6	2	2	
23	V	6.7	2	2	6	2	6	3	2	
24	Cr	6.8	2	2	6	2	6	5	1	
25	Mn	7.4	2	2	6	2	6	5	2	
26	Fe	7.9	2	2	6	2	6	6	2	
27	Co	7.9	2	2	6	2	6	7	2	
28	Ni	7.6	2	2	6	2	6	8	2	
29	Cu	7.7	2	2	6	2	6	10	1	
30	Zn	9.4	2	2	6	2	6	10	2	
31	Ga	6.0	2	2	6	2	6	10	2	1
32	Ge	7.9	2	2	6	2	6	10	2	2
33	As	9.8	2	2	6	2	6	10	2	3
34	Se	9.7	2	2	6	2	6	10	2	4
35	Br	11.8	2	2	6	2	6	10	2	5
36	Kr	14.0	2	2	6	2	6	10	2	6

$$\text{Ar} \rightarrow (1s)^2(2s)^2(2p)^6(3s)^2(3p)^6$$

量子力学は，このように，原子の周期律を説明することに成功した．これは，量子力学が正しいということの証明と考えることができる．

8.5 フントの規則

表 8.4-1 の B から Ne までは，1s 軌道，2s 軌道がそれぞれ満席で，2p 軌道に電子が入り込む配置になっている．これら複数の電子が 2p 軌道に入ってくると，各電子がもつ角運動量が合成される，すなわち，全角運動量が問題になる場合がある．角運動量は材料の磁性に影響する物理量である．そこで，まず，全軌道角運動量を L，全スピン角運動量を S とする．このときの L の値が，0, 1, 2, 3, 4, 5 となることに対して，記号をそれぞれ，S, P, D, F, G, H と割り振り，さらにその左上に $2S+1$ の値を添付して，そのときの状態を表現する．これをラッセル-サンダースの記号 (Russell-Saunders term symbol)(ラッセル，1877-1957，アメリカ) と呼び，この記号を多重項という．例えば，$L=2$，$S=1$ の場合，多重項は ^3D で表される．

始めに，C 原子を例にしてみよう．C 原子の場合，2p 軌道に電子が 2 個入っている配置になっている．それぞれを電子 1，電子 2 とし，その軌道角運動量，スピン角運動量を，それぞれ，l_1, l_2, s_1, s_2 とする．2p 軌道に入っていることから，l_1, l_2 はともに値が 1 である．また，s_1, s_2 の値はともに 1/2 である．角運動量の合成に関する (7.6-27) 式から，

$$L = l_1 + l_2, \cdots, |l_1 - l_2| = 2, 1, 0 \tag{8.5-1}$$

$$S = s_1 + s_2, \cdots, |s_1 - s_2| = 1, 0 \tag{8.5-2}$$

となる．よって，C 原子の 2p 軌道の場合，多重項の可能性は，$3 \times 2 = 6$ 個あることになる．しかし，例えば，$L=2$，$S=1$ の場合はありえないことがわかる．$L=2$ の場合，その z 成分である磁気量子数が 2 になる場合

が存在する．$l_1 = l_2 = 1$ であることを考えると，(7.6-21) より $m_{l1} = m_{l2} = 1$ でなければ，合成された軌道角運動量の z 成分が 2 にならない．同様に，$S = 1$ となるためには，各電子のスピン軌道角運動量の z 成分が $m_{s1} = m_{s2} = 1/2$ である必要がある．この場合，二つの電子の，方位量子数，磁気量子数，スピン磁気量子数がすべて一致してしまい，パウリの原理に反することになる．よって，この多重項は無いことになる．このように考え，C 原子の 2p 軌道に入っている二つの電子に関しては，(L, S) の組み合わせは，$(2, 0), (1, 1), (0, 0)$ の 3 種類しかないことがわかる．すなわち，^{1}D，^{3}P，^{1}S の 3 項である．問題は，どの多重項がエネルギー的に最も安定か，という点である．それを定めるのがフントの規則（Hund rule）(1896-1997, ドイツ) である．フントの規則は，

　　　フントの規則 I：全スピン角運動量 S が最大

　　　フントの規則 II：I を満たす範囲で全軌道角運動量 L が最大

であるものがエネルギー最低であるというものである．先の $(2p)^2$ の例では，フントの規則 I より，$S = 1$ である ^{3}P のエネルギーが最も低いことになる．フントの規則 I でスピン多重度が最大（S 最大）になることを要求しているのは，以下のように考えられている．S 最大というのは，スピンの方向ができるだけ同じ方向にそろっている場合である．そのため，パウリの原理から，同じ軌道に入ることが許されない．それだけ，電子間のクーロン反発力が抑えられるので，エネルギー的には安定になると考えられている．今度はフントの規則を用いて $(3d)^2$ の電子配置のエネルギー最低項を求めよう．フントの規則 I より S は，(8.5-2) 式より $S = 1$ が最大である．次に L については，二つの電子が d 軌道に入っているので，$l_1 = l_2 = 2$ より $L = 2 + 2 = 4$ にしたいのだが，これは先に示した C 原子の例と同じようにパウリの原理に反するので，次に大きい $L = 3$ の場合，すなわち，^{3}F がエネルギー最低項となる．

　スピン軌道相互作用があるときは，全軌道角運動量と全スピン角運動量は確定値をもたず，それらを合成した全角運動量のみが確定値をもつ．そのた

め，フントの規則Ⅰ，Ⅱを満たす S, L に対して，J で指定されるいくつかの状態が存在し，エネルギーが分裂する．このときエネルギー最低項を決めるフントの規則Ⅲがある．

　　フントの規則Ⅲ-ⅰ：$(2l+1) \geq$ 電子数のとき，$J=|L-S|$
　　　　　　　　　　(less than half という)

　　フントの規則Ⅲ-ⅱ：$(2l+1) \leq$ 電子数のとき，$J=L+S$
　　　　　　　　　　(more than half という)

このときの l は，方位量子数である．例えば，3d 軌道を考えている場合は，d 軌道の方位量子数 l は 2 であるので，$2l+1=5$ と電子数を比較することになる．パウリの原理から，d 軌道に入ることができる電子数は $2(2l+1)$ 個であるので，電子数が占有できる軌道数の半分を上回っているのか下回っているのか，で区別していることになる．ここで Na 原子の例を紹介する．Na 原子の最外殻電子数は，3s 軌道にある電子一つである．この電子が励起され，3p 軌道に入ったとする．このとき，電子は一つしかないので，$l=1$, $s=1/2$ より，$L=1$, $S=1/2$ でもある．これを合成した全角運動量は，(7.6-27) 式より $J=3/2, 1/2$ の二つの状態がある．フントの規則Ⅲ-ⅰ より，$J=1/2$ のほうがエネルギー的に低い．これら二つの状態から 3s 軌道に電子が移ったときに光を発するが，このときの光は 2 種類あることが知られている．これは，$J=3/2, 1/2$ にしたがってエネルギーに違いがあることによる．なお，このような場合を考慮し，ラッセル-サンダースの記号で，右下に J の値を添付するときがある．Na 原子の最外殻電子が 3p 軌道に励起された場合は，$^2P_{3/2}$，$^2P_{1/2}$ と表現することもあり，これもラッセル-サンダースの記号と呼ばれている．

　より詳しくは，付録 C に挙げた参考書を参照していただきたい．

第 9 章

多原子系 ―水素分子―

　この章では，多原子系の電子の状態について，最も単純な系である水素分子 H_2 を取り上げて説明する．単純であると述べたが，H_2 のシュレディンガー方程式は，第 8 章で扱った多電子系元素と異なり，原子核が 2 個存在することによる複雑さが出てくる．このために，多原子系の特徴がよく反映されていることが理解できるであろう．特に，これまでには出てこない交換相互作用が現れ，それにより電子の多彩な振る舞いが出現する．

9.1 水素分子のシュレディンガー方程式

　図 9.1-1 は，水素分子の座標を示した図である．二つの原子核（陽子），a，b があり，それぞれの原子核の周りを電子 1，電子 2 が運動しているとすると，電子同士の相互作用に加え，二つの原子核からのクーロンポテンシャルも考えなければならないため，ハミルトニアンは

$$\hat{H} = -\frac{\hbar^2}{2m_e}(\Delta_1 + \Delta_2) + \frac{e^2}{4\pi\varepsilon_0}\left(\frac{1}{R} + \frac{1}{r_{12}} - \frac{1}{r_{1a}} - \frac{1}{r_{2b}} - \frac{1}{r_{1b}} - \frac{1}{r_{2a}}\right)$$

(9.1-1)

$$\Delta_j = \frac{\partial^2}{\partial x_j^2} + \frac{\partial^2}{\partial y_j^2} + \frac{\partial^2}{\partial z_j^2}, \quad (j = 1, 2)$$

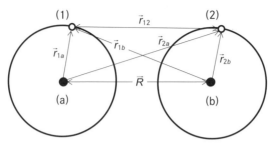

図 9.1-1 水素分子モデル

となる．また，シュレディンガー方程式は以下となる．

$$\hat{H}\psi = E\psi \tag{9.1-2}$$

(9.1-1)式と(9.1-2)式は複雑であるため，厳密に解くことはできない．そのため，近似解法を適用するしかないが，それでも，きわめて重要な結果を得ることができる．ここで紹介する方法は，ハイトラー–ロンドン法 (Heitler-London method) という近似方法である．始めに，二つの原子核は動かないと仮定する．これは，原子核間の距離Rを定数とみなす方法である．次に，波動関数を仮定して(9.1-2)式に代入し，エネルギーが極小になるようにパラメーターを決定するという方法である（変分法といわれる近似法である．また，第10章にその考えを示した）．波動関数として，水素原子の波動関数を参照し，1s軌道の波動関数を採用する．例えば，電子1が，原子核aからみた電子1の1s軌道は，

（1904–1981, ドイツ）（1900–1954, アメリカ）

$$\varphi_a(1) = \sqrt{\frac{1}{\pi a_0^3}} \exp\left(-\frac{r_{1a}}{a_0}\right) \tag{9.1-3}$$

である．これを用いて，

$$\psi(\vec{r}_1, \vec{r}_2) = C_1 \varphi_a(1)\varphi_b(2) + C_2 \varphi_a(2)\varphi_b(1) \tag{9.1-4}$$

を求める波動関数の候補とする．例えば，(9.1-4)式の$\varphi_a(2)$は，原子核a

の 1s 軌道に電子 2 が入った状態であり，(9.1-3)式において，r_{1a} を r_{2a} に置き換えた波動関数である．(9.1-4)式の右辺第 1 項は，電子 1 が原子核 a の軌道に入り電子 2 が原子核 b の軌道に入った状態であり，右辺第 2 項は，電子 1 が原子核 b の軌道に入り電子 2 が原子核 a の軌道に入った状態と考えることができる．これは，電子 1 と電子 2 の区別ができないことから，両方の波動関数の重ね合わせで求める波動関数を構築している．定数，C_1，C_2 は，エネルギーを最小にする条件から決定される（変分法といわれる．第 10 章を参照のこと）．

(9.1-4)式の波動関数を(9.1-2)式に代入し，両辺に ψ^* を掛け算して積分すると，

$$\langle \psi | \hat{H} | \psi \rangle - E \langle \psi | \psi \rangle = 0 \tag{9.1-5}$$

となる．これに(9.1-4)式を代入し E が極小になるように定数を定めるのであるが，その前に一つ注意したいことがある．厳密な波動関数は，(9.1-2)式を満たす関数であるが，これからの議論は，(9.1-2)式ではなく(9.1-5)式を用いて進めていくことになる．(9.1-2)式を満足する波動関数は(9.1-5)式も満足するが，(9.1-5)式を満足する関数は，必ずしも(9.1-2)式を満足するとは限らない．これから求める波動関数は，(9.1-4)式の形を前提とすれば，エネルギーを極小にしてくれるが，別の波動関数を仮定すれば，別の結果が得られるかもしれない．最終的に得られる近似解の精度は，仮定した波動関数がどれだけ真の解に近いかで決まるといってよい．

(9.1-4)式を(9.1-5)式に代入すると，

$$\begin{aligned} C_1{}^2 H_{11} + C_1 C_2 H_{12} + C_2 C_1 H_{21} + C_2{}^2 H_{22} \\ = E(C_1{}^2 + C_1 C_2 S^2 + C_2 C_1 S^2 + C_2{}^2) \end{aligned} \tag{9.1-6}$$

となる．ここで，

$$H_{11} = \langle \varphi_a(1) \varphi_b(2) | \hat{H} | \varphi_a(1) \varphi_b(2) \rangle, \tag{9.1-7}$$

$$H_{12} = \langle \varphi_a(1)\varphi_b(2)|\hat{H}|\varphi_a(2)\varphi_b(1)\rangle, \tag{9.1-8}$$

$$H_{21} = \langle \varphi_a(2)\varphi_b(1)|\hat{H}|\varphi_a(1)\varphi_b(2)\rangle, \tag{9.1-9}$$

$$H_{22} = \langle \varphi_a(2)\varphi_b(1)|\hat{H}|\varphi_a(2)\varphi_b(1)\rangle, \tag{9.1-10}$$

$$\begin{aligned} S &= \langle \varphi_a(1)|\varphi_b(1)\rangle = \langle \varphi_b(1)|\varphi_a(1)\rangle \\ &= \langle \varphi_a(2)|\varphi_b(2)\rangle = \langle \varphi_b(2)|\varphi_a(2)\rangle \end{aligned} \tag{9.1-11}$$

である．ここでSは，重なり積分と呼ぶ．(9.1-11)式は，座標の対称性より出てくる．また，同様に対称性から，

$$H_{11} = H_{22} = Q_{\text{total}} \tag{9.1-12}$$

$$H_{12} = H_{21} = J_{\text{total}} \tag{9.1-13}$$

と置く．Q_{total}とJ_{total}は，それぞれクーロン積分，交換積分と呼ばれている．エネルギーを最小化させるために，C_1で偏微分し0と置く．

$$(H_{11} - E)C_1 + (H_{12} - S^2 E)C_2 = 0 \tag{9.1-14}$$

C_2に関しても同様な計算を行い，

$$(H_{21} - S^2 E)C_1 + (H_{22} - E)C_2 = 0 \tag{9.1-15}$$

を得る．$C_1 = C_2 = 0$以外の解を得るためには，上記2式を行列で表したときの行列式が0にならなければならない．これより，

$$\{(1 + S^2)E - (H_{11} + H_{12})\}\{(1 - S^2)E - (H_{11} - H_{12})\} = 0 \tag{9.1-16}$$

を得る．(9.1-16)式は，以下の二つのエネルギーを与える．

$$E_s = \frac{H_{11} + H_{12}}{1 + S^2} = \frac{Q_{\text{total}} + J_{\text{total}}}{1 + S^2} \tag{9.1-17}$$

9.1 水素分子のシュレディンガー方程式

$$E_t = \frac{H_{11} - H_{12}}{1 - S^2} = \frac{Q_{\text{total}} - J_{\text{total}}}{1 - S^2} \qquad (9.1\text{-}18)$$

(9.1-17)式を(9.1-14)式に代入し((9.1-15)式に代入しても同じ),

$$C_1 \frac{S^2 H_{11} - H_{12}}{1 + S^2} + C_2 \frac{H_{12} - S^2 H_{11}}{1 + S^2} = 0 \qquad (9.1\text{-}19)$$

を得る.同様に(9.1-18)式を(9.1-14)式に代入し,

$$C_1 \frac{H_{12} - S^2 H_{11}}{1 - S^2} + C_2 \frac{H_{12} - S^2 H_{11}}{1 - S^2} = 0 \qquad (9.1\text{-}20)$$

を得る.(9.1-19)式は,二つの定数を,$C_1 : C_2 = 1 : 1$ とすればよいことを示しており,(9.1-20)式は,$C_1 : C_2 = 1 : -1$ とすればよいことを示している.前者の場合,

$$\psi(\vec{r}_1, \vec{r}_2) = C_1 \{\varphi_a(1)\varphi_b(2) + \varphi_a(2)\varphi_b(1)\} \qquad (9.1\text{-}21)$$

の形になる.C_1 は規格化条件より求められる.これを以下に示そう.

まず,

$$\begin{aligned}\langle\psi|\psi\rangle &= |C_1|^2 \{\langle\varphi_a(1)\varphi_b(2)|\varphi_a(1)\varphi_b(2)\rangle + \langle\varphi_a(1)\varphi_b(2)|\varphi_a(2)\varphi_b(1)\rangle \\ &\quad + \langle\varphi_a(2)\varphi_b(1)|\varphi_a(1)\varphi_b(2)\rangle + \langle\varphi_a(2)\varphi_b(1)|\varphi_a(2)\varphi_b(1)\rangle\} \\ &= |C_1|^2 \{2 + 2S^2\} \qquad (9.1\text{-}22)\end{aligned}$$

である.(9.1-22)式の計算には,

$$\langle\varphi_a(1)\varphi_b(2)|\varphi_a(1)\varphi_b(2)\rangle = \langle\varphi_a(1)|\varphi_a(1)\rangle\langle\varphi_b(2)|\varphi_b(2)\rangle = 1 \qquad (9.1\text{-}23)$$

$$\langle\varphi_a(1)\varphi_b(2)|\varphi_a(2)\varphi_b(1)\rangle = \langle\varphi_a(1)|\varphi_b(1)\rangle\langle\varphi_b(2)|\varphi_a(2)\rangle = S^2 \qquad (9.1\text{-}24)$$

などを利用している．これより，

$$\psi_s = \frac{1}{\sqrt{2(1+S^2)}} \{\varphi_a(1)\varphi_b(2) + \varphi_a(2)\varphi_b(1)\} \quad (9.1\text{-}25)$$

を得る．この波動関数のエネルギーは(9.1-17)式で与えられる．(9.1-18)式のエネルギーに対応する波動関数は，(9.1-21)式の右辺の＋を－にして同様の計算を行うと得られる．それは，

$$\psi_t = \frac{1}{\sqrt{2(1-S^2)}} \{\varphi_a(1)\varphi_b(2) - \varphi_a(2)\varphi_b(1)\} \quad (9.1\text{-}26)$$

となる．

9.2 エネルギーの計算

前節で，波動関数が2種類，エネルギー固有値が2種類求められた．ここでは，後に述べるスピン間の相互作用を説明するために，(9.1-17)式，(9.1-18)式で与えられるエネルギーをより詳細に調べておこう．

まず，Q_total であるが，

$$\begin{aligned} Q_\text{total} &= \langle \varphi_a(1)\varphi_b(2) | \hat{H} | \varphi_a(1)\varphi_b(2) \rangle \\ &= 2\varepsilon_{1s} + \frac{e^2}{4\pi\varepsilon_0 R} + K' - 2K \end{aligned} \quad (9.2\text{-}1)$$

となる．ここで，

$$\begin{aligned} \varepsilon_{1s} &= \left\langle \varphi_a(1)\varphi_b(2) \left| -\frac{\hbar^2}{2m_\text{e}}\Delta_1 - \frac{e^2}{4\pi\varepsilon_0 r_{1a}} \right| \varphi_a(1)\varphi_b(2) \right\rangle \\ &= \left\langle \varphi_a(1)\varphi_b(2) \left| -\frac{\hbar^2}{2m_\text{e}}\Delta_2 - \frac{e^2}{4\pi\varepsilon_0 r_{2b}} \right| \varphi_a(1)\varphi_b(2) \right\rangle \end{aligned} \quad (9.2\text{-}2)$$

$$K' = \left\langle \varphi_a(1)\varphi_b(2) \left| \frac{e^2}{4\pi\varepsilon_0 r_{12}} \right| \varphi_a(1)\varphi_b(2) \right\rangle \qquad (9.2\text{-}3)$$

$$K = \left\langle \varphi_a(1)\varphi_b(2) \left| \frac{e^2}{4\pi\varepsilon_0 r_{1b}} \right| \varphi_a(1)\varphi_b(2) \right\rangle$$

$$= \left\langle \varphi_a(1)\varphi_b(2) \left| \frac{e^2}{4\pi\varepsilon_0 r_{2a}} \right| \varphi_a(1)\varphi_b(2) \right\rangle \qquad (9.2\text{-}4)$$

と置いた．また，Q_C を

$$Q_C = \frac{e^2}{4\pi\varepsilon_0 R} + K' - 2K \qquad (9.2\text{-}5)$$

と置くと，Q_{total} は，

$$Q_{\text{total}} = 2\varepsilon_{1s} + Q_C \qquad (9.2\text{-}6)$$

となる．ここで，(9.2-2)式の ε_{1s} は，水素原子の 1s 軌道におけるエネルギーである．

次に，J_{total} について調べる．

$$J_{\text{total}} = \langle \varphi_a(1)\varphi_b(2) | \hat{H} | \varphi_a(2)\varphi_b(1) \rangle$$

$$= 2\varepsilon_{1s}S^2 + \frac{e^2}{4\pi\varepsilon_0 R}S^2 + J' - 2SJ \qquad (9.2\text{-}7)$$

となる．ここで，(9.2-7)式の右辺第1項は，

$$\left\langle \varphi_a(1)\varphi_b(2) \left| -\frac{\hbar^2}{2m_e}\Delta_1 - \frac{e^2}{4\pi\varepsilon_0 r_{1a}} \right| \varphi_a(2)\varphi_b(1) \right\rangle$$

$$= \langle \varphi_a(1) | \hat{H}_1 | \varphi_b(1) \rangle \langle \varphi_b(2) | \varphi_a(2) \rangle$$

$$= \varepsilon_{1s} \langle \varphi_a(1) | \varphi_b(1) \rangle \langle \varphi_b(2) | \varphi_a(2) \rangle$$

$$= \varepsilon_{1s} S^2 \qquad (9.2\text{-}8)$$

となること,また,

$$\left\langle \varphi_a(1)\varphi_b(2) \left| -\frac{\hbar^2}{2m_e}\Delta_2 - \frac{e^2}{4\pi\varepsilon_0 r_{2b}} \right| \varphi_a(2)\varphi_b(1) \right\rangle$$
$$= \langle \varphi_b(2)|\hat{H}_2|\varphi_a(2)\rangle\langle\varphi_a(1)|\varphi_b(1)\rangle$$
$$= \varepsilon_{1s}\langle\varphi_a(1)|\varphi_b(1)\rangle\langle\varphi_b(2)|\varphi_a(2)\rangle$$
$$= \varepsilon_{1s}S^2 \tag{9.2-9}$$

となることから得られる.なお,(9.2-8)式,(9.2-9)式では,電子1,電子2単独のハミルトニアン

$$\hat{H}_1 = -\frac{\hbar^2}{2m_e}\Delta_1 - \frac{e^2}{4\pi\varepsilon_0 r_{1a}}, \quad \hat{H}_2 = -\frac{\hbar^2}{2m_e}\Delta_2 - \frac{e^2}{4\pi\varepsilon_0 r_{2b}} \tag{9.2-10}$$

がエルミート演算子であることを利用している.また,(9.2-7)式右辺の第3項の J' は,

$$J' = \left\langle \varphi_a(1)\varphi_b(2) \left| \frac{e^2}{4\pi\varepsilon_0 r_{12}} \right| \varphi_a(2)\varphi_b(1) \right\rangle \tag{9.2-11}$$

であり,第4項に関しては,

$$\left\langle \varphi_a(1)\varphi_b(2) \left| -\frac{e^2}{4\pi\varepsilon_0 r_{1b}} \right| \varphi_a(2)\varphi_b(1) \right\rangle$$
$$= \langle\varphi_b(2)|\varphi_a(2)\rangle\left\langle \varphi_a(1) \left| -\frac{e^2}{4\pi\varepsilon_0 r_{1b}} \right| \varphi_b(1) \right\rangle$$
$$= -SJ \tag{9.2-12}$$

となる.ここで,

$$J = \left\langle \varphi_a(1) \left| \frac{e^2}{4\pi\varepsilon_0 r_{1b}} \right| \varphi_b(1) \right\rangle \tag{9.2-13}$$

と置いている．同様にして，

$$\left\langle \varphi_a(1)\varphi_b(2) \left| -\frac{e^2}{4\pi\varepsilon_0 r_{2a}} \right| \varphi_a(2)\varphi_b(1) \right\rangle = -SJ \qquad (9.2\text{-}14)$$

となるので，(9.2-7)式が得られる．ここで，J_e を

$$J_e = \frac{e^2}{4\pi\varepsilon_0 R} S^2 + J' - 2SJ \qquad (9.2\text{-}15)$$

と置けば，J_total は，

$$J_\text{total} = 2\varepsilon_{1s} S^2 + J_e \qquad (9.2\text{-}16)$$

と表現できる．

以上の計算を利用して，(9.1-17)式，(9.1-18)式を表現し直すと，

$$E_s = \frac{Q_\text{total} + J_\text{total}}{1 + S^2} = 2\varepsilon_{1s} + \frac{Q_C + J_e}{1 + S^2} \qquad (9.2\text{-}17)$$

$$E_t = \frac{Q_\text{total} - J_\text{total}}{1 - S^2} = 2\varepsilon_{1s} + \frac{Q_C - J_e}{1 - S^2} \qquad (9.2\text{-}18)$$

と表現できる．(9.2-17)式，(9.2-18)式は，$2\varepsilon_{1s}$，すなわち二つの水素原子が単独で存在しているときのエネルギーからの差が右辺第2項に現れている形になっている．この項がプラスかマイナスかで，結合状態か非結合状態かが決定される．水素分子の場合，$J_e < 0$ であり，かつ S^2 が十分小さいと考えると，E_s が結合状態を与える．図9.2-1は，E_s，E_t の関係を示した図である．

実際に，これらの積分を数値計算して結合エネルギー（図9.2-1の E_B）を求めると，3.14 eV という値を得る．実測値は，4.75 eV であり，差が存在する．ハイトラー–ロンドン法は，波動関数を仮定して，エネルギーが極

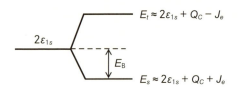

図 9.2-1 水素分子エネルギー状態（E_B は結合エネルギー）

小になるようにパラメーターを決めていく．そのため，結果の精度は，始めに仮定した波動関数がどの程度真の解に近いかで決まる．今回の解析は，波動関数として，(9.1-3)式にある水素原子の 1s 軌道の波動関数を用いた．そこで，これに代わる以下の波動関数を仮定してハイトラー–ロンドン法で結合エネルギーを計算する方法も試みられている．

$$\varphi = \frac{\xi^{3/2}}{\sqrt{\pi a_0^3}} \exp\left(-\frac{\xi r}{a_0}\right) \tag{9.2-19}$$

ここに，ξ は新たに導入されたパラメーターである．エネルギーをこのパラメーターの関数とみなして極小化するという操作を行う．このとき，$\xi = 1.166$ でエネルギーが極小になり，結合エネルギーが，3.78 eV となり，かなりの改善が認められる．詳細は第 10 章で述べる．

　各エネルギーに対する波動関数は，(9.1-25)式，(9.1-26)式で与えられた．これら二つの式を見ると，(9.1-26)式では，二つの原子核の間，特に中点での波動関数の値を求めようとすると，第 1 項と第 2 項の値が同じになり，それを引き算しているため，値が 0 になっていることがわかる．すなわち，二つの原子核の中点付近では波動関数の値が 0 に近い．これは，中間付近に電子が存在する確率が小さいということを意味する．

　一方，(9.1-25)式では，図 9.2-2 の左側のように，原子核の間のところに電子の存在確率が高く．原子核同士の反発力を抑えていることが読み取れる．したがって，ψ_s の状態が，結合状態であることが理解できる．

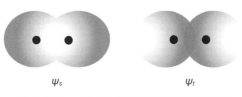

図 9.2-2　　水素分子の電子存在確率概略図
図の白い部分は電子存在確率が高い．

9.3　スピンも考慮した波動関数

　第 8 章の多電子系で述べたパウリの原理は，水素分子のときにも満足されなければならない．(9.1-25)式，(9.1-26)式の波動関数は，それぞれ対称，反対称になっているので，それに掛け算されるスピン波動関数は，反対称，対称，になっている必要がある．これを考慮して水素分子の波動関数は，

$$\psi_s = \frac{1}{\sqrt{2(1+S^2)}}\{\varphi_a(1)\varphi_b(2) + \varphi_a(2)\varphi_b(1)\}\frac{1}{\sqrt{2}}\{\alpha(1)\beta(2) - \alpha(2)\beta(1)\} \tag{9.3-1}$$

$$\psi_t = \frac{1}{\sqrt{2(1-S^2)}}\{\varphi_a(1)\varphi_b(2) - \varphi_a(2)\varphi_b(1)\} \times \begin{cases} \alpha(1)\alpha(2) \\ \frac{1}{\sqrt{2}}(\alpha(1)\beta(2) + \alpha(2)\beta(1)) \\ \beta(1)\beta(2) \end{cases} \tag{9.3-2}$$

と求められる．

　(9.3-1)式の場合は，スピン角運動量は反対方向を向いているので，その合成スピン角運動量は 0 である．一方，(9.3-2)式は，二つの角運動量が同方向を向いている場合も存在している．ここで，(9.2-17)式，(9.2-18)式で与えられるエネルギーを，このスピンの並び方（同方向，反対方向）を利用して表現しなおそう．$S^2 \approx 0$ とすると，

$$E_s = 2\varepsilon_{1s} + Q_C + J_e \tag{9.3-3}$$

$$E_t = 2\varepsilon_{1s} + Q_C - J_e \tag{9.3-4}$$

であるので,

$$E_t = -J_e\left(\frac{1}{2} + \frac{2\vec{s}_1 \cdot \vec{s}_2}{\hbar^2}\right) \tag{9.3-5}$$

と置くと都合がよいことが以下のように示すことができる. $\vec{s}_1$, $\vec{s}_2$ は, それぞれ電子1, 電子2のスピン角運動量である. これら角運動量の内積は以下のようにして計算できる.

$$\begin{aligned}2\vec{s}_1 \cdot \vec{s}_2 &= |\vec{s}_1 + \vec{s}_2|^2 - |\vec{s}_1|^2 - |\vec{s}_2|^2 \\ &= s(s+1)\hbar^2 - s_1(s_1+1)\hbar^2 - s_2(s_2+1)\hbar^2\end{aligned} \tag{9.3-6}$$

ここに, s_1, s_2, s は, それぞれ電子1のスピン量子数, 電子2のスピン量子数, 合成スピン量子数である. s_1 および s_2 の値は, 1/2 であるが, s は, 角運動量の合成のところで述べた(7.6-27)式から,

$$s = \frac{1}{2} + \frac{1}{2}, \quad \left|\frac{1}{2} - \frac{1}{2}\right| = 1, 0 \tag{9.3-7}$$

と, 0 または 1 の値をとる. $s = 0$ は二つのスピン角運動量が反対方向を向いているとき, $s = 1$ は同じ方向を向いているときに対応する. これらを用いて, (9.3-6)式を計算してみると, $s = 0$ のときは,

$$2\vec{s}_1 \cdot \vec{s}_2 = -\frac{1}{2}\left(\frac{1}{2}+1\right)\hbar^2 - \frac{1}{2}\left(\frac{1}{2}+1\right)\hbar^2 = -\frac{3}{2}\hbar^2 \tag{9.3-8}$$

であり, $s = 1$ のときは,

$$2\vec{s}_1 \cdot \vec{s}_2 = \frac{1}{2}\hbar^2 \tag{9.3-9}$$

9.3 スピンも考慮した波動関数

となる．これを利用すると，(9.3-3)式，(9.3-4)式は，

$$E = 2\varepsilon_{1s} + Q_C + E_l \tag{9.3-10}$$

と表すことができる．E_l のうち，スピンの並べ方に依存する部分を取り出し，それをハミルトニアンとみなす．すなわち，

$$\hat{H} = -2J_e(\hat{s}_1 \cdot \hat{s}_2) \tag{9.3-11}$$

というハミルトニアンを定義する．$J_e < 0$ なら，二つの電子のスピンが反方向（反強磁性）を向いているとエネルギーは低くなり，それが結合状態に対応する（水素分子の場合は，$J_e < 0$ である）．しかし，$J_e > 0$ の場合は，スピンが同じ方向（強磁性）を向いているほうがエネルギーは低いことになる．このように，J_e はスピン間に働き，その秩序をもたらす相互作用と考えることができる．これを交換相互作用と呼ぶ．その起源は，再度の確認ではあるが，(9.2-15)式からわかるように，粒子に区別がつかないことによるクーロンエネルギー J' に結び付いている．したがって，古典物理学からは導出できないエネルギーであり，多原子核系のもつ特徴ともいえる．また，結合状態と反結合状態のエネルギーの差は，(9.3-3)式と(9.3-4)式からわかるように $-2J_e$ となっている．このことは，水素分子の生成は，すなわち，化学反応が起きるのは，この相互作用の存在のためであるといっても過言ではない．

材料科学から見ると，(9.3-11)式は，結合状態に関する情報以上の情報を教えてくれる．スピンが同じ方向を向いているということは，スピン角運動量による磁性が同じ方向にそろうことができるということを意味している．すなわち，自発的に強磁性になる物質があることを意味する．この性質は，J_e の符号にかかわる問題であり，その値は，原子核の距離 R に依存する．ここで扱っているのは水素分子であるが，固体の場合は，原子間距離は結晶構造に依存する．J_e の符合により，その材料が磁性材料か非磁性材料かを評価することができる．例えば，鉄は，室温では強磁性体であり，磁石にくっ

つくということをわれわれは経験している．鉄は，室温においては体心立方構造を有しているが，高温になると変態し，面心立方構造となる．このとき，鉄は強磁性体ではなくなるが，このような説明に J_e の値による評価がなされている．なお，(9.3-11)式のハミルトニアンを，ハイゼンベルグのハミルトニアンと呼び，固体の電子状態を表すハミルトニアンとして用いられている．

第 10 章

近似解法

　第 8 章で多電子系，第 9 章で多原子系について述べてきた．そこで扱う電子や原子の数は，10^{23} 程度のきわめて大きな数であった．また，これら粒子間に相互作用が働くため，第 2 章から 5 章で扱った電子系，原子系の場合とは異なり，解析的にシュレディンガーの方程式を解くことはできない．そこで，多体系を取り扱うことができる近似解法が数多く提唱され，本章では，これら近似法の中で，よく使われる摂動法と変分法を紹介する．ただし，変分法に関しては，第 9 章で少し触れている．また，ここでは固有関数が縮退していない場合について述べる．縮退がある場合については，付録 C に挙げた参考書を参照していただきたい．

10.1 摂動法

10.1.1 時間に依存しない摂動法

　ここでは，時間に依存しない摂動法について述べる．第 4 章，第 5 章で述べた水素原子においては，プラスの電荷を有する原子核とマイナスの電荷を有する電子とのクーロン力がポテンシャル項であり，2 体問題であるから，シュレディンガー方程式は厳密に解ける．ところが，図 10.1.1-1 のように，ヘリウム（He）原子では，原子核と 2 個の電子が存在する．そのため，原子核と電子との間に働くクーロン力以外に，二つの電子間に働くクー

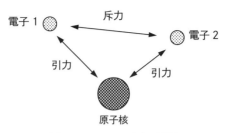

図 10.1.1-1　ヘリウム原子

ロン力を考えなくてはならないことになり，2体系以上の問題となる．この He 原子核における電子の時間に依存しないシュレディンガー方程式は次式のようになる．

$$\left\{\left(\frac{-\hbar^2}{2m_e}\right)\Delta_1 + \left(\frac{-\hbar^2}{2m_e}\right)\Delta_2 - \frac{2e^2}{4\pi\varepsilon_0 r_1} - \frac{2e^2}{4\pi\varepsilon_0 r_2} + \frac{e^2}{4\pi\varepsilon_0|\vec{r}_1 - \vec{r}_2|}\right\}\psi = E\psi$$
(10.1.1-1)

ここで，第1項から第5項は，それぞれ，電子1の運動量，電子2の運動量，電子1と原子核との間に働くクーロン力，電子2と原子核とのクーロン力，電子1と電子2との間のクーロン力である．水素原子の場合と比較して，核電荷が2倍になっているため，電子と原子核との間に働くクーロン力が2倍になっている．この場合，第1項と第3項の組み合わせ，第2項と第4項の組み合わせは，水素原子の場合と同様なシュレディンガー方程式になるので，厳密解が得られる．ところが，第5項が残っているために，(10.1.1-1)式を厳密に解くことはできない．この第5項を摂動項として考えるのが摂動法であり，以下に具体的に示す．

シュレディンガー方程式は，次式のように表されることは既に学んでいる．

$$\hat{H}\psi_n = E_n\psi_n \qquad (10.1.1\text{-}2)$$

この式から，摂動項を除いた式を次のように表す．

$$\hat{H}_0 \psi_n{}^{(0)} = E_n{}^{(0)} \psi_n{}^{(0)} \tag{10.1.1-3}$$

上の式の括弧内の数字は，摂動の次数を表し，$\hat{H}_0$ は摂動項を含まないハミルトニアンである．この式は摂動項を含まないので厳密に解ける．例えば，He 原子の基底状態では，固有関数 $\psi_n{}^{(0)}$，エネルギー固有値 $E_n{}^{(0)}$ は次式となる．

$$\psi_n{}^{(0)} = \left(\frac{1}{\pi}\right)\left(\frac{2\pi m_e e^2}{\varepsilon_0 h^2}\right)^3 \exp\left(\frac{-4\pi r m_e e^2}{\varepsilon_0 h^2}\right) = \left(\frac{1}{\pi}\right)\left(\frac{2}{a_0}\right)^3 \exp\left(-\frac{4r}{a_0}\right) \tag{10.1.1-4}$$

$$a_0 = \frac{4\pi \varepsilon_0 \hbar^2}{m_e e^2} = \frac{\varepsilon_0 h^2}{\pi m_e e^2} : \text{ボーア半径 ((5.2-27)式参照のこと)}$$

$$E_n{}^{(0)} = -\frac{m_e e^4}{\varepsilon_0{}^2 h^2} \tag{10.1.1-5}$$

次に，上記ハミルトニアン $\hat{H}_0$ に摂動項 $\hat{H}'$ を加えた全体のハミルトニアンを $\hat{H}$ とする．

$$\hat{H} = \hat{H}_0 + \hat{H}' \tag{10.1.1-6}$$

ただし，摂動項は小さいことが必要である．この項が全体の系のエネルギーと比較して大きいと，そもそも摂動法を適用することができない．

エネルギー固有値 E_n に関しては，

$$E_n = E_n{}^{(0)} + E_n{}^{(1)} + E_n{}^{(2)} + \cdots \tag{10.1.1-7}$$

のように，1次，2次，…の補正項が加わったものと考える．同様に，固有関数も，

$$\psi_n = \psi_n{}^{(0)} + \psi_n{}^{(1)} + \psi_n{}^{(2)} + \cdots \tag{10.1.1-8}$$

と表されると考える．

摂動項が小さいという条件から、λ を小さい無次元の定数とし、ハミルトニアンを次式のように置く。

$$\hat{H} = \hat{H}_0 + \lambda \hat{H}' \qquad (10.1.1\text{-}9)$$

この場合、エネルギーおよび固有関数は以下の式のように展開できる。

$$E_n = E_n^{(0)} + \lambda E_n^{(1)} + \lambda^2 E_n^{(2)} + \cdots \qquad (10.1.1\text{-}10)$$

$$\psi_n = \psi_n^{(0)} + \lambda \psi_n^{(1)} + \lambda^2 \psi_n^{(2)} + \cdots \qquad (10.1.1\text{-}11)$$

したがって、(10.1.1-2)式は、(10.1.1-10)式と(10.1.1-11)式を用いると、

$$\begin{aligned}
\hat{H}\psi_n &= E_n \psi_n \\
(\hat{H}_0 + \lambda \hat{H}')(\psi_n^{(0)} &+ \lambda \psi_n^{(1)} + \lambda^2 \psi_n^{(2)} + \cdots) \\
&= (E_n^{(0)} + \lambda E_n^{(1)} + \lambda^2 E_n^{(2)} + \cdots)(\psi_n^{(0)} + \lambda \psi_n^{(1)} + \lambda^2 \psi_n^{(2)} + \cdots)
\end{aligned}$$
$$(10.1.1\text{-}12)$$

となる。

この両辺を λ で分類する。まず λ^0 の項を考えると、

$$\hat{H}_0 \psi_n^{(0)} = E_n^{(0)} \psi_n^{(0)} \qquad (10.1.1\text{-}13)$$

となり、これは摂動項を含まないので、厳密に解ける。

次に λ^1 の項を考えると、

$$\hat{H}_0 \psi_n^{(1)} + \hat{H}' \psi_n^{(0)} = E_n^{(0)} \psi_n^{(1)} + E_n^{(1)} \psi_n^{(0)} \qquad (10.1.1\text{-}14)$$

となる。ここで、0次の値は(10.1.1-13)式により得られているから、(10.1.1-14)式より、1次の項もわかる。

さらに、λ^2 の項を考えると、

$$\hat{H}_0 \psi_n^{(2)} + \hat{H}' \psi_n^{(1)} = E_n^{(0)} \psi_n^{(2)} + E_n^{(1)} \psi_n^{(1)} + E_n^{(2)} \psi_n^{(0)} \qquad (10.1.1\text{-}15)$$

となる．0次の項，1次の項は，上記の過程において得られるから，(10.1.1-15)式により，2次の項がわかる．

このことを以下に具体的に述べることにする．

まず $\psi_n{}^{(1)}$ を既知の $\psi_n{}^{(0)}$ を使って展開すると，

$$\psi_n{}^{(1)} = c_1\psi_1{}^{(0)} + c_2\psi_2{}^{(0)} + \cdots = \sum_i c_i\psi_i{}^{(0)} \quad (10.1.1\text{-}16)$$

となる．(10.1.1-16)式を(10.1.1-14)式に代入すると以下の式を得る．

$$\sum_i c_i\hat{H}_0\psi_i{}^{(0)} + \hat{H}'\psi_n{}^{(0)} = E_n{}^{(0)}\sum_i c_i\psi_i{}^{(0)} + E_n{}^{(1)}\psi_n{}^{(0)} \quad (10.1.1\text{-}17)$$

(10.1.1-13)式の n を i に換えると，

$$\hat{H}_0\psi_i{}^{(0)} = E_i{}^{(0)}\psi_i{}^{(0)} \quad (10.1.1\text{-}18)$$

となるので，(10.1.1-17)式は

$$\sum_i c_iE_i{}^{(0)}\psi_i{}^{(0)} + \hat{H}'\psi_n{}^{(0)} = E_n{}^{(0)}\sum_i c_i\psi_i{}^{(0)} + E_n{}^{(1)}\psi_n{}^{(0)} \text{ となり}$$

$$\sum_i c_i(E_i{}^{(0)} - E_n{}^{(0)})\psi_i{}^{(0)} + \hat{H}'\psi_n{}^{(0)} = E_n{}^{(1)}\psi_n{}^{(0)} \quad (10.1.1\text{-}19)$$

を得る．この式の両辺に，左から $\psi_n{}^{(0)*}$ をかけて積分すると以下の式となる．

$$\sum_i c_i(E_i{}^{(0)} - E_n{}^{(0)})\int \psi_n{}^{(0)*}\psi_i{}^{(0)}\mathrm{d}v + \int \psi_n{}^{(0)*}\hat{H}'\psi_n{}^{(0)}\mathrm{d}v = E_n{}^{(1)}\int \psi_n{}^{(0)*}\psi_n{}^{(0)}\mathrm{d}v \quad (10.1.1\text{-}20)$$

ここで，右辺は $\int \psi_n{}^{(0)*}\psi_n{}^{(0)}\mathrm{d}v = 1$ であるから，

$$\sum_i c_i(E_i{}^{(0)} - E_n{}^{(0)})\int \psi_n{}^{(0)*}\psi_i{}^{(0)}\mathrm{d}v + \int \psi_n{}^{(0)*}\hat{H}'\psi_n{}^{(0)}\mathrm{d}v = E_n{}^{(1)} \quad (10.1.1\text{-}21)$$

となる．

左辺の $\int \psi_n^{(0)*} \psi_i^{(0)} d\nu$ は，クロネッカーのデルタを用いると

$$\int \psi_n^{(0)*} \psi_i^{(0)} d\nu = \delta_{n,i} \qquad (10.1.1\text{-}22)$$

となる．すなわち，$n \neq i$ のとき，$\delta_{n,i} = 0$，で $n = i$ のとき，$\delta_{n,i} = 1$ となる．

このことを考慮すると，$n = i$ でも，$n \neq i$ でも，左辺第1項 $= 0$ なので，1次の摂動エネルギーは，次式のようになる．

$$\begin{aligned} E_n^{(1)} &= \int \psi_n^{(0)*} \hat{H}' \psi_n^{(0)} d\nu \\ &= \langle n | \hat{H}' | n \rangle \end{aligned} \qquad (10.1.1\text{-}23)$$

したがって，1次補正まで考慮したエネルギーは，

$$E_n = E_n^{(0)} + E_n^{(1)} \qquad (10.1.1\text{-}24)$$

となる．

次に固有関数について考える．(10.1.1-19)式の両辺に左から $\psi_j^{(0)*}$ をかけて積分する．ただし，ここで，$j \neq n$ である．

$$\sum_i c_i (E_i^{(0)} - E_n^{(0)}) \int \psi_j^{(0)*} \psi_i^{(0)} d\nu + \int \psi_j^{(0)*} \hat{H}' \psi_n^{(0)} d\nu = E_n^{(1)} \int \psi_j^{(0)*} \psi_n^{(0)} d\nu \qquad (10.1.1\text{-}25)$$

この式において，$i = j$ のときのみ，左辺第1項 $\neq 0$ である．また，さらに $j \neq n$ なので，右辺は0である．したがって，

$$c_j (E_j^{(0)} - E_n^{(0)}) + \int \psi_j^{(0)*} \hat{H}' \psi_n^{(0)} d\nu = 0$$

$$\begin{aligned} c_j &= \frac{\int \psi_j^{(0)*} \hat{H}' \psi_n^{(0)} d\nu}{E_n^{(0)} - E_j^{(0)}} \\ &= \frac{\langle j | \hat{H}' | n \rangle}{E_n^{(0)} - E_j^{(0)}} \end{aligned} \qquad (10.1.1\text{-}26)$$

となる．(10.1.1-16)式で示したように，$\psi_n{}^{(1)} = c_1\psi_1{}^{(0)} + c_2\psi_2{}^{(0)} + \cdots = \sum_i c_i\psi_i{}^{(0)}$ なので，1次補正まで考慮した固有関数は，

$$\begin{aligned}\psi_n &= \psi_n{}^{(0)} + \psi_n{}^{(1)} \\ &= \psi_n{}^{(0)} + \sum_{i \neq n} \frac{\langle i|\hat{H}'|n\rangle}{E_n{}^{(0)} - E_i{}^{(0)}} \psi_i{}^{(0)}\end{aligned} \qquad (10.1.1\text{-}27)$$

となる．
同様にして，2次の摂動エネルギーを求めると，

$$E_n{}^{(2)} = \sum_{i \neq n} \frac{|\langle n|\hat{H}'|i\rangle|^2}{E_n{}^{(0)} - E_i{}^{(0)}} \qquad (10.1.1\text{-}28)$$

となる．したがって，2次補正まで考慮したエネルギーは，

$$E_n = E_n{}^{(0)} + E_n{}^{(1)} + E_n{}^{(2)} \qquad (10.1.1\text{-}29)$$

となる．

10.1.2　ヘリウム原子への摂動法の適用

　ヘリウム（He）原子に対して摂動法を適用した例を紹介する．10.1.1項で述べたように，原子核と1個の電子との間のクーロン相互作用のみでポテンシャル項が形成されれば，シュレディンガー方程式は厳密に解ける．これは，電子1個のみを有するイオン，たとえば，He^+，Li^{2+}，Be^{3+}，B^{4+}，C^{5+} であれば，電子は1個なので，シュレディンガー方程式は厳密に解ける．これらの電子1個を有する原子を水素類似原子という．
　水素類似原子では，原子番号を Z とすると，核電荷は Ze となるので，シュレディンガー方程式は，次式のようになる．

$$\left[\left(\frac{-\hbar^2}{2m_e}\right)\left(\frac{\partial^2}{\partial x^2}+\frac{\partial^2}{\partial y^2}+\frac{\partial^2}{\partial z^2}\right)-\frac{Ze^2}{4\pi\varepsilon_0 r}\right]\psi = E\psi \quad (10.1.2\text{-}1)$$

また,固有関数は,

$$\psi(r,\theta,\varphi) = N_{n,l,m_l} r^l \exp\left(\frac{-Zr}{na_0}\right) L_{n+l}^{2l+1}\left(\frac{2Zr}{na_0}\right) P_l^{|m_l|}(\cos\theta)\exp(im_l\varphi) \quad (10.1.2\text{-}2)$$

であり,水素原子における固有関数中の a_0 を a_0/Z で置き換えた形になっている.

この式の N_{n,l,m_l} は係数で,その詳細は(5.4-3)式に示した.

1s 軌道の波動関数も同様に,

$$\psi_{1s} = \left(\frac{1}{\pi}\right)^{\frac{1}{2}}\left(\frac{Z}{a_0}\right)^{\frac{3}{2}}\exp\left(\frac{-Zr}{a_0}\right) \quad (10.1.2\text{-}3)$$

となる.

一方,エネルギー固有値は水素原子の場合と比較して, Z^2 倍となり,次式のようになる.

$$E_n = -\left(\frac{m_e Z^2 e^4}{8\varepsilon_0^2 h^2}\right)\left(\frac{1}{n^2}\right) \quad (10.1.2\text{-}4)$$

ヘリウムイオン He$^+$ であれば,電子が1個であるため,(10.1.2-1)式から(10.1.2-4)式における Z を2とすれば,対応する式と値は求められる.しかしながら,He 原子には2個の電子が存在するために,電子間のクーロン反発力があり,シュレディンガー方程式が厳密に解けない.そこで,摂動法では,二つの電子間の斥力を摂動項として処理する.すなわち,摂動項は,

$$\hat{H}' = \frac{e^2}{4\pi\varepsilon_0 r_{12}} = \frac{e^2}{4\pi\varepsilon_0 |\vec{r}_1 - \vec{r}_2|} \quad (10.1.2\text{-}5)$$

である.

　上述の場合は $Z = 2$ であるが，ここでは，(10.1.2-1)式のように，Z を含む形にして解くことにする.

　まず，摂動項を除いた方程式は，

$$\left\{\left(\frac{-\hbar^2}{2m_e}\right)\Delta_1 + \left(\frac{-\hbar^2}{2m_e}\right)\Delta_2 - \frac{Ze^2}{4\pi\varepsilon_0 r_1} - \frac{Ze^2}{4\pi\varepsilon_0 r_2}\right\}\psi^{(0)} = E^{(0)}\psi^{(0)} \tag{10.1.2-6}$$

であり，下の 2 式のように変数分離を行うことにより，厳密に解くことができる.

電子 1 の方程式：

$$\left\{\left(\frac{-\hbar^2}{2m_e}\right)\Delta_1 - \frac{Ze^2}{4\pi\varepsilon_0 r_1}\right\}\psi_1^{(0)} = \varepsilon_1^{(0)}\psi_1^{(0)} \tag{10.1.2-7}$$

電子 2 の方程式：

$$\left\{\left(\frac{-\hbar^2}{2m_e}\right)\Delta_2 - \frac{Ze^2}{4\pi\varepsilon_0 r_2}\right\}\psi_2^{(0)} = \varepsilon_2^{(0)}\psi_2^{(0)} \tag{10.1.2-8}$$

　それぞれの式は，He^+ イオン（水素類似原子）におけるシュレディンガー方程式と同じである．摂動を考えない場合のヘリウム原子全体の波動関数は，

$$\psi^{(0)} = \psi_1^{(0)}\psi_2^{(0)} \tag{10.1.2-9}$$

である．ここで，

$$\psi_1^{(0)} = \left(\frac{1}{\pi}\right)^{\frac{1}{2}}\left(\frac{Z}{a_0}\right)^{\frac{3}{2}}\exp\left(\frac{-Zr_1}{a_0}\right) \tag{10.1.2-10}$$

$$\psi_2^{(0)} = \left(\frac{1}{\pi}\right)^{\frac{1}{2}}\left(\frac{Z}{a_0}\right)^{\frac{3}{2}}\exp\left(\frac{-Zr_2}{a_0}\right) \tag{10.1.2-11}$$

である．したがって，

$$\psi^{(0)} = \psi_1^{(0)} \psi_2^{(0)}$$
$$= \left(\frac{1}{\pi}\right)\left(\frac{Z}{a_0}\right)^3 \exp\left(\frac{-Z(r_1+r_2)}{a_0}\right) \quad (10.1.2\text{-}12)$$

となる．

また，摂動を考えない場合，He 原子全体のエネルギー固有値は，電子1についてのエネルギー固有値 ε_1 と，電子2についてのエネルギー固有値 ε_2 との和になるから，

$$E^{(0)} = \varepsilon_1^{(0)} + \varepsilon_2^{(0)} \quad (10.1.2\text{-}13)$$

であり，それは，

$$E^{(0)} = \varepsilon_1^{(0)} + \varepsilon_2^{(0)}$$
$$= -\frac{m_e Z^2 e^4}{4\varepsilon_0^2 h^2} \quad (10.1.2\text{-}14)$$

である．

このエネルギーは，水素原子の基底状態のエネルギーが

$$E_{H_{1s}} = -\frac{m_e e^4}{8\varepsilon_0^2 h^2} \quad (10.1.2\text{-}15)$$

であることを考慮すると，摂動を考えない場合の He 原子のエネルギー固有値は次式のようになる．

$$E^{(0)} = 2Z^2 E_{H_{1s}} \quad (10.1.2\text{-}16)$$

次に摂動項を考える．(10.1.1-23)式より，He 原子の1次の摂動項は次式のようになる．

$$E^{(1)} = \int \psi^{(0)*} \frac{e^2}{4\pi\varepsilon_0 r_{12}} \psi^{(0)} \mathrm{d}v_1 \mathrm{d}v_2 \qquad (10.1.2\text{-}17)$$

ここで，波動関数は(10.1.2-12)式で与えられるから，(10.1.2-17)式は次のようになる．

$$E^{(1)} = \frac{1}{\pi^2}\left(\frac{Z}{a_0}\right)^6 \frac{e^2}{4\pi\varepsilon_0} \iint \frac{\exp\left[-\dfrac{2Z(r_1+r_2)}{a_0}\right]}{r_{12}} \mathrm{d}v_1 \mathrm{d}v_2 \qquad (10.1.2\text{-}18)$$

ここで，以下に示す公式（問題 10-3 参照）

$$\iint \frac{\exp\left[-\alpha(r_1+r_2)\right]}{r_{12}} \mathrm{d}v_1 \mathrm{d}v_2 = \frac{20\pi^2}{\alpha^5} \qquad (10.1.2\text{-}19)$$

を用いると，(10.1.2-18)式は

$$\begin{aligned} E^{(1)} &= \frac{1}{\pi^2}\left(\frac{Z}{a_0}\right)^6 \frac{e^2}{4\pi\varepsilon_0} \frac{20\pi^2 a_0^5}{32Z^5} \\ &= \frac{5Ze^2}{32\pi a_0 \varepsilon_0} \end{aligned} \qquad (10.1.2\text{-}20)$$

となる．
　この(10.1.2-20)式は，(5.2-27)式で示したボーア半径$\left(a_0 = \dfrac{\varepsilon_0 h^2}{\pi m_e e^2}\right)$と(10.1.2-15)式を用いると，

$$E^{(1)} = -\frac{5}{4} Z E_{\mathrm{H}_{1\mathrm{s}}} \qquad (10.1.2\text{-}21)$$

となる．この結果と(10.1.2-16)式および(10.1.2-21)式より，1 次補正まで考慮したエネルギーは，

$$E = E^{(0)} + E^{(1)}$$
$$= \left(2Z^2 - \frac{5}{4}Z\right)E_{\text{H1s}}$$
$$= \frac{11}{2}E_{\text{H1s}}$$
$$= -\frac{11m_e e^4}{16\varepsilon_0^2 h^2} \qquad (10.1.2\text{-}22)$$

となる.

2個の電子を有する原子,イオンについて,同様の計算を行った結果を表10.1.2-1に示す.表には,実験値も示してある.実験値が真の値に近いとすると,1次の摂動を考慮するだけで,真の値に近いエネルギーの値が得られることがわかる.

ただし,最新の物理定数を用いて計算すると表10.1.2-1に示した値と若干の違いはあるが,ここではポーリング(1901-1994, アメリカ)(Linus Pauling)の著書に記載の値を採用した.

表10.1.2-1 2個の電子を有する原子,イオンに対する摂動法の適用*

原子, イオン	摂動なしのときのエネルギー (eV)	1次摂動を考慮したエネルギー (eV)	実験値 (eV)
He	−108.24	−74.42	−78.62
Li^+	−243.54	−192.8	−197.14
Be^{2+}	−432.96	−365.31	−369.96
B^{3+}	−676.5	−591.94	−596.4
C^{4+}	−974.16	−872.69	−876.2

*L. Pauling and E. B. Wilson, *Introduction Quantum Mechanics with Applications to Chemistry*, McGraw-Hill, Inc. & Kogakusha, Ltd., P. 165 (1935).

10.1.3 水素原子に電場を印加したときの電気分極
― シュタルク効果（Stark effect）―

　基底状態の水素原子に一様な電場を印加した場合について考える．図10.1.3-1にその様子を示す．基底状態であるため，電子は1s状態にあり，電子雲は球対称である．電場が0のときには，原子核の位置と電子雲の中心の位置は一致する．これに，z軸方向（図ではプラスの向き）に電場を印加すると，電子に力が加わるため，電子雲の中心の位置が $-z$ の向きに変化する．ただし，原子核は重いので，位置は変わらないものとし，その位置を原点に取る．

　水素の基底状態，すなわち1s軌道の波動関数は，(5.4-4)式で表される．

$$\psi_{1s}^{(0)}(r) = \sqrt{\frac{1}{\pi a_0{}^3}} \exp\left(-\frac{r}{a_0}\right) \tag{5.4-4}$$

　電場により生じる電子のポテンシャルエネルギーを摂動ハミルトニアンとすると，次の式のようになる（λ は E に対応する）．

$$\hat{H}' = eEz \tag{10.1.3-1}$$

ここで，e は電子の電荷，E は印加した電場である．また，$z = r\cos\theta$ であ

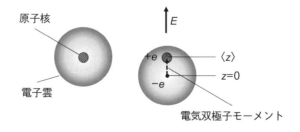

電場 $E = 0$ 　　　電場 $E \neq 0$
図10.1.3-1　水素原子に電場を印加したときの電気分極

るから，
$$\hat{H}' = erE\cos\theta \tag{10.1.3-2}$$
となる．

1次の摂動エネルギーは，

$$E_{1s}^{(1)} = \int_0^\infty \psi_{1s}^{(0)*}\hat{H}'\psi_{1s}^{(0)}\,dv$$

$$= \frac{eE}{\pi a_0{}^3}\int_0^\infty r\exp\left(\frac{-2r}{a_0}\right)r^2 dr\int_0^{2\pi}d\varphi\int_0^\pi \cos\theta\sin\theta d\theta \tag{10.1.3-3}$$

となり，$\int_0^\pi \cos\theta\sin\theta d\theta = 0$ であるから，

$$E_{1s}^{(1)} = 0 \tag{10.1.3-4}$$

2次の摂動エネルギーは，(10.1.1-28)式より，

$$E_{1s}^{(2)} = \sum_i \frac{|\langle\psi_{1s}^{(0)}|\hat{H}'|\psi_i^{(0)}\rangle|^2}{E_{1s}^{(0)} - E_i^{(0)}} \tag{10.1.3-5}$$

となる．ここで，$E_{1s}^{(0)}$ は，他の軌道と比較して圧倒的に低いので，

$$E_{1s}^{(2)} = \frac{1}{E_{1s}^{(0)}}\sum_i |\langle\psi_{1s}^{(0)}|\hat{H}'|\psi_i^{(0)}\rangle|^2$$

$$= \frac{1}{E_{1s}^{(0)}}\sum_i \langle\psi_{1s}^{(0)}|\hat{H}'|\psi_i^{(0)}\rangle\langle\psi_i^{(0)}|\hat{H}'|\psi_{1s}^{(0)}\rangle$$

$$= \frac{1}{E_{1s}^{(0)}}\langle\psi_{1s}^{(0)}|\hat{H}'^2|\psi_{1s}^{(0)}\rangle$$

$$= \frac{1}{E_{1s}^{(0)}}\frac{e^2E^2}{\pi a_0{}^3}\int_0^\infty r^2\exp\left(\frac{-2r}{a_0}\right)r^2 dr\int_0^{2\pi}d\varphi\int_0^\pi \cos^2\theta\sin\theta d\theta$$

$$= -2(4\pi\varepsilon_0)a_0{}^3 E^2 \tag{10.1.3-6}$$

となる．ただし，ここでは示さないが精度を上げると，上の式の -2 は

$-9/4$ となるので,

$$E_{1s}^{(2)} = -\frac{9}{4}(4\pi\varepsilon_0){a_0}^3 E^2 \qquad (10.1.3\text{-}7)$$

となる.分極率は,次式

$$\alpha = \frac{9}{2}(4\pi\varepsilon_0){a_0}^3 \qquad (10.1.3\text{-}8)$$

で定義されるので,

$$E_{1s} = E_{1s}^{(0)} + E_{1s}^{(1)} + E_{1s}^{(2)} \qquad (10.1.3\text{-}9)$$

は,

$$E_{1s} = E_{1s}^{(0)} - \frac{1}{2}\alpha E^2 \qquad (10.1.3\text{-}10)$$

となる.

　一方,(10.1.1-27)式に示す1次補正まで考慮した固有関数は,この場合,次式となる.

$$\psi_{1s} = \psi_{1s}^{(0)} + \sum_i \frac{\langle \psi_i^{(0)} | eEz | \psi_{1s}^{(0)} \rangle}{E_{1s}^{(0)} - E_i^{(0)}} \psi_i^{(0)} \qquad (10.1.3\text{-}11)$$

　この式を用いて,z方向の電子の期待値 $\langle z \rangle$ を求めよう.電場の印加されていない状態では $\langle z \rangle$ は0であるが,電場により,電子の最も存在確率の高い位置が変化する.電場はz方向に印加しているので,電子の最も存在確率の高い位置はz軸上にある.したがって,$\langle z \rangle$ を計算することにより,その位置がわかる.

　$\langle z \rangle$ を与える物理量演算子はzであるので,$\langle z \rangle$ は次式で求められる.

$$\langle z \rangle = \langle \psi_{1s} | z | \psi_{1s} \rangle \qquad (10.1.3\text{-}12)$$

(10.1.3-11)式を(10.1.3.12)式に代入すると，

$$\langle z \rangle = \langle \psi_{1s}^{(0)} | z | \psi_{1s}^{(0)} \rangle$$
$$+ 2 \sum_{i} \frac{\langle \psi_{1s}^{(0)} | eEz | \psi_{i}^{(0)} \rangle}{E_{1s}^{(0)} - E_{i}^{(0)}} \langle \psi_{i}^{(0)} | z | \psi_{1s}^{(0)} \rangle$$
$$+ \sum_{i \neq j} \frac{\langle \psi_{1s}^{(0)} | eEz | \psi_{i}^{(0)} \rangle}{E_{1s}^{(0)} - E_{i}^{(0)}} \frac{\langle \psi_{j}^{(0)} | eEz | \psi_{1s}^{(0)} \rangle}{E_{1s}^{(0)} - E_{j}^{(0)}} \langle \psi_{i}^{(0)} | z | \psi_{j}^{(0)} \rangle \quad (10.1.3\text{-}13)$$

となる．(10.1.3-13)式の1項目を見ると，球対称の積分なので，1項目は0になる．次に，3項目について考えると，積分される関数がzに関して奇関数になっているので，積の積分は0になる．0でないのは，2項目だけであるから，

$$\langle z \rangle = 2 \sum_{i} \frac{\langle \psi_{1s}^{(0)} | eEz | \psi_{i}^{(0)} \rangle}{E_{1s}^{(0)} - E_{i}^{(0)}} \langle \psi_{i}^{(0)} | z | \psi_{1s}^{(0)} \rangle$$
$$= \frac{2}{eE} \sum_{i} \frac{\langle \psi_{1s}^{(0)} | eEz | \psi_{i}^{(0)} \rangle}{E_{1s}^{(0)} - E_{i}^{(0)}} \langle \psi_{i}^{(0)} | eEz | \psi_{1s}^{(0)} \rangle$$
$$= \frac{2}{eE} E_{1s}^{(2)} \quad (10.1.3\text{-}14)$$

となる．したがって，(10.1.3-7)式，(10.1.3-8)式より，

$$\langle z \rangle = \frac{2}{eE} \left(-\frac{1}{2} \alpha E^2 \right)$$
$$= -\frac{\alpha E}{e} \quad (10.1.3\text{-}15)$$

となる．すなわち，電子の変位のz軸方向の期待値は，(10.1.3-15)式で求めることができ，分極率と電場に比例する．

また，図10.1.3-1に示す電気双極子モーメントは，次の式で表される．

$$-e\langle z \rangle = \alpha E \quad (10.1.3\text{-}16)$$

すなわち，(10.1.3-16)式は，水素原子に電場を印加すると，$-e\langle z\rangle$ の電気双極子モーメントが誘起されることを示す．この効果をシュタルク効果 (Stark effect) と呼ぶ．
(1874–1957，ドイツ)

10.1.4　時間に依存する摂動論

これまでに述べてきた摂動論は，時間に依存しない定常状態についてのものであったが，考える系が時間に依存してエネルギー状態が変化したり，状態間遷移を生じる場合における波動関数とそのエネルギー固有値を求めたりするには，時間に依存する摂動論を適用する必要がある．その理論を展開するため，時間を含む摂動項がないシュレディンガー方程式から述べることにする．その式は，

$$\hat{H}_0 \Psi^{(0)}(\vec{r}, t) = i\hbar \frac{\partial}{\partial t} \Psi^{(0)}(\vec{r}, t) \qquad (10.1.4\text{-}1)$$

である．(10.1.4-1)式の波動関数は時間に依存する関数なので，時間に依存しない場合を区別しやすいように大文字の Ψ を用いている．この式の解（定常状態の解）は，次式になる．

$$\Psi^{(0)}(\vec{r}, t) = \sum_n c_n \psi_n^{(0)}(\vec{r}) \exp\left(-\frac{iE_n^{(0)}}{\hbar} t\right) \qquad (10.1.4\text{-}2)$$

ただし，このとき，$\psi_n^{(0)}(\vec{r})$ は，次式を満たすものとする．

$$\hat{H}_0 \psi_n^{(0)}(\vec{r}) = E_n^{(0)} \psi_n^{(0)}(\vec{r}) \qquad (10.1.4\text{-}3)$$

上記の系に時間に依存する摂動 $\hat{H}'(t)$ を加えると次式になる．

$$[\hat{H}_0 + \hat{H}'(t)] \Psi(\vec{r}, t) = i\hbar \frac{\partial}{\partial t} \Psi(\vec{r}, t) \qquad (10.4.4\text{-}4)$$

ここで，(10.1.4-2)式における c_n に時間依存を含ませて $c_n(t)$ とし，$\Psi(\vec{r}, t)$ を次式のように展開する．

$$\Psi(\vec{r}, t) = \sum_n c_n(t) \psi_n^{(0)}(\vec{r}) \exp\left(-\frac{iE_n^{(0)}}{\hbar}t\right) \quad (10.1.4\text{-}5)$$

(10.1.4-5)式を(10.1.4-4)式に代入すると，

$$\sum_n [\hat{H}_0 + \hat{H}'(t)] c_n(t) \psi_n^{(0)}(\vec{r}) \exp\left(-\frac{iE_n^{(0)}}{\hbar}t\right)$$

$$= i\hbar \sum_n \frac{\partial}{\partial t} c_n(t) \psi_n^{(0)}(\vec{r}) \exp\left(-\frac{iE_n^{(0)}}{\hbar}t\right)$$

$$= i\hbar \sum_n \left[\frac{dc_n(t)}{dt} - \frac{i}{\hbar} c_n(t) E_n^{(0)}\right] \psi_n^{(0)}(\vec{r}) \exp\left(-\frac{iE_n^{(0)}}{\hbar}t\right) \quad (10.1.4\text{-}6)$$

となる．(10.1.4-3)式を(10.1.4-6)式に代入し整理すると，

$$\sum_n c_n(t) \hat{H}'(t) \psi_n^{(0)}(\vec{r}) \exp\left(-\frac{iE_n^{(0)}}{\hbar}t\right) = i\hbar \sum_n \frac{dc_n(t)}{dt} \psi_n^{(0)}(\vec{r}) \exp\left(-\frac{iE_n^{(0)}}{\hbar}t\right)$$

$$(10.1.4\text{-}7)$$

となる．この式の両辺に左から $\left\{\psi_f^{(0)}(\vec{r}) \cdot \exp\left(-\frac{iE_n^{(0)}}{\hbar}t\right)\right\}^*$ をかけて積分すると，$\langle f|n\rangle = \delta_{fn}$ の直交関係より，

$$\frac{dc_f(t)}{dt} = -\frac{i}{\hbar} \sum_n c_n(t) H'_{fn}(t) \exp(i\omega_{fn}t) \quad (10.1.4\text{-}8)$$

を得る．上式の ω_{fn} と H'_{fn} は，

$$\omega_{fn} = \frac{E_f^{(0)} - E_n^{(0)}}{\hbar} \quad (10.1.4\text{-}9)$$

および

$$H'_{fn}(t) = \int \psi_f^{(0)*}(\vec{r}) \hat{H}'(t) \psi_n^{(0)}(\vec{r})\, \mathrm{d}v \qquad (10.1.4\text{-}10)$$

である．

ここで，時間に依存しない摂動法と同様に，$\hat{H}'(t)$ を $\lambda\hat{H}'(t)$ と置き換え，$c_n(t)$ を次式のように展開する．

$$c_n(t) = c_n^{(0)}(t) + \lambda c_n^{(1)}(t) + \lambda^2 c_n^{(2)}(t) + \cdots \qquad (10.1.4\text{-}11)$$

上の式を(10.1.4-8)式に代入し，両辺の，λのべきの係数を比較すると，$\lambda = 0$ の項は，

$$\frac{\mathrm{d}c_f^{(0)}(t)}{\mathrm{d}t} = 0 \qquad (10.1.4\text{-}12)$$

$\lambda = 1$ の項は，

$$\frac{\mathrm{d}c_f^{(1)}(t)}{\mathrm{d}t} = -\frac{\mathrm{i}}{\hbar}\sum_n c_n^{(0)}(t) H'_{fn}(t) \exp(\mathrm{i}\omega_{fn} t) \qquad (10.1.4\text{-}13)$$

$\lambda = 2$ の項は，

$$\frac{\mathrm{d}c_f^{(2)}(t)}{\mathrm{d}t} = -\frac{\mathrm{i}}{\hbar}\sum_n c_n^{(1)}(t) H'_{fn}(t) \exp(\mathrm{i}\omega_{fn} t) \qquad (10.1.4\text{-}14)$$

となる．また，$\lambda = 3$ 以上の項も同様にして求めることができる．

したがって，上式から逐次積分により，$c_f^{(0)}$，$c_f^{(1)}$，$c_f^{(2)}$，…を求めることができる．

今簡単化のために，時刻 $t = 0$ の i 状態（初期状態）の場合を考える．$t = 0$ のとき，摂動は働いていない．このとき，波動関数を規格化すると，

$$c_i^{(0)}(0) = 1 \qquad (10.1.4\text{-}15)$$

を得る.この値を用いると,(10.1.4-13)式は,

$$\frac{\mathrm{d}c_f^{(1)}(t)}{\mathrm{d}t} = -\frac{\mathrm{i}}{\hbar} H'_{fi}(t) \exp(\mathrm{i}\omega_{fi}t) \qquad (10.1.4\text{-}16)$$

となる.この微分方程式を解いて,

$$c_f^{(1)}(t) = -\frac{\mathrm{i}}{\hbar} \int_0^t H'_{fi}(t) \exp(\mathrm{i}\omega_{fi}t)\mathrm{d}t \qquad (10.1.4\text{-}17)$$

を得る.すなわち,摂動ハミルトニアン $\hat{H}'(t)$ を与えると,$c_f^{(1)}(t)$ を求めることができる.さらに,逐次積分していけば,高次の項を求めることができる.

ここで,時刻 $t=0$ の i 状態(初期状態)にあった系に,摂動が $t=0$ から t_1 時間の間に加わるものとする.すなわち,図 10.1.4-1 のように摂動が加わるものとする.このときの,系の遷移確率は,次式のように求められる.ただし時間 t は $t > t_1$ とする.

$$P_{i \to f}(t) = |c_f^{(1)}(t)|^2 \qquad (10.1.4\text{-}18)$$

ここで $t > t_1$ の場合,(10.1.4-17)式における $H'_{fi}(t)$ は時間に依存しなくなるので,

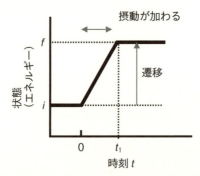

図 10.1.4-1　ある時間にのみ摂動が加わる系

$$c_f^{(1)}(t) = -\frac{H'_{fi}}{\hbar}\frac{\exp(i\omega_{fi}t) - 1}{\omega_{fi}} \qquad (10.1.4\text{-}19)$$

となる．したがって，遷移確率は，

$$P_{i\to f}(t) = \frac{4|H'_{fi}|^2}{\hbar^2}\frac{\sin^2\left(\frac{1}{2}\omega_{fi}t\right)}{\omega_{fi}^2} \qquad (10.1.4\text{-}20)$$

となる．すなわち，遷移行列要素 $H'_{fi} \neq 0$ のとき，遷移は生じ，$H'_{fi} = 0$ のときには，遷移は生じないことになる．10.1.5 項では，その例について述べるのでよく理解してほしい．

10.1.5　遷移の選択則（1 次元調和振動子）

10.1.4 項で述べたように，遷移が生じるか生じないかは，(10.1.4-10)式で表される遷移行列要素によって決定される．電子からなる調和振動子の系に，電場が印加される場合，電場 $\vec{E}$ の印加を摂動として考えると，摂動ハミルトニアンは，次式のようになる．

$$\begin{aligned}\hat{H}'_{ij} &= -e\vec{r}\cdot\vec{E} \\ &= -e(xE_x + yE_y + zE_z)\end{aligned} \qquad (10.1.5\text{-}1)$$

ここで，E_x, E_y, E_z は，それぞれ，x, y, z 方向の電場成分である．

1 次元調和振動子の波動関数は，(6.6-32)式より次式で表される．

$$\varphi_i^{(0)}(x) = A_i H_i(\xi)\exp\left(-\frac{\xi^2}{2}\right) \qquad (10.1.5\text{-}2)$$

ここで，$H_i(\xi)$ はエルミートの多項式(3.3-29)式であり，また，

$$A_i = \sqrt{\frac{\alpha}{\pi^{\frac{1}{2}}2^n n!}}, \quad \alpha = \sqrt{\frac{m_e\omega}{\hbar}} \qquad (10.1.5\text{-}3)$$

である.

1次元調和振動子において，遷移するかどうかは，次の積分

$$H'_{ij} = \int_{-\infty}^{\infty} \varphi_i^{(0)*}(x) x \varphi_j^{(0)}(x) \mathrm{d}x \tag{10.1.5-5}$$

で決定されることになる.

$\xi = \alpha x$ であるので，遷移確率 $P_{i \to j}$ は，

$$P_{i \to j} \propto \int_{-\infty}^{\infty} H_i(\xi) \xi H_j(\xi) \exp(-\xi^2) \mathrm{d}\xi \tag{10.1.5-6}$$

となる．エルミート多項式の漸化式，(3.3-32)式より，

$$\xi H_j(\xi) = \frac{1}{2}(H_{j+1}(\xi) + 2j H_{j-1}(\xi)) \tag{10.1.5-7}$$

であるので，これを(10.1.5-6)式に代入すると，

$$P_{i \to j} \propto \int_{-\infty}^{\infty} H_i(\xi)[H_{j+1}(\xi) + 2j H_{j-1}(\xi)] \exp(-\xi^2) \mathrm{d}\xi \tag{10.1.5-8}$$

となる．エルミート多項式の直交関係を考慮すると，(10.1.5-6)式が0にならないためには，$i = j \pm 1$ である必要がある．言い換えれば，一次元調和振動子は，量子数が1異なる状態間でのみ遷移が生じるといえる．

10.1.6 遷移の選択則（水素原子）

次に，水素原子に電場を印加したときの状態間遷移について考える．すなわち，電磁波を照射したときに，電磁波を吸収して高いエネルギー状態に遷移する場合と，水素原子がエネルギーを電磁波の形で放出して，低いエネルギー状態に遷移する場合に関して，どの遷移が許可されて，どの遷移が許可されないかについて考える．

10.1 摂動法

水素原子の波動関数は，(5.2-34)式の u_{n,l,m_l} を ψ_{n,l,m_l} と置くと，

$$\psi_{n,l,m_l}(r,\theta,\varphi) = R_{n,l}(r) Y_{l,m_l}(\theta,\varphi) \qquad (10.1.6\text{-}1)$$

で表される．ここで，(10.1.4-10)式の遷移行列要素は，x成分を例にとると，

$$H'_{ij} = \int \psi_i^{(0)*}(\vec{r}) x \psi_j^{(0)}(\vec{r}) \, dv \qquad (10.1.6\text{-}2)$$

となる．ここで $i,\ j$ は，それぞれ三つの量子数 (n, l, m_l) の組み合わせを表している．

極座標系で書くと，(10.1.6-1)式より，

$$H'_{ij} = \int_0^\infty R_{n,l}(r) r R_{n',l'}(r) r^2 dr \int_0^\pi \int_0^{2\pi} Y_{l,m_l}^*(\theta,\varphi) f(\theta,\varphi) Y_{l',m_{l'}}(\theta,\varphi) \sin\theta d\theta d\varphi \qquad (10.1.6\text{-}3)$$

である．

ここで，x軸方向の電場に対しては，

$$f(\theta,\varphi) = \sin\theta \cos\varphi \qquad (10.1.6\text{-}4)$$

y軸方向の電場に対しては，

$$f(\theta,\varphi) = \sin\theta \sin\varphi \qquad (10.1.6\text{-}5)$$

z軸方向の電場に対しては，

$$f(\theta,\varphi) = \cos\theta \qquad (10.1.6\text{-}6)$$

である．

状態間遷移を考えるとき，半径方向の r に関しては，電子の軌道は相似形であるから，

$$\int_0^\infty R_{n,l} r R_{n',l'} r^2 dr \neq 0 \qquad (10.1.6\text{-}7)$$

である．このことは，遷移に関して，主量子数 n に対する制限はないことを意味する．このため，遷移の選択則は，角度成分のみ寄与する．ここで，最も式の単純な z 軸方向の電場印加について考える．

角度に関係する球面調和関数 $Y(\theta, \varphi)$ は，N_{l,m_l} を規格化定数とすると，

$$Y(\theta, \varphi) = N_{l,m_l} P_l^{|m_l|}(\cos\theta) \exp(\mathrm{i}m_l\varphi) \quad (10.1.6\text{-}8)$$

である．したがって，遷移行列要素は，

$$H_{ij}^t \propto \int_0^\pi P_l^{|m_l|}(\cos\theta) P_{l'}^{|m_{l'}|}(\cos\theta) \cos\theta \sin\theta \mathrm{d}\theta \cdot \int_0^{2\pi} \exp[\mathrm{i}(m_{l'} - m_l)\varphi] \mathrm{d}\varphi \quad (10.1.6\text{-}9)$$

となる．ここで，積分の 2 項目を見ると，$m_{l'} = m_l$ のときのみ，常に 2 項目が 0 にならないことがわかる．すなわち，磁気量子数は変化しない遷移のみ許可される．次に，(10.1.6-9)式における 1 項目の積分について考える．積分は，

$$I = \int_0^\pi P_l^{|m_l|}(\cos\theta) P_{l'}^{|m_{l'}|}(\cos\theta) \cos\theta \sin\theta \mathrm{d}\theta \quad (10.1.6\text{-}10)$$

となる．ここで，$\zeta = \cos\theta$ と置くと，

$$I = \int_{-1}^1 P_l^{|m_l|}(\zeta) P_{l'}^{|m_{l'}|}(\zeta) \zeta \mathrm{d}\zeta \quad (10.1.6\text{-}11)$$

となる．

また，ルジャンドル陪関数の漸化式，

$$\zeta P_l^{|m_l|}(\zeta) = \frac{l + |m_l|}{2l + 1} P_{l-1}^{|m_l|}(\zeta) + \frac{l - |m_l| + 1}{2l + 1} P_{l+1}^{|m_l|}(\zeta) \quad (10.1.6\text{-}12)$$

より，(10.1.6-11)式は，

$$I = \int_{-1}^1 \left[\frac{l + |m_l|}{2l + 1} P_{l-1}^{|m_l|}(\zeta) + \frac{l - |m_l| + 1}{2l + 1} P_{l+1}^{|m_l|}(\zeta) \right] P_{l'}^{|m_{l'}|}(\zeta) \mathrm{d}\zeta \quad (10.1.6\text{-}13)$$

となるから，ルジャンドル陪関数の直交性より，$l' = l \pm 1$ のときのみ，遷移が許可される．すなわち，方位量子数の変化は ± 1 である．

以上についてまとめると，z 軸方向の電場印加に関しては，

$$m_{l'} = m_l \quad (10.1.6\text{-}14)$$

$$l' = l \pm 1 \quad (10.1.6\text{-}15)$$

の条件を満たす遷移のみ許され，また，逆に，上記条件を満たす場合，z 軸方向に振動する電磁波を放出する．

x 軸方向，y 軸方向の電場に関しては，

$$\cos\varphi = \frac{\exp(i\varphi) + \exp(-i\varphi)}{2} \quad (10.1.6\text{-}16)$$

$$\sin\varphi = \frac{\exp(i\varphi) - \exp(-i\varphi)}{2i} \quad (10.1.6\text{-}17)$$

の関係を用いて，(10.1.6-9)式を考えると，m_l に関しては，

$$I = \int_0^{2\pi} \exp\{i[m_{l'} - (m_l \pm 1)]\varphi\}d\varphi \quad (10.1.6\text{-}18)$$

について考えればよく，

$$m_{l'} = m_l \pm 1 \quad (10.1.6\text{-}19)$$

となる．また，ルジャンドル陪関数の部分は，z 軸方向の電場印加の場合と同様であり，$l' = l \pm 1$ となる．

以上についてまとめると，

主量子数の変化：無制限

方位量子数の変化：± 1

磁気量子数の変化：0（z 軸方向の電場印加），± 1（x 軸，y 軸方向の電場印加）

となる.

10.2 変分法

10.2.1 変分法の概要

　摂動法においては，求める固有関数あるいは固有値の収束が悪い場合には，高次までの計算が必要になるという欠点がある．そこで，もう一つの近似方法として変分法を説明する．

　シュレディンガー方程式の一般形として，再び次式から出発する．

$$\hat{H}\psi_n = E_n\psi_n \tag{10.2.1-1}$$

ここで固有関数が規格化されているとすると，エネルギー固有値は次式で得られる．

$$E_n = \int \psi_n{}^* \hat{H} \psi_n \, dv \tag{10.2.1-2}$$

　しかしながら，多体系の場合には，解析的に真の固有関数を求めることができないことを述べてきた．このことは，また，真のエネルギー固有値も求めることができないことを意味する．

　そこで，真の固有関数ではないが，真の固有関数に近い既知で連続な関数 φ （これを試行関数という）を導入する．このとき，この関数の中に変数を導入したり，あるいは，関数の線形結合を考えるならその係数を変数にして，関数に変化をもたらすようにしておく．また，この関数あるいは線形結合された関数を規格化しておく．その場合，試行関数 φ に対するエネルギー，E_V，は次式で求められる．

$$E_V = \int \varphi^* \hat{H} \varphi \, dv \tag{10.2.1-3}$$

(10.2.1-3)式により求められる最も低いエネルギー固有値を $E_{V,\min}$ とする

と（試行関数に入れた変数を用いて最小化を図る），常に次のような関係

$$E_{V,\min} \geq E_{\min} \qquad (10.2.1\text{-}4)$$

となる．

　すなわち，試行関数を用いて得られたエネルギー固有値は，真の値以上の値である．以上に示したように，真の値に近い固有値を有する試行関数を無理のない条件で求める方法を変分法と呼んでいる．次項では，その例を挙げるので，解き方をしっかり学んでほしい．

10.2.2　ヘリウム原子への変分法の適用

　ヘリウム（He）原子が基底状態にあるときには，二つの電子は，ともに 1s 軌道にある．二つの電子の位置の関係を考えると，電子 2 と原子核の間に電子 1 がある場合，電子 2 は原子核の核電荷 +2e より小さい核電荷を感じている．これを有効核電荷という．有効核電荷は，ヘリウム以外の原子の場合を含めて $+Z'e$ とする．Z' は Z よりも小さな値になる．この Z' をパラメータとする．ヘリウムの場合は，Z' は 1 から 2 の間にあるものと考えられる．このとき，(10.1.2-3)式より，二つの電子の波動関数は，次のようになる．

$$\psi_1 = \left(\frac{1}{\pi}\right)^{\frac{1}{2}}\left(\frac{Z'}{a_0}\right)^{\frac{3}{2}}\exp\left(\frac{-Z'r_1}{a_0}\right)$$

$$\psi_2 = \left(\frac{1}{\pi}\right)^{\frac{1}{2}}\left(\frac{Z'}{a_0}\right)^{\frac{3}{2}}\exp\left(\frac{-Z'r_2}{a_0}\right) \qquad (10.2.2\text{-}1)$$

したがって，He 原子における電子の波動関数は，(10.2.2-1)式の二つの式の積になり，

$$\psi = \psi_1\psi_2 = \left(\frac{1}{\pi}\right)\left(\frac{Z'}{a_0}\right)^3\exp\left(\frac{-Z'(r_1+r_2)}{a_0}\right) \qquad (10.2.2\text{-}2)$$

となる．(10.1.2-1)式より，He原子における電子1と2のハミルトニアンをそれぞれ，以下のように考える．

$$\hat{H}_1 = \left(-\frac{\hbar^2}{2m_e}\right)\Delta_1 - \frac{Z'e^2}{4\pi\varepsilon_0 r_1}$$

$$\hat{H}_2 = \left(-\frac{\hbar^2}{2m_e}\right)\Delta_2 - \frac{Z'e^2}{4\pi\varepsilon_0 r_2} \quad (10.2.2\text{-}3)$$

ここで，(10.1.2-1)式より，二つの水素類似原子（核電荷$+Ze$）のハミルトニアンに，2個の電子の間の相互作用を加えたハミルトニアンは，

$$\hat{H} = \left(-\frac{\hbar^2}{2m_e}\right)\Delta_1 - \frac{Ze^2}{4\pi\varepsilon_0 r_1} + \left(-\frac{\hbar^2}{2m_e}\right)\Delta_2 - \frac{Ze^2}{4\pi\varepsilon_0 r_2} + \frac{e^2}{4\pi\varepsilon_0 r_{12}}$$
$$(10.2.2\text{-}4)$$

となり，この式を変形すると，

$$\hat{H} = \left(-\frac{\hbar^2}{2m_e}\right)\Delta_1 - \frac{Z'e^2}{4\pi\varepsilon_0 r_1} - \frac{Ze^2}{4\pi\varepsilon_0 r_1} + \frac{Z'e^2}{4\pi\varepsilon_0 r_1}$$
$$+ \left(-\frac{\hbar^2}{2m_e}\right)\Delta_2 - \frac{Z'e^2}{4\pi\varepsilon_0 r_2} - \frac{Ze^2}{4\pi\varepsilon_0 r_2} + \frac{Z'e^2}{4\pi\varepsilon_0 r_2} + \frac{e^2}{4\pi\varepsilon_0 r_{12}}$$
$$= (\hat{H}_1 + \hat{H}_2) - (Z-Z')\left(\frac{e^2}{4\pi\varepsilon_0 r_1} + \frac{e^2}{4\pi\varepsilon_0 r_2}\right) + \frac{e^2}{4\pi\varepsilon_0 r_{12}} \quad (10.2.2\text{-}5)$$

となる．(10.2.2-5)式を用いると，系全体のエネルギーは次式で得られる．

$$E = \iint \psi^* \hat{H} \psi \, \mathrm{d}v_1 \mathrm{d}v_2$$
$$= \iint \psi^* (\hat{H}_1 + \hat{H}_2) \psi \, \mathrm{d}v_1 \mathrm{d}v_2 - \frac{(Z-Z')e^2}{4\pi\varepsilon_0} \iint \psi^* \left(\frac{1}{r_1} + \frac{1}{r_2}\right) \psi \, \mathrm{d}v_1 \mathrm{d}v_2$$
$$+ \iint \psi^* \frac{e^2}{4\pi\varepsilon_0 r_{12}} \psi \, \mathrm{d}v_1 \mathrm{d}v_2 \quad (10.2.2\text{-}6)$$

(10.2.2-6)式の 1 項目は，水素類似原子における計算と同じになるので，水素原子の基底状態のエネルギー固有値を $E_{H_{1s}}$ とすると，

$$\iint \psi^*(\hat{H}_1 + \hat{H}_2)\psi \mathrm{d}v_1 \mathrm{d}v_2 = 2Z'^2 E_{H_{1s}} \tag{10.2.2-7}$$

となる．(10.2.2-6)式の 2 項目の積分における以下の部分は，

$$\iint \psi^*\left(\frac{1}{r_1} + \frac{1}{r_2}\right)\psi \mathrm{d}v_1 \mathrm{d}v_2 = 2\int \frac{{\psi_1}^2}{r_1}\mathrm{d}v_1 \tag{10.2.2-8}$$

となり，さらに，(10.2.2-1)式より（二つの式は等価で独立なので），

$$\iint \psi^*\left(\frac{1}{r_1} + \frac{1}{r_2}\right)\psi \mathrm{d}v_1 \mathrm{d}v_2$$

$$= 2\int \frac{{\psi_1}^2}{r_1}\mathrm{d}v_1$$

$$= \frac{2Z'^3}{\pi a_0^3}\int_0^\infty \int_0^\pi \int_0^{2\pi} \frac{1}{r_1}\exp\left(-\frac{2Z'r_1}{a_0}\right){r_1}^2 \sin\theta \mathrm{d}\varphi \mathrm{d}\theta \mathrm{d}r_1$$

$$= \frac{2Z'^3}{\pi a_0^3} 4\pi \frac{{a_0}^2}{4Z'^2}$$

$$= \frac{2Z'}{a_0} \tag{10.2.2-9}$$

となる．上記の計算においては，公式

$$\int_0^\infty x^n \exp(-ax)\mathrm{d}x = \frac{n!}{a^{n+1}} \tag{10.2.2-10}$$

を用いた．
　したがって，以上の計算を用いると 2 項目は，

$$-\frac{(Z-Z')e^2}{4\pi\varepsilon_0}\iint \psi^*\left(\frac{1}{r_1}+\frac{1}{r_2}\right)\psi \mathrm{d}v_1\mathrm{d}v_2 = -\frac{(Z-Z')e^2}{4\pi\varepsilon_0}\frac{2Z'}{a_0}$$

$$=\frac{-(Z-Z')Z'e^2}{2\pi a_0\varepsilon_0}$$

$$=\frac{-(Z-Z')Z'm_\mathrm{e}e^4}{2\varepsilon_0^2 h^2}$$

$$=(4Z'Z-4Z'^2)E_{\mathrm{H1s}}$$
(10.2.2-11)

となる．最後に 3 項目について考える．3 項目の式の形は摂動法における (10.1.2-17)式と同じである．したがって，3 項目は，

$$\iint \psi^*\frac{e^2}{4\pi\varepsilon_0 r_{12}}\psi \mathrm{d}v_1\mathrm{d}v_2 = -\frac{5}{4}Z'E_{\mathrm{H1s}} \qquad (10.2.2\text{-}12)$$

となる．以上ですべての項の計算ができたのでその合計のエネルギーである (10.2.2-6)式は，

$$E=\iint \psi^*\hat{H}\psi \mathrm{d}v_1\mathrm{d}v_2$$

$$=2Z'^2E_{\mathrm{H1s}}+(4Z'Z-4Z'^2)E_{\mathrm{H1s}}-\frac{5}{4}Z'E_{\mathrm{H1s}}$$

$$=\left(-2Z'^2+4ZZ'-\frac{5}{4}Z'\right)E_{\mathrm{H1s}} \qquad (10.2.2\text{-}13)$$

となる．このエネルギーを最低にする Z' は，

$$\frac{\partial E}{\partial Z'}=\left(-4Z'+4Z-\frac{5}{4}\right)=0$$

により，$Z'=Z-\dfrac{5}{16}$ \qquad (10.2.2-14)

となる．ここで He 原子は $Z = 2$ であるから，

$$Z' = \frac{27}{16} \tag{10.2.2-15}$$

を得る．これより，有効核電荷は

$$Z'e = \frac{27}{16}e \tag{10.2.2-16}$$

となる．得られた値を使って，(10.2.2-13)式よりエネルギーを求めると，77.5 eV となり，実験値にきわめて近い値となる．

問題 10-1 1 次元の調和振動子のハミルトニアンは次式のようになる．

$$\hat{H}_0 = -\frac{\hbar^2}{2m_e}\frac{d^2}{dx^2} + \frac{1}{2}m_e\omega^2 x^2$$

ここで，m_e は粒子の質量，ω は振動の周波数である．
また，調和振動子のエネルギー固有値は，n を量子数として，次のようになる．

$$E_0 = \left(n + \frac{1}{2}\right)\hbar\omega$$

この系の基底状態のエネルギー固有値は，

$$E_0 = \frac{1}{2}\hbar\omega$$

であり，波動関数は次式のようになる．

$$\psi_0^{(0)}(x) = \left(\frac{m_e\omega}{\pi\hbar}\right)^{\frac{1}{2}}\exp\left(\frac{-m_e\omega}{2\hbar}x^2\right)$$

(1) この系に $\hat{H}' = cx$ の摂動が加わったときの 1 次の摂動エネルギーを求めよ（c は定数）．
(2) 同様に，2 次の摂動エネルギーを求めよ．

問題 10-2 1 次元調和振動子の基底状態のエネルギー固有値を変分法により求めよ．通常，変分法では，計算可能な既知の関数を試行関数として導入し，何種類もの計算を行い，最もエネルギーの低くなる結果を採用する．本問題では，ポテンシャルエネルギーが原点に対して対称であること，原点から無限遠では，波動関数が零になることから，試行関数として，$\varphi(x) = A\exp(-ax^2)$ を導入する．ただし，ここで A は規格化定数，a は未知のパラメータであり，$A > 0$，$a > 0$ とする．計算には下記の公式を用いてよい．

$$\int_{-\infty}^{\infty} \exp(-ax^2)\,dx = \sqrt{\frac{\pi}{a}}$$

$$\int_{-\infty}^{\infty} x^2 \exp(-ax^2)\,dx = \frac{1}{2a}\sqrt{\frac{\pi}{a}}$$

問題 10-3 (10.1.2-19)式が成り立つことを示せ．

第 11 章

材料の物性と分析

　本章では，代表的な材料と材料特性を取り上げている．具体的には半導体，磁性，超伝導であり，これらは 20 世紀から 21 世紀にかけて常に理工系分野の主役であり，それは今後も変わらないであろう．また，この章の最後に，材料物性の評価に使用される X 線や電子顕微鏡等の分析原理について紹介する．この際に，できるだけ本書で説明してきた量子力学の知識をもとに紹介しよう．なお，ここに示した材料や分析・解析装置の原理は，それだけで本が何冊も書けるきわめて範囲の広い分野である．興味を持った読者は，是非さらなる学習に進んでいただきたい．

11.1　半導体

11.1.1　不純物の影響

　半導体は，現在の社会においてなくてはならない材料である．身の回りにあるパソコンやスマートフォンなどの通信端末はすべて半導体のおかげで成り立っている．これらの恩恵が無い現代社会は考えられないであろう．
　第 3 章にて扱ったクローニッヒ–ペニーモデルによれば，電子のエネルギーがとり得る範囲には制限があり，許容帯と禁制帯に分かれることを述べた．金属は，電子が許容帯の一部まで占有している状態であるため，わずかなエネルギーで上のエネルギー準位に励起することができる．そのため，金

属の場合は，電子はほとんど自由に動くことができ，電気抵抗は小さい．一方，絶縁体の場合は，許容帯が全部占有されている状態で，電子を上のエネルギーまで励起させるには，禁制帯を超えるエネルギーで励起させなければならず，励起させることが難しい．そのため電子移動が難しく，電気抵抗はきわめて大きい．半導体は，金属と絶縁体の中間に位置するが，単に電気抵抗が中間的であるというだけでなく，多くの特性を示す．

表8.4-1にあるように，ケイ素（Si）原子は3s，3pに，ゲルマニウム（Ge）原子は4s，4pに電子が四つ，すなわち，最外殻に電子が四つある元素である．このような固体の結晶中に，リン（P）原子，ヒ素（As）原子などの最外殻に電子が5個ある元素（5価の元素）を少し混ぜたとしよう．このとき，P原子は，Si原子などの母材原子と入れ替わる形で配置してくる．そのため，P原子の外側5個の電子のうち，4個は，隣のSi原子の4個の電子と対を作る．しかし，5番目の電子は，対を作る電子がいないので，P原子からの束縛を逃れ，比較的自由に移動することができるようになり，これによる導電性が生じてくる．図11.1.1-1(a)は，このことを説明した図である．P原子を混ぜることにより，一つ上の許容帯の下にエネルギー準位ができ，そこにある電子（P原子の5番目の電子）が，上の許容帯に励起され，移動できるようになることを示している．

P原子の代わりに，3価の不純物，例えば，ホウ素（B）原子，アルミニ

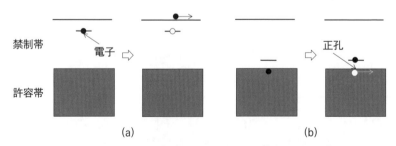

図11.1.1-1　4価半導体に不純物を混ぜたときの状態
(a)：5価の不純物の場合，(b)：3価の不純物の場合

ウム (Al) 原子，インジウム (In) 原子などを混ぜた場合はどうなるのであろうか．これらは，最外殻に電子を 3 個もっているので，これらは隣の Si 原子と対を作るが，対を作るのには電子が 1 個足りない．そこで強引に 1 個の電子を隣の原子から引き受けると，隣の原子の電子が一つ足りなくなることになる．電子が足りなくなった Si 原子は，さらに隣の Si 原子から電子を引き受けるかもしれない．電子が 1 個足りなくなっている状態を，許容帯に空席が一つできたと考え，これを正孔と表現する．この正孔が比較的自由に動くことができるようになるため，これによる導電性が生じる．図 11.1.1-1(b) はこのことを説明している．

11.1.2　p-n 接合

前項で述べたように，半導体に不純物を添加して図 11.1.1-1 で示した電子状態を導入している．(a) の場合は n 型半導体，(b) の場合は p 型半導体と呼ぶ．半導体の特徴的な現象が見られるのは，この二つのタイプの半導体を接合させたときであろう．これを p-n 接合と呼ぶ．このとき電子の動きはどうなるのであろうか．

図 11.1.2-1 に p-n 接合の状態を示した．始めは (a) の状態で接合されると，p 型側では正孔が，n 型では電子が存在し，境界面を通して相手側へ拡散していき結びつく．そのため，接合部界面で，正孔，電子が存在しない空

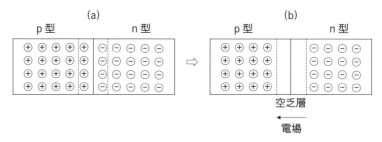

図 11.1.2-1　p-n 接合

乏層が形成される．しかし，この空乏層は，試料全体に広まることは無い．なぜなら，n型側から電子がp型側に侵入すると，p型側は電気的には，マイナスが過多となり，逆に，n型側はプラスが過多となるため，図11.1.2-1(b)のような方向に電場が形成されるためである．これにより，電子および正孔は，これ以上相手側に侵入できなくなる．図11.1.2-1は，移動できる電子および正孔を，＋や－で表現しているが，これら電子や正孔を提供した不純物は，それぞれ逆の電荷に帯電しており，接合前では，電気的には中性であった点に注意したい．

　それでは，このp-n接合に電圧を加えた場合どうなるのであろうか．電圧は，加える方向により，図11.1.2-1(b)に形成されている電場を増加させる方向と，逆に反対側の電場を形成させる方向の2通りがあるであろう．電流が流れるためには，電子や正孔が移動しなければならないが，電場を増加させる方向に電圧を加えた場合は，流れる電流も小さい．しかし，電場を減少する方向に電圧を加えた場合は，流れる電流はそれだけ大きくなるであろう．これは，p-n接合が，整流作用があることを示している．ここで，電流が流れる方向の電圧を順方向電圧，電流が流れない方向の電圧を逆方向電圧という．なお，図11.1.2-1で，電流が流れ続けるといつかは正孔や伝導電子が消費しつくされる，という心配は不要である．電圧を加えている電源により，p型側に侵入した伝導電子は，回路を一周する形で，再びn型側に供給されるからである．

11.1.3　発光ダイオード

　半導体のメリットは，整流作用があるだけではない．トランジスタとして，増幅作用も発現できているが，ここでは，発光ダイオードについて説明したい．p-n接合のとき，p型側とn型側の化学ポテンシャルに違いがあると，熱平衡状態では，化学ポテンシャルが一致するようになるため，図11.1.3-1のような状態になる．

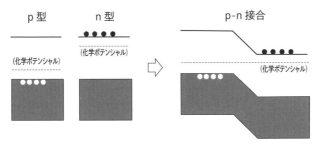

図 11.1.3-1 発光ダイオードの p-n 接合

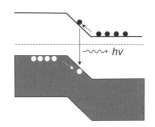

図 11.1.3-2 発光ダイオード

　図 11.1.3-1 の状態になっている p-n 接合に，順方向電圧をかけると電流が流れるが，このとき，伝導電子と正孔が結合することで光を放つように半導体を選択しておく．図 11.1.3-2 は，電子と正孔が結びつき，光子を放出している様子を表現したものである．

11.1.4　トンネルダイオード

　次に，トンネルダイオードの例を挙げてみよう．トンネルダイオードは，図 11.1.4-1 のような電流電圧特性をもつものである．特徴的なのは，ある領域において，電圧が増加すると電流が減少する領域が存在することである．トンネルダイオードの場合，不純物を通常の p-n 接合の半導体より高濃度になるようにする．このとき，不純物準位のところに，不純物帯というエネルギー帯ができ，また接合部にできる空乏層が，先ほど説明した通常の

p-n 接合より狭くなり，トンネル効果が発現する．図 11.1.4-1 の左側にあるように，電圧を上げていくと，電流が減少する領域が発生する．これを負性抵抗とよぶ．

図 11.1.4-2 は，トンネルダイオードのエネルギー状態を示した図で，(a)〜(d) が図 11.1.4-1 左側の (a)〜(d) に対応する．図 11.1.1-1 では，伝導電子は黒点（●）で表されていたが，不純物帯が形成されているので，図 11.1.4-2 では，不純物帯が，n 型側では灰色の領域で，p 型側では白色で表されている．順方向に電圧をかけることで，不純物帯の位置関係が変化していき，(b) では空乏層でのトンネル効果（第 3 章 3.4 節に記述した）により伝導電子の移動が見られるが，さらに電圧を上げると，トンネリングができる電子が少なくなり，負性抵抗を示す．さらに電圧を上げると，トンネリングする電子が無くなり，通常の p-n 接合となる．

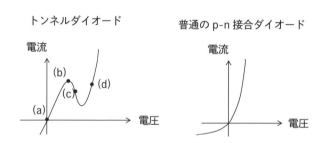

図 11.1.4-1　トンネルダイオードと通常の p-n 接合の電流電圧特性

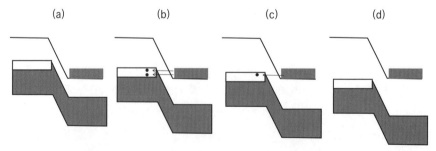

図 11.1.4-2　トンネルダイオードのエネルギー状態説明図

11.1.5 半導体レーザー

　p-n 接合の応用例としは,これ以外にも半導体レーザーがある.発光の原理は発光ダイオードと同じで,p-n 接合に対して,順方向に電圧をかけて電子と正孔を結合させるというものである.発光ダイオードの場合は,この光がそのまま外部に出るが,半導体レーザーの場合は,接合部に光が反射するように反射面を形成させ,光を閉じ込めておく.閉じ込められた光は,反射を繰り返すが,同時に,正孔と電子の結合が次々に生じるので,光は増幅されていく.反射面では,一部のレーザー光を透過させ残りを反射させる.反射した光は接合部を往復することで増幅されていくことになる.このような現象を生じさせるためには,効率よく正孔と電子が結合してくれなければならないので,半導体レーザーの場合,単純な p-n 接合ではなく,真ん中に p 型,n 型とは異なる半導体を導入している.ここに,光と,正孔・電子を多く導入することでレーザー発振を可能としている.

11.2　磁　性

11.2.1　磁性材料

　磁性材料は,低い磁場により大きな磁化を生じる軟磁性材料と,比較的高い磁場でも硬化しにくい永久磁石のような硬磁性材料に分かれる.軟磁性材料の用途としては,変圧器,発電機,モーター磁心などがあり,主な材料としては,純鉄,電磁鋼(シリコンを数%添加),Fe-Ni 合金,Mn-Zn／Ni-Zn フェライトなどがある.永久磁石用としては,炭素鋼(炭素を 0.9%程度添加など),アルニコ鋼(Ni,Co,Al などを添加),白金合金(Pt-Fe,Pt-Co など)がある.歴史的には,本多光太郎(1870−1954)が KS 鋼を作ったのが 1916 年でそれ以降良好な永久磁石材が開発されている.三島徳七(1893−1975)が開発した MK 鋼が続き,米国でこれを改良しアルニコ鋼になった.1970 年代になり,サ

マリウム（Sm），コバルト（Co）を材料とした通称サマコバが開発された．さらにその後，ネオジム（Nd）と鉄（Fe），ホウ素（B）を材料としたネオジム磁石が開発され，現在では世界で広く利用されている．

11.2.2 室温における強磁性体材料

室温において，強磁性を示す単体として，鉄（Fe），コバルト（Co），ニッケル（Ni），ガドリニウム（Gd）が知られている．強磁性体になるかどうかは，第9章9.2節の水素分子の章で示したJ_eの符号により説明されることが多い．この積分の正負は，原子間の距離に依存する．水素分子のハミルトニアン，(9.1-1)式のうち，水素分子になったために付け加えられたハミルトニアンを取り出してみると，

$$\hat{H} = \frac{e^2}{4\pi\varepsilon_0}\left(\frac{1}{R} + \frac{1}{r_{12}} - \frac{1}{r_{1b}} - \frac{1}{r_{2a}}\right) \quad (11.2.2\text{-}1)$$

である．J_eはこのハミルトニアンで計算される．そこで，軌道の大きさr（$\approx r_{1a}, r_{2b}$）と原子間距離Rで計算される，$R - 2r$を横軸に，J_eを縦軸にとってプロットすると，図11.2.2-1になり，これは，ベーテ-スレイター曲線（Bethe-Slater curve）と呼ばれている．なお，この曲線は理論的に計算されたものではなく，実験値からの推定である．そのため，定性的な傾向を示していると考えるべきである．この図から，J_eが正である領域はかなり狭い領域であることがわかる．J_eが正であれば，波動関数のスピン部分が同一方向を向くことが許され，強磁性体となり得る．図11.2.2-1によると，単体で強磁性を示すのは，Fe，Co，Niだけであることがわかる．図には載ってないが，Gdも単体で，強磁性を示すことが知られている．なお，Feは，高温では，体心立方構造から面心立方構造に変態する．このときのFeは常磁性であるが，これは原子間距離が変わるために生じているものと考えられる．

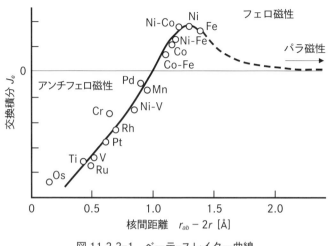

図 11.2.2-1 ベーテ-スレイター曲線

11.2.3 結晶場,軌道角運動量の消失

　角運動量を説明した第 7 章で,軌道角運動量とスピン角運動量の合成について述べたが,多電子系の場合でも角運動量を合成し,全角運動量 $\vec{J}$ が定義できる.これは,全軌道角運動量 $\vec{L}$ と全スピン角運動量 $\vec{S}$ の足し算で決まる.

$$\vec{J} = \vec{L} + \vec{S} \tag{11.2.3-1}$$

一方,角運動量が形成する各原子の磁気モーメント $\vec{\mu}$ は,(7.5-4)式に対応して,

$$\vec{\mu} = -\frac{\mu_B}{\hbar}(\vec{L} + 2\vec{S}) \tag{11.2.3-2}$$

で表される.(11.2.3-2)式では,$\vec{S}$ の前に係数 2 がついていることが話を少し複雑にしている.そのため,ランデの g 因子(Landé g-factor)とい

う因子が導入されている．すなわち，

$$\vec{\mu} = -\frac{\mu_\mathrm{B}}{\hbar} g \vec{J} \qquad (11.2.3\text{-}3)$$

となる．(11.2.3-2)式と(11.2.3-3)式に対しては少し説明が必要である．なぜなら，両式の右辺が一般には必ずしも平行ではないため，gをどんな値にしても，両式は同時には成り立たない．では，$\vec{\mu}$は，どちらで与えられるのであろうか．第7章7.6節で，スピン軌道相互作用がある場合，全軌道角運動量$\vec{L}$と全スピン角運動量$\vec{S}$は確定値をもたず，それらを合成した全角運動量$\vec{J}$が確定値をもつことを述べた．このような場合，(11.2.3-2)式の$\vec{\mu}$のうち，$\vec{J}$と直角方向成分は，任意の方向を向くことができるため，$\vec{\mu}$を計測した時，この成分は測定値に反映されなくなる．このような場合，$\vec{\mu}$の大きさを測定すると，

$$|\vec{\mu}| = \frac{\mu_\mathrm{B}}{\hbar} g |\vec{J}| = \frac{\mu_\mathrm{B}}{\hbar} g \hbar \sqrt{J(J+1)} = \mu_\mathrm{B} g \sqrt{J(J+1)} \qquad (11.2.3\text{-}4)$$

で表される．一方，例えば，$\vec{L} = 0$のときは，(11.2-3-2)式から，

$$|\vec{\mu}| = \frac{\mu_\mathrm{B}}{\hbar} 2|\vec{S}| = \frac{\mu_\mathrm{B}}{\hbar} 2\hbar \sqrt{S(S+1)} = \mu_\mathrm{B} 2\sqrt{S(S+1)} \qquad (11.2.3\text{-}5)$$

となる．$|\vec{\mu}|$の大きさをμ_Bを単位として定めると，(11.2-3-4)式では$g\sqrt{J(J+1)}$，(11.2.3-5)式では，$2\sqrt{S(S+1)}$となることがわかる．

それでは，実際の測定値がどうなっているか見てみよう．図11.2.3-1は，3d遷移元素における実験データと$g\sqrt{J(J+1)}$，$2\sqrt{S(S+1)}$の比較である．図11.2.3-1からは，実際の磁気双極子モーメントと合うのは，$g\sqrt{J(J+1)}$よりも$2\sqrt{S(S+1)}$のほうである．つまり，全軌道角運動量$\vec{L}$が消失していると考えるべきである．この理由は，結晶場の影響と考えられている．結晶場とは，結晶を形成しているイオンが作る電場が，イオンの配

置構造(面心立方,体心立方など)に依存することをいう.この結晶場の影響で 3d 軌道の縮退が解けてしまい,$L=0$ になっていると理解されている.そのため,原子がもつ磁気モーメントは,$2\sqrt{S(S+1)}$ で評価することができる.すなわち,S がよい量子数となっている.

　しかし,話はまだ済んでいない.それは,スピン軌道相互作用によって,軌道角運動量を部分的に生き返らせることにもなる.すなわち,軌道角運動量は結晶場の影響を受けているため,スピン軌道相互作用を通して,スピンのエネルギーも結晶軸との関係で変化していくこととなる.これを結晶磁気異方性という.磁気異方性とは,結晶の方向によって磁気的性質が異なることである.例えば,α 鉄(体心立方構造)の場合,〈100〉方向に磁場をかけたときが最も磁化されやすく,〈111〉方向では磁化されにくい.Ni はその逆である.それぞれを磁化容易方向,磁化困難方向と呼ぶ.結晶磁気異方性は,磁性を担っている電子の分布と結晶格子の関係で決まってくる.このように,スピン軌道相互作用は,異方性の一要因にもなる.

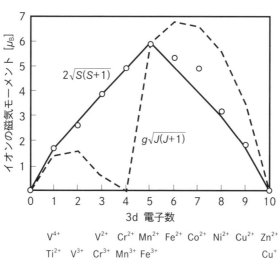

図 11.2.3-1　3d 遷移元素の磁気モーメント

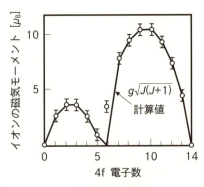

図 11.2.3-2　希土類元素の磁気モーメント

次に，希土類元素に話を進めよう．この場合，磁性を担っている電子は，4f 軌道に存在する電子である．図 11.2.3-2 は，希土類元素の 4f 電子数を横軸に，縦軸には，原子の磁気双極子モーメントをプロットしたものである．3d 電子の場合の図 11.2.3-1 と異なり，$g\sqrt{J(J+1)}$ と実際の磁気（双極子）モーメントがよく一致している．これは，軌道角運動量が消失していないということを意味している．希土類の場合，4f 電子は，電子の軌道としては，比較的内側に位置しており，結晶場の影響を受けにくい．そのため，$g\sqrt{J(J+1)}$ での評価ができるものと理解されている．

参考のため，表 11.2.3-1，表 11.2.3-2 に，3d 遷移元素，希土類元素の各イオンの電子状態を示した．なお，最低項とは，第 8 章 8.5 節で説明したフントの規則にしたがったエネルギーが最低になる多重項のことである．以上をまとめると，$\vec{L}$ と $\vec{S}$ が存在する場合は，J がよい量子数となり，(11.2.3-3) 式が有効となる．一方，$\vec{L} = 0$ の場合には，S がよい量子数となり，(11.2.3-2) 式が有効となる．

11.2.4　合金の磁気（双極子）モーメント

単体で強磁性を示す元素として Fe，Co，Ni があることを述べたが，例

表 11.2-3-1　3d 遷移原子の電子状態

イオン	電子数 全	電子数 3d	最低項	J	L	S	$2\sqrt{S(S+1)}$
K^+, Ca^{2+}, Sc^{3+}, Ti^{4+}, V^{5+}	18	0	$^1S_0$	0	0	0	0
Ti^{3+}, V^{4+}	19	1	$^2D_{3/2}$	3/2	2	1/2	1.73
V^{3+}	20	2	$^3F_2$	2	3	1	2.83
V^{2+}, Cr^{3+}	21	3	$^4F_{3/2}$	3/2	3	3/2	3.88
Cr^{2+}, Mn^{3+}	22	4	$^5D_0$	0	2	2	4.90
Mn^{2+}, Fe^{3+}	23	5	$^6S_{5/2}$	5/2	0	5/2	5.91
Fe^{2+}, Co^{3+}	24	6	$^5D_4$	4	2	2	4.90
Co^{2+}	25	7	$^4F_{9/2}$	9/2	3	3/2	3.88
Ni^{2+}	26	8	$^3F_4$	4	3	1	2.83
Cu^{2+}	27	9	$^2D_{5/2}$	5/2	2	1/2	1.73
Cu^+, Zn^{2+}	28	10	$^1S_0$	0	0	0	0

えば，Ni に Cu を添加した場合についてはどうなるであろうか．Ni は，3d 軌道に電子が 8 個入り，4s 軌道に電子が 2 個入っている状態である．しかし，一部の Ni 原子は，4s にある電子が 3d に入り込んでくるようになる．なぜ，10 個の電子が，3d 軌道に全部入っていかない理由は，多電子系のところで述べたように，3d 軌道のエネルギー準位と 4s 軌道のエネルギー順位がきわめて近く，というか，結晶場の影響を受けて，ある程度の幅（エネルギーバンド）をもつので，4s 軌道に配置したほうがエネルギー的に有利になる場合もあるからである．なお，この 4s 軌道は，空間的に広がりが大きくなり，一つの原子の周りに局在しているというよりは，原子間を渡り歩くようになる，すなわち伝導電子になる．これが金属に電気伝導をもたらす．なお，多電子系の場合，原子が孤立している状態で議論を進めたが，伝導電子は原子間を渡り歩くため，ある原子の周りの軌道というよりは，自由電子の扱いのほうがより適切になる．この場合，磁場をかけてもスピンが必

表 11.2-3-2　希土類元素イオンの電子状態

イオン	電子数 全	電子数 4f	最低項	J	L	S	$g\sqrt{J(J+1)}$
La^{3+}	54	0	$^1S_0$	0	0	0	0
Ce^{3+}	55	1	$^2F_{5/2}$	5/2	3	1/2	2.54
Pr^{3+}	56	2	$^3H_4$	4	5	1	3.58
Nd^{3+}	57	3	$^4I_{9/2}$	9/2	6	3/2	3.62
Pm^{3+}	58	4	$^5I_4$	4	6	2	2.68
Sm^{3+}	59	5	$^6H_{5/2}$	5/2	5	5/2	0.84
Eu^{3+}	60	6	$^7F_0$	0	3	3	0
Gd^{3+}	61	7	$^8S_{7/2}$	7/2	0	7/2	7.94
Tb^{3+}	62	8	$^7F_6$	6	3	3	9.72
Dy^{3+}	63	9	$^6H_{15/2}$	15/2	5	5/2	10.65
Ho^{3+}	64	10	$^5I_8$	8	6	2	10.60
Er^{3+}	65	11	$^4I_{15/2}$	15/2	6	3/2	9.58
Tm^{3+}	66	12	$^3H_6$	6	5	1	7.56
Yb^{3+}	67	13	$^2F_{7/2}$	7/2	3	1/2	4.53
Lu^{3+}	68	14	$^1S_0$	0	0	0	0

ずしも一方向にそろうというわけではない．なぜなら，磁場と逆向きのスピンをもつ電子が，スピンを反転させようにも，パウリの原理によりできないからである．このようなことから，Ni 原子がもつ磁気双極子モーメントは，必ずしもボーア磁子の整数倍にはならない．実際には，ボーア磁子の 0.6 倍程度である．この Ni に周期律表で隣に位置する Cu を添加する．Cu は 3d 軌道に電子が 10 個配置され，4s 軌道に残りの電子が一つ配置されている状態である．Ni に Cu を混ぜると，Cu の 4s 軌道にある電子が，Ni の 3d 軌道に入り込んで，Ni 原子がもつ磁気（双極子）モーメントを相殺させる働きをもつ．$Ni_{0.6}Cu_{0.4}$ の状態になって，磁気モーメントが無くなる．このような状態をグラフにしたのが，図 11.2.4-1 で，これをスレイター–ポー

11.2 磁性

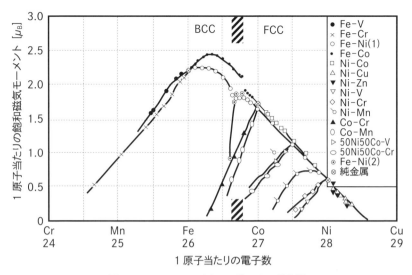

図 11.2.4-1　スレイター−ポーリング曲線

リング曲線（Slater-Pauling curve）という．このような議論は，量子力学の知識なくしてはできない．

　少し話が変わるが，金属中の水素について，同じような議論を当てはめてみよう．パラジウム（Pd）は，Niと同じように，1原子当たりの磁気双極子モーメントが0.6程度（ボーア磁子を単位とする）である．一方，Pdは水素吸蔵合金として知られている．この状態で，Pd原子の磁化率を測定していくと，図11.2.4-2にあるように，水素（H）がPdの0.6程度になったときにほぼ0となるデータが得られる．これは，水素原子の電子がPdの4d軌道の空席に入り込んでいくことで理解できる．そして，この空席がPd原子1個当たり，0.6席あると考えられることから，H原子は，自分のもつ電子をすべてPd原子に渡す，すなわち完全にイオン化しているものと考えられる．金属中の水素は，特に鉄鋼材料では，水素脆性という重要な材料特性に深く関わる問題である．今後水素社会を迎えるにあたり，金属と水素の関係はますます重要になってくると考えられる．

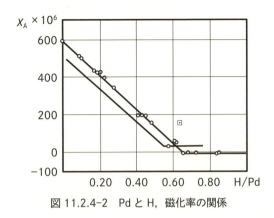
図 11.2.4-2　Pd と H，磁化率の関係

　最後に，電気伝導と磁性に関する話をする．電気伝導が良好な元素としては，銅（Cu），銀（Ag）などがあるが，多くの場合，コスト面から Cu を素材としている場合が多い．これら原子は，d 軌道に電子を 10 個，すなわち d 軌道が満席状態になっているという特徴がある．Cu，Ag，金（Au）の電子配置は以下の通りである．

　　　　Cu：$(3d)^{10}(4s)^1$，Ag：$(4d)^{10}(5s)^1$，Au：$(4f)^{14}(5d)^{10}(6s)^1$

これら元素では，伝導電子は s 軌道にある電子である．一方，周期律表で，これら原子の一つ前の原子の電子配置は以下の通りである．

　　　　　　Ni：$(3d)^8(4s)^2$，Pd：$(4d)^{10}$，Pt：$(4f)^{14}(5d)^9(6s)^1$

なお，Ni，Pd では，磁気（双極子）モーメントの測定事実から，それぞれ，$(3d)^9(4s)^1$，$(4d)^9(5s)^1$ の電子配置も混在していると考えられる．これら電子も，伝導電子は s 軌道の電子であるが，d 軌道が満席ではないため，原子間を渡り歩くうちに，d 軌道内にも入り込み，相互作用を受けるようになる．これを s-d 相互作用と呼ぶ．このため，電気抵抗に差が出てくる．実際，電気抵抗率を比べてみると，以下の表 11.2.4-1 のようになり，s-d 相互作用での説明が有効であることがわかる．

表 11.2.4-1　電気抵抗率（$\mu\Omega$ cm）

Cu	Ag	Au	Ni	Pd	Pt
1.7	1.6	2.2	7.4	10.8	10.5

11.3　超伝導

　超伝導とは，極低温にすると電気抵抗が0となる現象で，カマリン・オンネス（Kamerlingh Onnes）が1911年に水銀（Hg）を用いて発見した.（1853-1926, オランダ）超伝導の原理を説明するには，さらなる知識が必要なため，ここでは簡単に説明する．金属の場合，最外殻電子は，原子からの束縛を離れ自由に金属内を移動することができるようになる．すなわち，自由電子モデルで記述すべき電子である．自由電子モデルは，シュレディンガー方程式の考察をした段階で既にその波動関数が第2章の(2.1-16)式に与えられている．電子が自由に動くことができるため，対象となる電子数は膨大で，アボガドロ数のオーダーである．これら電子がパウリの原理にしたがい，エネルギーが低い準位から占有されていく．これが自由電子モデルである．なお，最後の電子が占有したエネルギーをフェルミエネルギーと呼ぶ．これは，自由電子がもつエネルギーの最大値である．

　このままでは，超伝導を説明することができないのであるが，一つのきっかけを作った実験事実が，同位体効果と呼ばれるものである．常伝導から超伝導になる温度を T_C とすると，T_C が質量数のルートの逆数に比例するというものである．これにより，超伝導は，格子振動に関係がある，ということがわかった．この格子振動に関する議論を通して，二つの電子が互いに引力が働くとしたとき，エネルギーがより低くなる，ということが明らかになってきた．この二つの電子をクーパー対（Cooper pair）という．（1930-, アメリカ）クーパー（Leon Neil Cooper）は，金属中の自由電子がパウリの原理にしたがってエネルギーが低い順に占有されている状態を想定し，そこに二つの電子を追加したときどうなるかを検討した．二つの電子を追加する前の電子

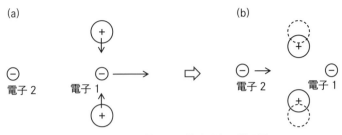

図 11.3-1　2 電子間に働く引力の説明図

の最大エネルギーはフェルミエネルギーである．その後，二つの電子を追加しているので，この二つの電子はフェルミエネルギーよりエネルギー的には高いはずである．しかし，二つの電子に引力が働いたとき，フェルミエネルギーより低くなり得ることがわかった．ということは，フェルミエネルギー近傍の電子も，このようなクーパー対を作った方が有利になる．

　そもそも二つの電子の間にはクーロン斥力が働いているはずである．なぜ，引き付け合うのであろうか．図 11.3-1 は，その定性的説明である．図 11.3-1(a) で，二つの電子が右方向に進んでいる状態を示している．電子 1 が，矢印に示すように金属原子の間を通過すると，金属原子と電子 1 の間でクーロン引力が働き，金属原子は図の矢印方向に引き付けられ，原子間隔が狭くなる．これにより，電子 2 の前方には，プラスの電荷密度が高くなる領域が形成されるため，電子 2 はこれにより引き付けられることになる．これは，電子 1 と電子 2 が，金属原子を媒体として引力が働くことを意味する．

　この機構は，電子 1 のエネルギーが一度格子をひずませて，そのエネルギーを電子 2 が貰い受けることになっている．電気抵抗が 0 となるには，電子 1 が格子に与えたエネルギーを，電子 2 がすべて受け取らなければならない．そうでなければ，電気を流したときにエネルギーロスがあることになってしまう．しかし，それは可能なのであろうか．これを理解するために，まず格子振動を扱っている 1 次元調和振動子の結果を思い出そう．調和振動子のエネルギーは (3.3-26) 式にあるように飛び飛びの値しかとるこ

とができない．絶対0度では，エネルギーは$\hbar\omega/2$である．つまり，エネルギーのやり取りも，決まった値しか交換できない（電子2がエネルギーを取り残すことは無い）．そのため，ロスなくできるものと考えられる．なお，この引力の原因はそれ以外の相互作用も考えられているが，いずれにしろ，引力であれば理論の枠組みは変わらない．

　また，これら二つの電子がクーパー対を解消することはない．もし，引力が働いている対を解消し離れ離れになるとしたら，ポテンシャルエネルギーがそれだけ高くなるので，その分運動エネルギーで補う必要がある．運動エネルギーは，波数ベクトル$\vec{k}$を用いて$\hbar^2\vec{k}^2/2m_e$で表されるため，運動エネルギーの減少は，波数ベクトルが小さい状態になることを意味する．しかし，その状態は既に別の電子が占有しているため，パウリの原理により，このような運動エネルギーをとることはできない．つまり，対を形成したままでいなければならないので，クーパー対を解消することはできないのである．

　クーパーにより，2電子の間で引力が働くときエネルギーが低くなることが示されたが，対になってそれを一つの粒子のように扱うと，どのようなことが起こるのであろうか．第8章8.3節で，パウリの原理を満たす波動関数は，電子の交換に関して反対称であることを説明した．クーパー対の交換に関しては，マイナス記号が常に偶数回出てくることになるので，波動関数はクーパー対の交換に関しては対称関数である．これは，クーパー対を一つの粒子と見なせば，それはボーズ粒子であることを意味する．すなわち，パウリの原理にしたがう必要はなくなる．そのため，クーパー対を作ることで，多くの電子がより低いエネルギー状態を占有することを許してくれることとなる．このような現象をボーズ凝縮という．

　次に，クーパー対を作っている状態から電子を一つ取り，通常の常伝導状態にすることを考えよう．クーパー対を作っていることで，フェルミエネルギーよりΔだけエネルギーが低くなっているとすると，対を解消することは，相手方の電子もΔだけエネルギーが高くなることを意味する．合わせて2Δだけエネルギーが増加する．これを，超伝導エネルギーギャップとい

う.このエネルギーギャップがあるために,一度超伝導状態になると,常伝導状態には戻りにくいことになる.クーパー対では,2電子の問題を扱ったが,この対が多く存在するときの問題を扱って超伝導の理論を完成させたのが,バーディーン(1908-1991, アメリカ),クーパー,シュリーファー(1931-, アメリカ)(J. Bardeen, L. Cooper and J. R. Schrieffer, 1957)である(3人の頭文字を取りBCS理論と呼ばれている).BCS理論は,それまでの超伝導現象を非常によく説明することができた.

BCS理論はきわめてよくできた理論であるのだが,困ったこともある.それは,T_Cに限界があることを示しているからである.電気抵抗が0になることはすばらしい.液体ヘリウム温度などといわず,もっと高い温度でもその御利益にあやかりたいものである.しかし,BCS理論からすると,この温度はせいぜい40K程度と思われていた.これをBCSの壁という.ところが,1986年,突然非常に高い温度で超伝導状態を示す物質が発見され,一大フィーバーを形成するまでにいたった.高温超伝導体と呼ばれているもので,最初に発見されたのはランタン系と呼ばれるLaBaCuO化合物で,30K付近で超伝導になる材料である.その後発見が続き,ついに,YBaCuO系で,85K付近で超伝導になる材料が見つかった.この温度は液体窒素で冷やせる温度である.これら材料は酸化物系であり,残念ながら線材にできないという欠点がある.しかし,さらにその後,MgB_2で,39Kで超伝導になる材料が見つかった.MgB_2は金属であり,これを用いた超伝導電磁石が作製されている.高温超伝導体の理論はまだ十分完成されていない.この分野は,現在でも活発に研究されている分野といえる.

11.4 特性X線

X線は材料を分析するときなどによく用いられる.まず,X線発生原理の話から始めよう.高電圧で加速させた電子を特定のターゲットに当てることでX線が発生する.そのとき発生するX線例を図11.4-1に示す.

11.4 特性 X 線

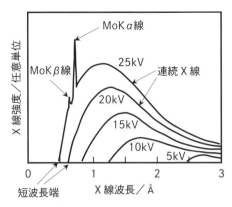

図 11.4-1　モリブデン X 線管球から発生する X 線スペクトル

　この図は，ターゲットにモリブデン（Mo）を選択した場合である．電子の加速電圧が低いときは，連続 X 線といわれる X 線が発生している．これは加速された電子がターゲットに当たり急速に減速する際に発生する X 線である．ある電圧を越えると，特性 X 線という材料特有の波長をもつ X 線が出てくる．この X 線は，材料を形成している原子がもつ内殻電子が加速電子によってたたき上げられてできた空席に，上のエネルギー準位にいる電子が落ちていく際に発生する X 線である．そのため，材料固有の波長になっている．

　このようにして X 線を発生させることができるが，単色光に近い X 線が必要な場合は，特性 X 線を弱めずに，かつその前後の X 線を弱めてくれるフィルターを用いる必要がある．大抵の場合，このようなフィルターはターゲット材より原子番号が一つ小さい物質である．

　X 線解析によく用いられるのは，結晶構造因子で，以下の式で表されるものである．

$$F_h = \sum_{n=1}^{N} f_n \exp(2\pi i (\vec{h} \cdot \vec{u}_n)) \qquad (11.4\text{-}1)$$

ここに，f_n と $\vec{u}_n$ はそれぞれ n 番目の原子の原子構造因子と位置ベクトルである．F_h は，法線ベクトルが $\vec{h}$ である結晶面により散乱（回折）される波の振幅と位相を表す複素数で結晶構造因子と呼ばれている．これを用いて，いろいろな結晶に X 線を入射するとどの方向にどのくらいの回折波が形成されるかを計算できる．特に，(11.4-1)式が 0 になる条件では，回折波が消失するので，これを用いて，結晶構造の同定を行うことができる．X 線回折の方法には，ラウエ (Laue) 法，デバイ-シェラー (Debye-Scherrer) 法，ディフラクトメーター法などがある．

11.5 電子線，電子顕微鏡

X 線は電磁波の一種であるため，反射，干渉などの現象があるのは問題なく理解できる．しかし，ド・ブロイの物質波に代表されるように，電子線も波動の性質をもっているため，電子線の回折を用いる方法もある．電子線の場合，第 2 章の(2.1-6)式に示すド・ブロイ波長をもっている．しかし，X 線と異なる点があることに注意しなければならない．X 線の場合は，原子の周りの電子とだけ相互作用をもつが，電子線の場合は，負の電荷をもっているので，原子核も含めた原子内のクーロンポテンシャルの影響を受ける．そのため，原子構造因子は電子線と X 線では大きく異なっている．

一般の光学顕微鏡の理論によると，分離して区別できる距離 d は，

$$d \approx \lambda \frac{f}{R} \tag{11.5-1}$$

で与えられる．f はレンズの焦点距離，R はレンズの半径である．通常の場合，両者のオーダーは 1 cm 程度なので，光学顕微鏡では，光の波長が分解能を決める．可視光よりも短い波長として X 線があるが，これを利用するにしても，簡便な X 線レンズがないため使用は難しい．しかし，(11.5-1)式は，ド・ブロイ波に対しても適用できる式である．そのため，電子波を用

いれば高い分解能をもつ顕微鏡が可能となる．現在では，原子一つ一つのポテンシャル像が直接見える程度までに至っている．

ここでド・ブロイ波長を λ_d とすると，λ_d は次式のようになる．

$$\lambda_d = \frac{h}{p} = \frac{h}{m_e v} \tag{11.5-2}$$

ここで，m_e は電子の静止質量，v は電子の速度である．電子顕微鏡における加速電圧を V とすると，加速電圧が電子に与えるエネルギー E は，次式のように，古典力学的に扱える．

$$E = \frac{1}{2} m_e v^2 = eV, \quad \therefore v = \sqrt{\frac{2eV}{m_e}} \tag{11.5-3}$$

式(11.5-2)および式(11.5-3)より，ド・ブロイ波長は次式のようになり，加速電圧を高くすると，ド・ブロイ波長は短くなる．

$$\lambda_d = \frac{h}{\sqrt{2em_e v}} \tag{11.5-4}$$

したがって，式(11.5-4)の示すように，加速電圧を高くすることにより，より高分解能を有する電子顕微鏡を得ることができる．図 11.5-1 は透過型電子顕微鏡の原理を説明した図である．

次に，電子顕微鏡でも，典型的な量子力学的効果であるトンネル効果を利用した走査型トンネル電子顕微鏡について紹介する．この顕微鏡は，試料と金属探針の間に流れるトンネル電流を検知する方法である．金属探針と試料は接触しているわけではない．このため，試料と金属探針の間にポテンシャルの壁がある形になっている．第 3 章 3.4 節で扱ったように，このポテンシャルの壁を通り抜けて電子が移動する確率があるため，この電流を計測することで，表面のでこぼこを検知することができる．例えば，このトンネル電流を一定になるように金属探針をコントロールすることでこれが可能とな

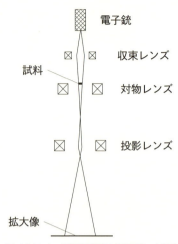

図 11.5-1　透過型電子顕微鏡の原理

る．探針を x-y 平面内でスキャンしながら，トンネル電流を一定に保つように，探針を z 方向に動かすと，大雑把に言って，z 方向の変位は，試料の表面形状を表すことになる．この感度は，原子レベルの大きさであるため，原子配列を観察することができる．図 11.5-2 は，走査型トンネル顕微鏡の原理を示した図である．

　さらに，測定点において，試料と探針の間の電圧を変化させる走査型トンネル分光法も利用されている．この方法では，測定点における試料の状態密度曲線を大雑把に測定することができる．図 11.5-3 は，半導体試料を例に，測定原理を示す模式図である．図のように，試料に負のバイアス電圧が印加されている場合，半導体試料の電子に占有されている価電子バンドの電子が探針にトンネルし，検出される．また，そのときのバイアス電圧を $-V$ とすると，バイアス電圧が 0 V のエネルギー準位より，eV だけ低いエネルギー準位の状態密度に比例したコンダクタンスの変化が観測される．逆に，試料に正のバイアス電圧が印加されている場合，探針から電子がトンネルし，試料に流れる．この場合，そのときのバイアス電圧を V とすると，バ

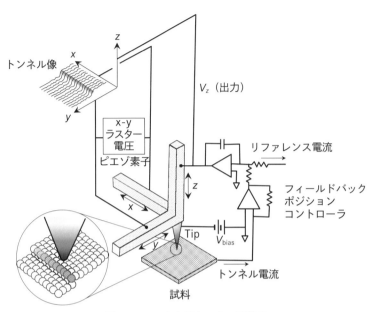

図 11.5-2　走査型トンネル顕微鏡

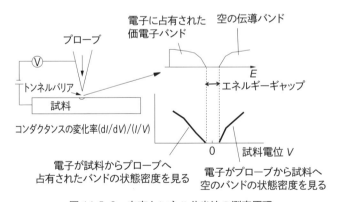

図 11.5-3　走査トンネル分光法の測定原理

イアス電圧が0Vのエネルギー準位より，eVだけ高いエネルギー準位の伝導バンドの状態密度に比例したコンダクタンスの変化が観測される．また，半導体試料にはエネルギーギャップがあるため，エネルギーギャップに対応するバイアス電圧のときには，電子はトンネルしない．金属試料においても，同様であり，負バイアスでは，フェルミエネルギーより低い，電子に占有されている状態密度を観測し，正バイアスでは，フェルミエネルギーより高い，電子に占有されていない状態密度を観測することになる．

11.6　光電子分光法およびその他の分光分析

　光電子分光法とは，物質に電磁波を当てたときに光電効果により出てくる光電子のエネルギー分析を行う方法である．電子状態変化に伴う現象を利用しているため，物質をミクロ的に分析するために用いられる．物質の電子状態が直接関係しているため，原子内の電子状態の理解が欠かせない．

　X線光電子スペクトルは，X線を入射して，放出された光電子のエネルギーを分析するが，これは種々の化学分析に役立つ．この方法では，物質にある特定のエネルギーをもつ光を当てるが，これがある原子内の電子軌道の結合エネルギーEより大きいときは，光電子として放出される．そのときの光電子の運動エネルギーKを測定すると，$h\nu = E + K$なので，これよりEを算出することができる．これにより電子状態を観察することができる．物質に当てる電磁波が紫外線なら UPS (Ultraviolet Photoemission Spectroscopy)，X 線なら XPS (X-ray Photoemission Spectroscopy) と呼ぶ．シンクロトロンを利用すれば紫外線からX線までの電磁波を利用することができる．照射する電磁波の波長が短い，すなわち，振動数が高いほど，物質に与えるエネルギーは高くなるので，物質中のより低いエネルギーを有する電子（より安定な電子）を放出させることができる．このため，フェルミエネルギー直下の電子の情報を得たければ，低いエネルギーの電磁波（光）を，内殻の電子の情報を得たければ，比較的高いエネルギーの電磁

11.6 光電子分光法およびその他の分光分析

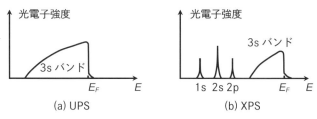

図 11.6-1 UPS および XPS での光電子スペクトルの模式図
UPS ではフェルミエネルギー直下の軌道からの光電子が，XPS では，内殻の軌道からの光電子が観測される．

波（例えば軟 X 線）を用いる（図 11.6-1 参照）．XPS の光源としては，例えば，アルミニウム（Al），マグネシウム（Mg）の X 線管（それぞれ，エネルギー 1487 eV，1254 eV），UPS の光源としては，ヘリウム放電管（エネルギー 21.2 eV，40.8 eV）が用いられる．

電子線や X 線を用いて内殻軌道から電子を放出させ，内殻軌道に空席を形成させ，そこにエネルギーの高い軌道からの電子を遷移させると，エネルギー差分を電磁波として放出する．蛍光 X 線スペクトルは，その際に出てくる X 線スペクトルである．このエネルギー差は，その原子特有の値であるので元素分析に利用することができる．この際，電子が遷移できるかどうかについては，第 10 章 10.1.6 項に記載したように遷移の選択則にしたがい，方位量子数の変化が $\Delta l \pm 1$ の場合のみが許される．よって，1s 軌道への遷移は p 軌道にある電子が可能であり，また，2p 軌道への遷移は，s または d 軌道にある電子が可能である．

X 線を当てその吸収スペクトルを計測して，原子を分析する方法もある．内殻の電子を電子が占有していない励起軌道へ遷移させることを利用した X 線吸収スペクトル，X 線の代わりに電子線を利用した電子エネルギー損失スペクトルなどを利用することができる．これらは，原理的には蛍光 X 線スペクトルの逆で，内殻軌道の電子にエネルギーを与え，そのときのエネルギー吸収を測定する方法である．

付録A 古典物理学の問題点

A1 空洞放射

　空洞放射の問題とは，図A1-1(a)に示すように，中が空洞になっている，ある温度に保持された箱を用意し，そこに覗き窓を設定し，そこから漏れ出る光の波長を調べ，この波長と温度の関係を求める問題である．この問題は古典物理学では解明できず，量子力学の形成に大きく貢献した問題であり，以下に紹介する．

　温度Tに保持されている物質は，熱放射と呼ばれる電磁波（光）を放出する．中が空洞の箱の場合，空洞中に充満している光はある壁に当たり，一部は反射されるが残りは壁に吸収される．例えば，吸収される光の割合を70%，反射される光の割合を30%としよう．反射した光は別の壁に当たるが，このときさらに70%が吸収されるので反射する光は最初の光の9%にまで減少する．このように反射と吸収を繰り返していけば，最後にはすべて壁に吸収される．一方，壁を形成している物質からは，空洞へ熱放射という光を放つ．このような過程を経て，壁と空洞中の光はエネルギーのやり取りを行う．十分時間が経つと，空洞に存在する光と箱の壁を形成している物質は熱平衡状態となる．このような状態の箱に覗き窓（熱平衡状態に影響を与えない程度に小さい窓）を作り，そこから漏れ出る光のエネルギー密度，すなわち，$\nu \sim \nu + d\nu$の間にある振動数をもつ光のエネルギー，$\rho(\nu, T)d\nu$がどのように表されるか，という問題が空洞放射の問題である．

　このエネルギー密度は物質によらない．これを説明するために図A1-1

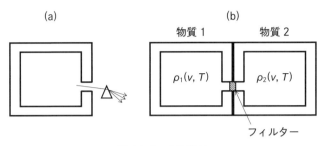

図 A1-1　空洞放射

(b) の場合を考えよう．二つの箱は異なる物質 1，2 でできていて，温度が同じになっているとする．この場合，物質 1，2 は熱平衡状態にある．それぞれの物質と熱平衡にあるエネルギー密度を $\rho_1(\nu, T)$，$\rho_2(\nu, T)$ とし，両者の窓に振動数 ν の光のみ通すフィルターをつけておく．もし，エネルギー密度が異なるなら，光のエネルギーが移動することになり，それぞれ熱平衡にあったはずのエネルギー密度ではなくなる．そのため，温度変化が発生してしまう．これは，熱平衡の原理に反する．フィルターを換えることで，任意の振動数でも同じことがいえる．あるいは，以下のように考えることもできる．熱力学では，系 1 と系 2 が熱平衡にあり，系 2 と系 3 が熱平衡にあるとき，系 1 と系 3 も熱平衡にある，と教えてくれる．これを，系 1 に物質 1 の箱，系 2 に物質 2 の箱，系 3 に電磁波のエネルギー $\rho_2(\nu, T)$ と考える．このとき，物質 1 と $\rho_2(\nu, T)$ は熱平衡状態にある．もともと $\rho_1(\nu, T)$ と物質 1 は熱平衡にあったはずなので，$\rho_1(\nu, T)$，$\rho_2(\nu, T)$ は共に物質 1 と熱平衡状態にあるエネルギー密度，すなわち同じ密度である．物質 1，2 は何でもよいので，$\rho(\nu, T)$ は箱の物質によらないといえる．

さて，エネルギー密度 $\rho(\nu, T)$ に関して，当時，以下の二つの式が知られていた．

$$\rho(\nu, T) = \frac{8\pi}{c^3} \nu^2 k_\mathrm{B} T \tag{A1-1}$$

$$\rho(\nu, T) = a \exp\left(-b\frac{\nu}{T}\right) \quad (a,\ b\text{ は定数}) \tag{A1-2}$$

(A1-1)式はレイリー – ジーンズ (Rayleigh-Jeans)$^{(1842-1919,\ \text{イギリス})(1877-1946,\ \text{イギリス})}$ の式, (A1-2)式はウイーン (Wien)$^{(1864-1928,\ \text{ドイツ})}$ の式と呼ばれている. (A1-1)式は波長が長い領域で, (A1-2)式は波長が短い領域で実験データをうまく説明できていたが, 全波長領域でデータを説明する式はまだ見つかっていなかった. そこで, プランクは, 両式が $\nu \to 0, \infty$ の極限操作で得られるように考え, 以下の式を提案した.

$$\rho(\nu) = \frac{8\pi}{c^3}\nu^2 \frac{h\nu}{\exp\left(\dfrac{h\nu}{k_\mathrm{B}T}\right) - 1} \tag{A1-3}$$

これをプランクの放射式という. この式の k_B をボルツマン定数 (Boltzmann constant)$^{(1844-1862,\ \text{オーストリア})}$, h をプランク定数という. (A1-3)式によって, 全波長領域, 全温度領域でデータを説明することができた. 図 A1-2 は, (A1-1)〜(A1-3)式の関係を示している.

プランクは, その後, (A1-3)式の意味するところを考察し, 振動数 ν の光の放射吸収に際し, 光は任意のエネルギー値をとることができず, $h\nu$ の整数倍の値でしかやり取りできない, というプランクの量子仮説を考えた.

この仮説から, (A1-3)式を導いてみよう. これを導くためには, 統計力学の知識が必要である. 以下に簡単に説明する. まず,

$$x = \exp\left(-\frac{h\nu}{k_\mathrm{B}T}\right) \tag{A1-4}$$

と置く. 統計力学が教えるには, エネルギーが $nh\nu$ ($n = 0, 1, 2, 3, \cdots$) の状態をとる相対確率は,

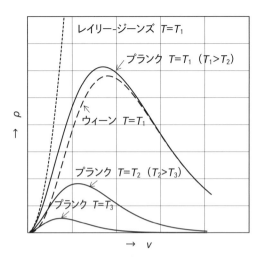

図 A1-2　空洞放射のエネルギー密度

$$\exp\left(-\frac{nh\nu}{k_B T}\right) = x^n \quad \text{(A1-5)}$$

となる．(A1-5)式をボルツマン因子という．絶対確率にするためには，すべての n に対して(A1-5)式の和を計算したとき 1 になるようにする必要があるため，規格化因子，

$$Z = 1 + \exp\left(-\frac{h\nu}{k_B T}\right) + \exp\left(-\frac{2h\nu}{k_B T}\right) + \exp\left(-\frac{3h\nu}{k_B T}\right) + \cdots$$

$$= 1 + x + x^2 + x^3 + \cdots = \lim_{N \to \infty} \frac{1 - x^{N+1}}{1 - x} = \frac{1}{1 - x} \quad \text{(A1-6)}$$

で割っておく必要がある．このとき，エネルギーの平均値 $\bar{\varepsilon}$ は，

$$\begin{aligned}
\bar{\varepsilon} &= (h\nu x + 2h\nu x^2 + 3h\nu x^3 + \cdots) \div \frac{1}{1-x} \\
&= h\nu(1-x)(x + 2x^2 + 3x^3 + 4x^4 + \cdots) \\
&= h\nu(x + 2x^2 + 3x^3 + 4x^4 + \cdots \; - x^2 - 2x^3 - 3x^4 - 4x^5 - \cdots) \\
&= h\nu(x + x^2 + x^3 + \cdots) = h\nu \frac{x}{1-x} = \frac{h\nu}{\exp\left(\frac{h\nu}{k_\mathrm{B} T}\right) - 1} \quad (\text{A1-7})
\end{aligned}$$

(A1-7)式の1行目から2行目への変形は,括弧をはずして展開している.(A1-7)式は,(A1-3)式右辺に出てくる因数となっている.(A1-3)式の$8\pi\nu^2/c^3$は,$\nu \sim \nu + d\nu$間にある振動子の単位体積当たりの個数を表している(問題A1-1参照).そのため,(A1-7)式にこの個数を乗じて(A1-3)式が出てくる.プランクは,提唱した量子仮説が,なぜ成り立つのか,についての解答を持ち合わせていなかった.しかしながら,当時は,エネルギーという物理量は連続的な値をもつ,と考えられていたため,この仮説は革命的な考えであった.ただ,プランク自身は,この現象は空洞放射の場合でのみ起こると考え,光そのもののエネルギーは連続的な値をとってもよいと考えていた.

問題 A1-1 1辺の長さがLの立方体空洞内に存在する電磁波で,$\nu \sim \nu + d\nu$の範囲にある固有振動の単位体積あたりの数を求めよ.

A2 光電効果

空洞放射の問題と同じように古典物理学では説明できない現象として,光電効果があげられる.この効果は,第1章で少し説明したが,金属の表面に光を当てたとき,金属から電子が飛び出す現象である.以下に,この現象について,少し詳しく紹介する.

図A2-1は光電効果を説明した図である.振動数νの光を光電管中の金属

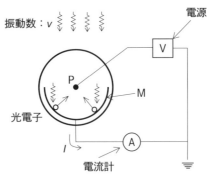

図 A2-1　光電効果

Mに当てる．これにより金属Mから光電子が飛び出し，ある条件のときには電極Pにたどり着くことになる．このPの電位は，電源によってVに設定されているとしよう．今，ある振動数νの光を当てておき，Pの電位を変えて，MとPの間に流れる電流Iを調べ，それとVの関係を求めるとする．その結果の概略図を示したものを，図 A2-2(a) に示す．この図から，Pの電位がある値，$-V_0$より低いときには電流は流れない，すなわち，光電子はMに戻されてしまうことがわかる．これは，光電子がMを出発したとき，運動エネルギーが最大eV_0であることを示している．古典物理学では，光のエネルギーは振幅の2乗に比例するので，同じνでも振幅を大きくすれば，電流を0にする$-V_0$も変化すると考えられるが，実際はそうなってはいない．すなわち，金属Mの材質が同じなら，$-V_0$の値はνで決まっていることになる．

次に，光電子の運動エネルギーの最大値Kとνの関係を調べると図 A2-2(b) のようになっている．あるν_0より低いνの場合，光電子は金属Mから出てこない．そして，Kとνには以下の関係がある．

$$K = h\nu - W \tag{A2-1}$$

ここに，Wは仕事関数と呼ばれるもので，図 A2-2(b) にある直線とy軸

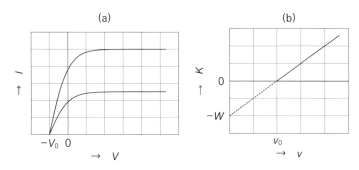

図A2-2 光電効果における電流,電圧,光電子の運動エネルギー

との交点の座標である.金属中の電子は,金属の外にいる電子より低いエネルギー状態にある.この電子を外に出すためには,その分エネルギーを与える必要があり,それに相当するエネルギーが仕事関数である.

このような特徴をもつ光電効果を説明するために,アインシュタインは,光は粒子,すなわち光子であると考え(アインシュタインの光子説),光子1個あたりのエネルギー E は $h\nu$ で与えられるとした.

$$E = h\nu \tag{A2-2}$$

具体的な例を見てみよう.セリウム(Ce)の仕事関数は,1.38 eV である.これに,500 nm の波長をもつ光を当てると,光電子のエネルギーはいくらになるであろうか.まず,仕事関数 W を J の単位にしよう.

$$1.38\,\text{eV} = 1.38 \times 1.602 \times 10^{-19}\,\text{J} = 2.21 \times 10^{-19}\,\text{J} \tag{A2-3}$$

また,波長 500 nm の光子の振動数は,c を光の速度(3.00×10^8 [m/s])とすると,$\nu = c/\lambda = 6.00 \times 10^{14}$ [Hz] である.よって,エネルギー E は,

$$\begin{aligned}E &= h\nu - W = 6.625 \times 10^{-34} \times 6.00 \times 10^{14} - 2.21 \times 10^{-19} \\ &= 1.77 \times 10^{-19}\,\text{J}\end{aligned} \tag{A2-4}$$

となる.このような計算は,古典物理学における光のエネルギーが振幅の2

乗に比例する，という概念とは異なることがわかるであろう．

古典物理学における問題点を指摘する具体例をもう一つ紹介する．先の例と同じ波長の光を放つ 1 W の電球を考える．図 A2-3 のように，この電球から 1 m 離れたところに Ce を置く．このとき，Ce 原子から電子が飛び出すために必要な時間を古典物理学により計算すると，それは現実の時間と大きく異なることを示す．

まず，光の波動説によると，光源から出た光は，光源を中心に球面波として広がっていく．Ce にこの光が当たるときには，この光は半径 1 m の球の表面まで広がっている．半径 1 m の球の表面積は 4π [m^2] であり，この表面積全体に 1 秒当たり 1 J のエネルギーが到達する．問題の Ce 原子は，球の表面に存在しているので，Ce が 1 秒あたりに得るエネルギーは，

$$\frac{1}{4\pi} \times S \approx 8 \times 10^{-2} \times S \tag{A2-5}$$

となる．S は Ce 原子の断面積である．ここで，Ce の原子半径を 1 Å 程度 (1 Å = 10^{-10} m) とすると，$S \approx (10^{-10})^2 = 10^{-20}$ [m^2] 程度なので，(A2-4)式のエネルギーを得るための時間は，

$$\frac{1.8 \times 10^{-19}}{8 \times 10^{-2} \times 10^{-20}} \approx 230 \text{ [s]} \tag{A2-6}$$

とほぼ 4 分となる．すなわち，光を当て始めて 4 分程度しないと電子が飛

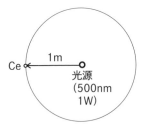

図 A2-3　光電効果による電子放出の問題

び出してこないことになる.実際には,光を当てた場合に,瞬時に電子は飛び出す.この現象を理解するには,図A2-4のように光がエネルギー $h\nu$ である光子であるとしたら納得できる.

すなわち,$t=0$ で中心から出発した光は $t=t_1$,t_2,t_3 と時間が経つにつれ,光が広がってくるため,単位面積当たりのエネルギー(エネルギー密度)は低くなってくるはずである.しかしながら,光は光子の集団であるとするので,エネルギー密度が低くなっても,光子1個のエネルギーは $h\nu$ なので,この光子に当たった電子は,金属の外に飛び出してくる,と理解できる.ここでも,光を光子という粒子と捉えることが画期的であった.

さらに,アインシュタインの特殊相対論を考慮すると光子は運動量をもつことがいえる.すなわち,特殊相対論によると,質量が M,運動量が p の粒子のエネルギー E は,$E = c\sqrt{M^2c^2 + p^2}$ で与えられる.光子は $M=0$ であるため,$E = cp$ となる.よって,(A2-2)式より,

$$E = h\nu = cp, \quad \therefore p = \frac{h\nu}{c} = \frac{h}{\lambda} \quad \text{(A2-7)}$$

となる.すなわち,光子は(A2-7)式で与えられる運動量をもつことになる.

運動量をもつということは,静止している電子に光子を当てると,衝突後

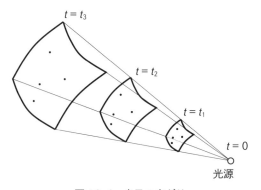

図A2-4 光子の広がり

の光子と電子は，運動量保存則とエネルギー保存則で記述できるはずである．これを実験的に確認したのがコンプトンであり，これをコンプトン効果（Compton effect）と呼ぶ．なお，(A2-7)式は，特殊相対論を用いなくても，熱力学的考察からも出てくる（問題 A2-1 参照）．

問題 A2-1 1辺の長さが L の立方体中に振動数 ν の光が充満し定常波を形成している．立方体の壁は断熱材として，各辺の長さを ΔL ($\Delta L \ll L$) だけゆっくりと増加させたとき，定常波の節の数が変化せず振動数が $\Delta \nu$ ($\Delta \nu \ll \nu$) だけ変化した場合を考えることで，光子の運動量が(A2-7)式で与えられることを示せ．なお，光子の数は変化しないものとする．

A3 ボーアの量子化条件と水素原子モデル

　古典物理学で説明できない現象について，空洞放射の問題と光電効果の問題について紹介したが，水素原子のスペクトルも同様に，古典物理学では説明できなかった問題である．20世紀初頭，物質は原子でできていると一般に信じられていたが，原子の構造についてはまだよく知られていなかった．ラザフォード(1871-1866, ニュージーランド)（Ernest Rutherford）は，α 線の実験から，原子の中心に，その質量のほとんどを有する正電荷をもつ原子核あり，その周囲を，負電荷をもつ電子が回っている，という結論を得た．ここで水素原子の話に移ろう．水素原子は陽子と電子で構成されていて，その中心部に陽子が存在している．水素原子の大きさを後に示すボーア半径で表すと 0.53×10^{-10} [m] であるが，陽子の半径は 1.2×10^{-15} [m] 程度であり，陽子の半径のほうが圧倒的に小さい．一方，電子の質量は陽子の質量よりはるかに小さいので水素原子全体の質量のうち，ほとんどは陽子からのものである．そして，電子が陽子の周囲を運動している，という水素原子モデルができ上がる．このモデルに古典物理学を適用すると，いろいろと問題が出てきた．

　具体的な例の一つとして，図 A3-1 に示した水素原子のスペクトルであ

る．水素原子から出てくる光を分光器で観測すると，ある波長のところにだけ輝線とよばれる線スペクトルが現れる．つまり，水素原子から出てくる光の波長は決まっていて，連続的ではない．このある波長に，ある規則性があることをバルマー(Johann Jakob Balmer)$^{(1825-1898,\ スイス)}$は見出した．すなわち，図 A3-1 でみられる 4 本の可視光，すなわち波長が 3600 Å〜7800 Å に現れる線スペクトルにおいて（1 [Å] = 10^{-10} [m]），これら波長が，(A3-1)式のように表されることを見出した．

$$\lambda = 3645.6 \frac{n'^2}{n'^2 - 2^2} \text{ [Å]} \qquad (A3\text{-}1)$$

なお，$n' = 3, 4, 5, 6$ であり，$\lambda = 4101$ Å は，$n' = 3$ に対応する．その後，リュドベルグ(Johannes Rydberg)$^{(1854-1919,\ スウェーデン)}$は，可視光以外の線スペクトルに対しても調べ，以下の式を見出した．

$$\frac{1}{\lambda} = R_H \left(\frac{1}{n^2} - \frac{1}{n'^2} \right) \qquad (A3\text{-}2)$$

ここに，R_H はリュドベルグ定数で，$n,\ n'$ は自然数（$n' > n$）である．バ

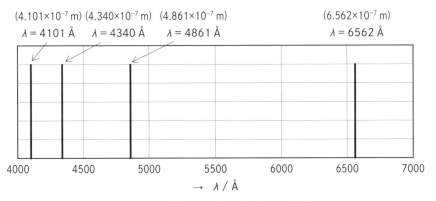

図 A3-1　水素スペクトル（バルマー系列）

ルマーの式は，$n = 2$ に対応し，バルマー系列と呼ばれている．また，$n = 1$ はライマン系列，$n = 3$ はパッシェン系列と呼ばれている．これら実験結果を古典物理学で説明することはできないことを以下に説明する．

ラザフォードの結果をもとに，水素原子の原子核（陽子）が中心に位置し動かないとし，そこに，半径 r の位置で，電子が円運動しているというモデルを考え，このモデルに古典物理学を適用してみよう．図 A3-2 にモデルの概略図を示した．

陽子－電子間に働くクーロン力 F_1，および遠心力 F_2 は，

$$F_1 = \frac{1}{4\pi\varepsilon_0}\frac{e^2}{r^2} \tag{A3-3}$$

$$F_2 = m_\mathrm{e} r \omega^2 \tag{A3-4}$$

と表される．上記 2 式を等しいと置いて，

$$m_\mathrm{e} r \omega^2 = \frac{e^2}{4\pi\varepsilon_0 r^2} \tag{A3-5}$$

となる．電子のもつ力学的エネルギーは

$$E = \frac{p^2}{2m_\mathrm{e}} - \frac{e^2}{4\pi\varepsilon_0 r} \tag{A3-6}$$

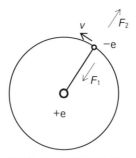

図 A3-2　水素原子モデル

であるが，(A3-5)より

$$p^2 = (m_e v)^2 = (m_e r\omega)^2 = m_e r \frac{e^2}{4\pi\varepsilon_0 r^2} = \frac{m_e e^2}{4\pi\varepsilon_0 r} \quad \text{(A3-7)}$$

であるので，(A3-6)式へ代入し，

$$E = -\frac{e^2}{8\pi\varepsilon_0 r} \quad \text{(A3-8)}$$

であることがわかる．ここで，(A3-8)式をよく見ると，電子の位置を示す r の値はどのようにして決めればいいのだろうか，という疑問が生じる．実際の水素原子の大きさは，原子ごとにばらばらではなく，大きさが決まっている．しかし，(A3-8)式だけでは，r の値は一つだけでなく，任意の値であってもいいことになる．また，水素原子が光を出すとき，その光がもつエネルギー分だけ，水素原子がもつエネルギーが減少するはずである．したがって，電子の位置が r_1 から r_2 に変化したとき，エネルギー変化は，

$$\frac{e^2}{8\pi\varepsilon_0}\left(\frac{1}{r_2} - \frac{1}{r_1}\right) = h\nu = h\frac{c}{\lambda} \quad \text{(A3-9)}$$

となり，そのエネルギーに対応する光子が出てくるはずである．しかし，r_1，r_2 が連続的な値を取れるとすると，図 A3-1 のような離散的な水素のスペクトルにはならず，連続的になる．以上のことから，古典物理学では，(A3-2)式を説明できないことになる．

　水素原子の古典モデルではもう一つの問題点がある．それは，古典電磁気学では，電子が円運動しているとき，電磁波を発生しその分エネルギーが散逸してしまうことである．そのため，電子のもつ力学的エネルギーは，次第に減少していくことになり，このため(A3-8)式から半径 r が減少し，最終的には $r = 0$，すなわち，水素原子がつぶれてしまう，という結論にならざるを得ない．どの程度の時間でつぶれてしまうのか，に興味ある読者は問題

A3-1 を参照してほしい．以上のことから，古典物理学では，水素原子が安定的に存在できないことになる．

これら問題点に対し，ボーアは以下の仮説（ボーアの量子化条件）を導入することで現象論的に解決した．

①角運動量は，連続ではなく飛び飛びの値のみ許され，それは以下の式で表される．

$$2\pi m_{\mathrm{e}} v r = nh \quad (n = 1, 2, 3, \cdots) \tag{A3-10}$$

②電子が上記①にあるときは，電磁波を発生させず，ある定常状態から別の定常状態に移動するときのみ，そのエネルギー差に相当する光子（電磁波）を発生（または吸収）する．

この仮説は，エネルギーが連続的でないという水素スペクトルデータから，電子の軌道も連続的には変化できず，古典物理学にはない新たな電子軌道に関する条件を述べたものである．

それでは，これら二つの仮説を認めたとき，水素原子のエネルギーはどのように表されるか調べてみよう．(A3-5)式に $v = r\omega$ を代入し ω を消去して，v を r で表し，その後(A3-10)式に代入し r を求めると以下となる．

$$r = \frac{\varepsilon_0 h^2}{\pi m_{\mathrm{e}} e^2} n^2 \ (\equiv r_n) \tag{A3-11}$$

(A3-11)式で，特に，$n = 1$ のときの半径をボーア半径 a_0 と呼ぶ．

$$a_0 = \frac{\varepsilon_0 h^2}{\pi m_{\mathrm{e}} e^2} \tag{A3-12}$$

次に，(A3-11)式を(A3-8)式に代入して，

$$E = -\frac{m_{\mathrm{e}} e^4}{8\varepsilon_0^2 h^2} \frac{1}{n^2} \ (\equiv E_n) \quad (n = 1, 2, 3, \cdots) \tag{A3-13}$$

が得られる．(A3-13)式は，まさしく水素原子のエネルギーが飛び飛びの値をとることを示しており，第5章に示すようにシュレディンガー方程式の解と一致する．

次に，水素原子のスペクトルについてはどうであろうか．エネルギーが n' の軌道から n の軌道に移ったときに光子を放出するとすれば，

$$E_{n'} - E_n = \frac{m_e e^4}{8\varepsilon_0^2 h^2}\left(\frac{1}{n^2} - \frac{1}{n'^2}\right) = h\frac{c}{\lambda}, \quad \therefore \frac{1}{\lambda} = \frac{m_e e^4}{8c\varepsilon_0^2 h^3}\left(\frac{1}{n^2} - \frac{1}{n'^2}\right) \tag{A3-14}$$

となる．これは，まさしく(A3-2)式で与えられるリュドベルグの式である．また，(A3-14)式と(A3-2)式を比べて，

$$R_H = \frac{m_e e^4}{8c\varepsilon_0^2 h^3} \tag{A3-15}$$

となる．その数値は，

$$R_H = 1.0974 \times 10^7 \ [\text{m}^{-1}] \tag{A3-16}$$

となる．一方，実験式である(A3-1)式は，

$$\frac{1}{\lambda} = \frac{1}{3645.6}\left(1 - \frac{2^2}{n^2}\right) = \frac{4}{3645.6}\left(\frac{1}{2^2} - \frac{1}{n^2}\right) \rightarrow \frac{4 \times 10^{10}}{3645.6}\left(\frac{1}{2^2} - \frac{1}{n^2}\right) \tag{A3-17}$$

と変形できる．(A3-17)式の → は，単位を Å^{-1} から m^{-1} に直したことを示す．これより，リュドベルグ定数を計算すると，

$$R_H = \frac{4 \times 10^{10}}{3645.6} = 1.0972 \times 10^7 \ [\text{m}^{-1}] \tag{A3-18}$$

となる．(A3-16)式と(A3-18)式を比較すると，両者は，非常によく一致

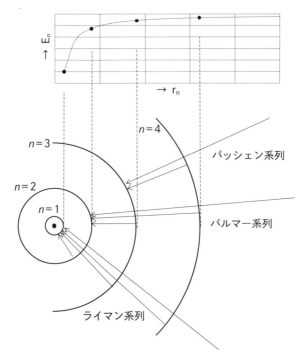

図 A3-3　ボーアモデルによる各スペクトル系列の説明図

することがわかる．図 A3-3 は，ボーアモデルによる，各スペクトル系列とエネルギーの関係を示した図である．

　以上に述べたように，水素原子のエネルギーは，整数 n（この場合は 1 以上なので自然数である）を用いて表され，飛び飛びの値しか取れない．この結果は実験事実をきわめてよく説明してくれる．これは，ボーアが用いた二つの仮定の賜物なのであるが，ボーアは，なぜこのような仮定を置いたのか，その背景については説明していない．それは，ド・ブロイが物質波という考えを提唱するまで待たなければならなかった．

問題 A3-1 電荷 q をもつ荷電粒子が加速度 a で運動しているとき，この粒子から単位時間当たり，

$$P = \frac{q^2 a^2}{6\pi\varepsilon_0 c^3}$$

のエネルギーが電磁波として放出される．このとき，ボーア半径 a_0 ($= 0.53 \times 10^{-10}$ [m]) で円運動している電子の軌道半径が 0 になり，水素原子がつぶれるまでの時間 T を求めよ．

A4　ド・ブロイの物質波

第 2 章 2.1 節に記述したように，ド・ブロイが物質波の概念にたどり着いたのは，アインシュタインの光子説がそのきっかけであった．アインシュタインの光子説では，波長と運動量の関係は(A2-7)式で与えられる．アインシュタインによれば，ある波長（または振動数）の光は，ある運動量をもつ粒子の振る舞いをする，ということで，この粒子を光子と呼んだ．ド・ブロイは，この考えを逆に電子に適用してみた．つまり，ある運動量をもつ電子は，(A2-7)式で与えられる波動の性質をもつのではないか，と考えたのである．すなわち，(A2-7)式を変形して，

$$\lambda = \frac{h}{p} \tag{A4-1}$$

として，これを水素原子に適用した．水素原子として，ボーアモデル（図 A3-2，図 A3-3 参照）と同じように，中心に陽子が存在し，電子がその周りを円運動しているとする．このとき，電子は(A4-1)式で計算される波長をもつので，円運動しているとすると，波長の整数倍（n とする）が円周の長さに一致しているときだけ定常波が形成されるはずである（図 A4-1 参照）．

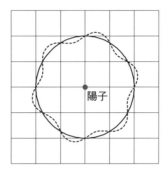

図 A4-1　水素原子核のまわりを円運動している電子
($n = 6$ の場合)

式で記述すると，$p = m_\mathrm{e} v$ より，円の半径が r のとき，

$$2\pi r = n\lambda = n\frac{h}{m_\mathrm{e} v}, \quad n = 1, 2, 3, \cdots \tag{A4-2}$$

となり，これはボーアの量子化条件(A3-10)式と同じである．また，水素原子のエネルギー計算は，(A3-13)式で示した通りである．このように電子が波の性質をもっていると考えると，ボーアの量子化条件が説明できることがわかった．このような電子がもつ波動の性質は電子波と呼ばれていたが，電子以外（陽子・中性子）でも同様な性質をもっていることがわかり，それらの波の性質をド・ブロイの物質波と呼んでいる．

　このように，粒子である電子が波動の性質をもつ，という物質波の概念は，きわめて画期的な概念であった．

　以下では，量子力学構築にかかわった研究者のエピソードについて少し紹介しよう．ド・ブロイは，当時指導教官であったランジュバン^(1872−1946, フランス)（磁性理論で有名なランジュバン方程式がある）の下で研究をしていたが，ランジュバン自身はド・ブロイの概念を理解できず，その論文をどう対処すべきか悩んだという．このときに，ランジュバンは，アインシュタインの名前を参考文献に見つけ，ド・ブロイの論文をアインシュタインに送付して，意見を聞くこ

ととした．一方，アインシュタインも最初は物質波のことが理解できなかったらしい．しかし，面白いと考え，当時アインシュタインのゼミに参加していた波動の専門家に渡し，読んでその内容をゼミで報告するように指示した．その波動の専門家がシュレディンガーである．

　ここで，少し，ボーア派（ボーア，ハイゼンベルク，ボルンら）の話をしよう．ボーアの水素原子モデルでは，なぜ，円運動している電子が，(A3-10)式のように飛び飛びの円軌道になるのか説明していない．ただ，これを仮定すると実験事実をきわめてよく表すことができた．実験事実を説明できるということは，きわめて重要ではあるが，水素原子を実空間においてどういうイメージでとらえるか，という点も重要ではなかろうか．しかし，実際の水素原子の中を覗くことはできないのであるから，そのイメージよりも，水素原子のスペクトルの振動数と強度が計算できればよい，という主張もあった．ボーア派の一人ハイゼンベルグはそのような主張をし，実際，それらが計算できる行列力学を作った．一方，アインシュタイン派（アインシュタイン，シュレディンガーら）のシュレディンガーは，この考えに賛同できなかった．しかし，シュレディンガー自身は，水素原子の具体的イメージを持っていたわけではなかった．そこに降って湧いたように出てきたのがド・ブロイの物質波である．シュレディンガーは，この物質波の概念を利用して水素原子のエネルギー準位を計算できれば，単に水素スペクトルが説明できるだけでなく，水素原子の具体的なイメージも得ることができるのではないか，と考えた．その結果シュレディンガーは，量子（電子・原子等）が満たす波動方程式を 1926 年に導出した．

A5　物理定数と記号

　本書で用いられている物理定数と記号についてここに列記しておこう．
　　　c　：真空中の光速　（$= 2.9979 \times 10^8$ [m/s]）
　　　m_e：電子の質量　（$= 9.1094 \times 10^{-31}$ [kg]）

e ：電気素量　$(= 1.6022 \times 10^{-19}$ [C])

h ：プランク定数　$(= 6.6261 \times 10^{-34}$ [J·s])

$\hbar$ ：プランク定数またはディラック定数

$$(= \frac{h}{2\pi} = 1.0546 \times 10^{-34} \text{ [J·s]})$$

k_B ：ボルツマン定数　$(= 1.3807 \times 10^{-23}$ [J/K])

R_H ：リュドベルグ定数　$(= 1.0974 \times 10^{7}$ [/m])

ε_0 ：真空の誘電率　$(= 8.854 \times 10^{-12}$ [F/m])

μ_0 ：真空の透磁率　$(= 4\pi \times 10^{-7}$ [N/A^2])

μ_B ：ボーア磁子　$(= \mu_0 \dfrac{e\hbar}{2m_e} = 1.1653 \times 10^{-29}$ [Wb·m]

$$= 9.2741 \times 10^{-24} \text{ [J/T]})$$

a_0 ：ボーア半径　$(= \dfrac{\varepsilon_0 h^2}{\pi m_e e^2} = 5.2918 \times 10^{-11}$ [m])

n ：整数，量子数，主量子数

l ：整数，方位量子数

m_l ：磁気量子数

m_s ：スピン磁気量子数

Å ：オングストローム　$(1$ [Å]$= 1 \times 10^{-10}$ [m])

eV：エレクトロンボルト　$(1$ [eV]$= 1.6022 \times 10^{-19}$ [J])

本書では，ギリシャ文字もよく出てくる．ギリシャ文字とその読み方を掲載しておく．なお，下記ギリシャ文字は，左が大文字，右は小文字と読み方である．

A α：アルファ		E ε：イプシロン	
B β：ベータ		Z ζ：ゼータ（ツェータ）	
Γ γ：ガンマ		H η：イータ	
Δ δ：デルタ		Θ θ：シータ	

I ι : イオタ	P ρ : ロー
K $\varkappa$: カッパ	Σ σ : シグマ
Λ λ : ラムダ	T τ : タウ
M μ : ミュー	Υ υ : ウプシロン
N ν : ニュー	Φ φ (ϕ)：ファイ
Ξ ξ : グザイ（クシー）	X χ : カイ
O o : オミクロン	Ψ ψ : プサイ（プシー）
Π π : パイ	Ω ω : オメガ

付録Aの問題解答

問題 A1-1

波長 λ の電磁波がある方向に定常波を形成しているとして、その波長 λ を x 軸に投影したときの長さを λ_x とする．1 辺の長さが L で，定常波を形成しているので，図 A1-1-1 より $\lambda_x/2$ の整数倍が L と等しくなっている．

$$L = n_x \frac{\lambda_x}{2}, \quad (n_x = 1, 2, 3, 4, \cdots) \tag{A1-1-1}$$

波数 k_x を用いると，

$$k_x = \frac{2\pi}{\lambda_x} = \frac{\pi n_x}{L} \tag{A1-1-2}$$

である．y, z 軸に関しても同じなので，

$$k_y = \frac{2\pi}{\lambda_y} = \frac{\pi n_y}{L}, \quad k_z = \frac{2\pi}{\lambda_z} = \frac{\pi n_z}{L} \tag{A1-1-3}$$

である．一方，$\nu = c/\lambda = ck/(2\pi)$ なので，

$$\nu = \frac{c}{2\pi} k = \frac{c}{2\pi} \sqrt{k_x^2 + k_y^2 + k_z^2} = \frac{c}{2L} \sqrt{n_x^2 + n_y^2 + n_z^2} \tag{A1-1-4}$$

となる．$\nu \sim \nu + d\nu$ にある固有振動の数は，その間にある (n_x, n_y, n_z) の組み合わせの数である．そこで，xyz 空間に (n_x, n_y, n_z) をプロットする．その点は，xyz 空間内の格子点である．そこで，$r = \sqrt{n_x^2 + n_y^2 + n_z^2}$ と

付録 A の問題解答

置き，$r \sim r + dr$ 間の体積を求めると，

$$4\pi r^2 dr \times \frac{1}{8} = \frac{\pi}{2} r^2 dr \tag{A1-1-5}$$

となる．(A1-1-5)式で，8 で割り算しているのは，n_x, n_y, n_z が正の値であることからくる．単位体積当たり格子点は一つであるので，(A1-1-5)式は，$r \sim r + dr$ 間にある (n_x, n_y, n_z) の組み合わせ数でもある．(A1-1-4)式から，$r = 2L\nu/c$ であるので，

$$\frac{\pi}{2} r^2 dr = \frac{\pi}{2} \left(\frac{2L}{c} \nu\right)^2 \frac{2L}{c} d\nu = \frac{4\pi}{c^3} L^3 \nu^2 d\nu \tag{A1-1-6}$$

となる．電磁波は横波なので，1 組の (n_x, n_y, n_z) に対して，2 種類の波があるので，単位体積あたりの固有振動数は，

$$\frac{4\pi}{c^3} L^3 \nu^2 d\nu \times 2 \div L^3 = \frac{8\pi}{c^3} \nu^2 d\nu \tag{A1-1-7}$$

となる．

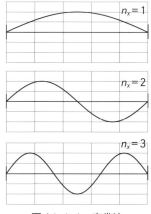

図 A1-1-1 定常波

問題 A2-1

問題 A1-1 と同じように，ある方向に運動している光子の運動量を p とし，その x 軸方向の運動量を p_x，波長を λ_x，速さを c_x と置く．定常波を形成しているので，問題 A1-1 と同じく

$$L = n_x \frac{\lambda_x}{2} = n_x \frac{c_x}{2\nu} \tag{A2-1-1}$$

が成り立つ．また，

$$p_x = \frac{c_x}{c} p \tag{A2-1-2}$$

である．$x = L$ の壁に当たった光子は，その瞬間運動量が p_x から $-p_x$ と $2p_x$ だけ変化する．この壁での光子の衝突は，$2L/c_x$ 秒に 1 回発生するので，光子 1 個が壁に与える力 f は，

$$f \frac{2L}{c_x} = 2p_x = 2\frac{c_x}{c} p, \quad \therefore f = \frac{c_x^2}{cL} p \tag{A2-1-3}$$

となる．ここで，

$$c^2 = c_x^2 + c_y^2 + c_z^2$$

であるが，光子は，x, y, z 方向に同じように運動しているので，

$$c_x^2 = c_y^2 = c_z^2 = \frac{1}{3}c^2 \tag{A2-1-4}$$

として問題ない．(A2-1-4)式を(A2-1-3)式に代入し，

$$f = \frac{c}{3L} p \tag{A2-1-5}$$

となる.光子の総数を N とすると,壁が受ける力は Nf となるので,壁が受ける圧力 P は,

$$P = \frac{Nf}{L^2} = \frac{Nc}{3L^3}p = \frac{Nc}{3V}p \qquad (\text{A2-1-6})$$

となる.一方,(A2-1-1)式の両辺を微分して,

$$\Delta L = -\frac{n_x c_x}{2\nu^2}\Delta\nu \qquad (\text{A2-1-7})$$

となるので,辺の長さが L から $L+\Delta L$ へ変化したときの体積変化 ΔV は,

$$\Delta V = \Delta(L^3) = 3L^2 \Delta L = -\frac{3}{2}L^2 \frac{n_x c_x}{\nu^2}\Delta\nu \qquad (\text{A2-1-8})$$

となり,(A2-1-1)式を利用して,(A2-1-8)式から n_x を消去すれば,

$$\Delta V = -\frac{3}{2}L^2 \frac{c_x}{\nu^2}\frac{2\nu L}{c_x}\Delta\nu = -3V\frac{\Delta\nu}{\nu} \qquad (\text{A2-1-9})$$

が得られる.光子の総数が変化しないので,N 個の光子のエネルギー変化 ΔE は $Nh\Delta\nu$ である.一方,光子は壁を押して外に $P\Delta V$ の仕事をしている.この仕事により光子はエネルギーを消費しているので,

$$-\Delta E = Nh\Delta\nu, \quad \therefore Nh\Delta\nu = -P\Delta V = -\frac{Nc}{3V}p\left(-3V\frac{\Delta\nu}{\nu}\right) = \frac{Nc}{\nu}p\Delta\nu$$
$$(\text{A2-1-10})$$

となる.(A2-1-10)式に $c = \nu\lambda$ を代入して整理すると $p = h/\lambda$ を得る.

問題 A3-1

電子の力学的エネルギーは，(A3-8)式で与えられる．これより，

$$P = -\frac{dE}{dt} = -\frac{1}{8\pi\varepsilon_0}\frac{e^2}{r^2}\frac{dr}{dt} \qquad (\text{A3-1-1})$$

となる．一方，円運動している電子の加速度 a は，$r\omega^2$ で与えられ，(A3-5)式より，

$$a = \frac{e^2}{4\pi\varepsilon_0 m_e r^2} \qquad (\text{A3-1-2})$$

となるので，(A3-1-1)式より，

$$\frac{dr}{dt} = -\frac{8\pi\varepsilon_0 r^2}{e^2}P = -\frac{8\pi\varepsilon_0 r^2}{e^2}\frac{e^2}{6\pi\varepsilon_0 c^3}a^2 = -\frac{4}{3c^3}\left(\frac{e^2}{4\pi\varepsilon_0 m_e}\right)^2\frac{1}{r^2} \equiv -\frac{A}{r^2} \qquad (\text{A3-1-3})$$

となる．ここで，$A = 3.12 \times 10^{-21}$ [m³/s] である．(A3-1-3)式より，

$$dt = -\frac{r^2}{A}dr, \quad \therefore T = \int_0^T dt = \int_{a_0}^0 \left(-\frac{r^2}{A}\right)dr = \frac{a_0^3}{3A} \qquad (\text{A3-1-4})$$

これより，$T = 1.6 \times 10^{-11}$ [s] となる．まさしく，「あっ」という間に潰れることになる．

付録 B　本文中の問題解答

問題 3.1-1

C が 6 個なので，図 B3.1-1-1 より半径 R は，1.40×10^{-10} m となる．ベンゼンはパイ電子が 6 個あるので，パウリの原理から E_0 状態に電子が 2 個，E_1 状態に電子が 4 個入る．この状態がエネルギー的に最も低い状態である．この状態から，電子が 1 個励起されれば，そのエネルギー差 ΔE に対応する光子を吸収し，また，励起状態から低いエネルギー状態に落ちると，その ΔE に対応する光子を放出する．吸収される光子のうち，波長が最も長いものを求めてみる．E_0 状態，E_1 状態には，パウリの原理からこれ以上電子が占有できない．そのため，E_0 状態にある電子が，E_1 状態に励起されることはない．このことから，ΔE が最も小さくなるのは，E_1 状態の電子が，その一つ上の E_2 状態に移るときである．よって，

$$\Delta E = E_2 - E_1 = \frac{\hbar^2}{2m_e}\left(\frac{2\pi}{L}\right)^2(2^2 - 1^2) = \frac{6\pi^2\hbar^2}{m_e L^2} \quad \text{(B3.1-1-1)}$$

である．このエネルギーをもつ光子の波長を求める．

$$\frac{6\pi^2\hbar^2}{m_e L^2} = h\nu = 2\pi\hbar\frac{c}{\lambda} \quad \text{(B3.1-1-2)}$$

であり，各物理定数は，

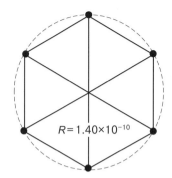

図 B3.1-1-1　ベンゼン環モデル（●；炭素原子）

$$\hbar = 1.06 \times 10^{-34} \text{ [J/s]}, \quad c = 3.00 \times 10^{8} \text{ [m/s]}$$
$$m_e = 9.11 \times 10^{-31} \text{ [kg]}, \quad L = 1.40 \times 10^{-10} \times 2\pi \text{ [m]}$$

であるので，これらを代入し，

$$\lambda = 21 \times 10^{-8} \text{ [m]}$$

となる．すなわち，波長は約 2.1×10^2 nm となる．可視光は，380 nm ～ 780 nm であるので，この波長の光は人間には見えない紫外線である．実際は，これ以外の波長もありえるが，すべてこれより短い波長で，可視光の範囲の光を吸収することも放出することもない．そのため，ベンゼンは無色透明である．実際のデータから，ベンゼンの吸収スペクトルでは，最も波長が長いものは 253 nm のところにある．そのため，周期的境界条件によるモデルは，きわめて単純なモデルであるが，かなり事実をよく説明してくれる．

問題 3.2-1

行列式の計算に慣れていない読者のため，A_1，B_1 を，それぞれ A_2，B_2 で表し，$A_2 = B_2 = 0$ 以外の解が存在する条件を求める計算を示す．その後，行列式計算による方法を示すが，両者は本質的に同じである．

本文中の(3.2-33)の第1式より,

$$B_1 = A_2 + B_2 - A_1 \tag{B3.2-1-1}$$

となる.

(B3.2-1-1)式を, 本文中の(3.2-33)の第2式に代入し整理すると,

$$A_1 = \frac{\beta + i\alpha}{2\beta} A_2 + \frac{\beta - i\alpha}{2\beta} B_2 \tag{B3.2-1-2}$$

となり, これを(B3.2-1-1)式に代入して,

$$B_1 = \frac{\beta - i\alpha}{2\beta} A_2 + \frac{\beta + i\alpha}{2\beta} B_2 \tag{B3.2-1-3}$$

を得る.

(B3.2-1-2)式, (B3.2-1-3)式を, 本文中の(3.2-35)式に代入すると,

$$\begin{aligned}
&\left\{\exp(i\alpha a) - \frac{\beta + i\alpha}{2\beta}\exp(ikl - b\beta) - \frac{\beta - i\alpha}{2\beta}\exp(ikl + b\beta)\right\}A_2 \\
&+ \left\{\exp(-i\alpha a) - \frac{\beta - i\alpha}{2\beta}\exp(ikl - b\beta) - \frac{\beta + i\alpha}{2\beta}\exp(ikl + b\beta)\right\}B_2 = 0
\end{aligned} \tag{B3.2-1-4}$$

となる.

ここで, (B3.2-1-4)式の A_2 と B_2 の係数をそれぞれ a_{33}, a_{34} とおくと,

$$\begin{aligned}
a_{33} &= \exp(i\alpha a) - \exp(ikl)\frac{\exp(b\beta) + \exp(-b\beta)}{2} \\
&\quad + \frac{i\alpha}{\beta}\exp(ikl)\frac{\exp(b\beta) - \exp(-b\beta)}{2} \\
&= \exp(i\alpha a) - \exp(ikl)\cosh(b\beta) + \frac{i\alpha}{\beta}\exp(ikl)\sinh(b\beta)
\end{aligned} \tag{B3.2-1-5}$$

となる.

また，a_{34} は，

$$a_{34} = \exp(-i\alpha a) - \exp(ikl)\frac{\exp(b\beta) + \exp(-b\beta)}{2}$$

$$- \frac{i\alpha}{\beta}\exp(ikl)\frac{\exp(b\beta) - \exp(-b\beta)}{2}$$

$$= \exp(-i\alpha a) - \exp(ikl)\cosh(b\beta) - \frac{i\alpha}{\beta}\exp(ikl)\sinh(b\beta)$$
$$\text{(B3.2-1-6)}$$

となる．次に，(B3.2-1-2)式，(B3.2-1-3)式を，本文中の(3.2-36)式に代入すると，

$$\left\{i\alpha\exp(i\alpha a) - \frac{\beta + i\alpha}{2}\exp(ikl - b\beta) + \frac{\beta - i\alpha}{2}\exp(ikl + b\beta)\right\}A_2$$
$$+ \left\{-i\alpha\exp(-i\alpha a) - \frac{\beta - i\alpha}{2}\exp(ikl - b\beta) + \frac{\beta + i\alpha}{2}\exp(ikl + b\beta)\right\}B_2 = 0$$
$$\text{(B3.2-1-7)}$$

となる.

(B3.2-1-7)式の A_2 と B_2 の係数をそれぞれ a_{43}，a_{44} と置くと，

$$a_{43} = i\alpha\exp(i\alpha a) + \beta\exp(ikl)\frac{\exp(b\beta) - \exp(-b\beta)}{2}$$

$$- i\alpha\exp(ikl)\frac{\exp(b\beta) + \exp(-b\beta)}{2}$$

$$= i\alpha\exp(i\alpha a) + \beta\exp(ikl)\sinh(b\beta) - i\alpha\exp(ikl)\cosh(b\beta)$$
$$\text{(B3.2-1-8)}$$

となり，a_{44} は，

$$a_{44} = -i\alpha \exp(-i\alpha a) + \beta \exp(ikl) \frac{\exp(b\beta) - \exp(-b\beta)}{2}$$

$$+ i\alpha \exp(ikl) \frac{\exp(b\beta) + \exp(-b\beta)}{2}$$

$$= -i\alpha \exp(-i\alpha a) + \beta \exp(ikl) \sinh(b\beta) + i\alpha \exp(ikl) \cosh(b\beta) \tag{B3.2-1-9}$$

となる．すなわち，(B3.2-1-4)式，(B3.2-1-7)式は，

$$a_{33}A_2 + a_{34}B_2 = 0, \quad a_{43}A_2 + a_{44}B_2 = 0 \tag{B3.2-1-10}$$

と表されていることになる．$A_2 = B_2 = 0$ なら，(B3.2-1-10)式は常に成り立つが，この場合は，波動関数が恒等的に 0 になるため求める解ではない．$A_2 = B_2 = 0$ 以外の解を得るためには，(B3.2-1-10)の一方の式が他方の定数倍であればよい．すなわち，

$$a_{33} : a_{43} = a_{34} : a_{44} \quad \therefore a_{33}a_{44} - a_{34}a_{43} = 0 \tag{B3.2-1-11}$$

であればよい．ここで簡単化のために，

$$X = \exp(ikl) \cosh(b\beta), \quad Y = \exp(ikl) \sinh(b\beta) \tag{B3.2-1-12}$$

と置く．このとき，(B3.2-1-11)式は以下になる．

$$a_{33}a_{44} - a_{34}a_{43} = \left\{ \exp(i\alpha a) - X + \frac{i\alpha}{\beta} Y \right\} \{ -i\alpha \exp(-i\alpha a) + \beta Y + i\alpha X \}$$

$$- \left\{ \exp(-i\alpha a) - X - \frac{i\alpha}{\beta} Y \right\} \{ i\alpha \exp(i\alpha a) + \beta Y - i\alpha X \}$$

$$= -2i\alpha + 2i\beta Y \sin(\alpha a) + 4i\alpha X \cos(\alpha a)$$

$$- 2i\alpha(X^2 - Y^2) - 2i \frac{\alpha^2}{\beta} Y \sin(\alpha a)$$

$$= 0 \tag{B3.2-1-13}$$

となり，したがって，

$$\frac{\beta^2 - \alpha^2}{\alpha\beta} Y\sin(\alpha a) + 2X\cos(\alpha a) = X^2 - Y^2 + 1 \quad \text{(B3.2-1-14)}$$

となる．

ここで，(B3.2-1-14)式に，(B3.2-1-12)式を代入し，両辺を $\exp(ikl)$ で割ると，

$$\frac{\beta^2 - \alpha^2}{\alpha\beta} \sinh(b\beta)\sin(\alpha a) + 2\cosh(b\beta)\cos(\alpha a) = \exp(ikl) + \exp(-ikl)$$
$$= 2\cos(kl) \quad \text{(B3.2-1-15)}$$

となる．(B3.2-1-15)式では，以下の式を利用した．

$$\cosh^2(b\beta) - \sinh^2(b\beta) = 1 \quad \text{(B3.2-1-16)}$$

(B3.2-15)式は，本文中の(3.2-38)式そのものである．

次に，本文中の行列式(3.2-37)式から(3.2-38)式を計算する方法を示そう．まず，(B3.2-1-2)式，(B3.2-1-3)式に対応する計算を以下のようにする．本文中の(3.2-37)式左辺行列の行列式の第2行を β で割ると，

$$\begin{vmatrix} 1 & 1 & -1 & -1 \\ 1 & -1 & -i\alpha/\beta & i\alpha/\beta \\ -\exp(ikl - \beta b) & -\exp(ikl + \beta b) & \exp(i\alpha a) & \exp(-i\alpha a) \\ -\beta\exp(ikl - \beta b) & \beta\exp(ikl + \beta b) & i\alpha\exp(i\alpha a) & -i\alpha\exp(-i\alpha a) \end{vmatrix} = 0$$

$$\text{(B3.2-1-17)}$$

となる．(1, 2)成分を 0 にするために，第 2 行を第 1 行に加えて，両辺を 2 で割ると，

$$\begin{vmatrix} 1 & 0 & -\dfrac{\beta + i\alpha}{2\beta} & -\dfrac{\beta - i\alpha}{2\beta} \\ 1 & -1 & -i\alpha/\beta & i\alpha/\beta \\ -\exp(ikl - \beta b) & -\exp(ikl + \beta b) & \exp(i\alpha a) & \exp(-i\alpha a) \\ -\beta\exp(ikl - \beta b) & \beta\exp(ikl + \beta b) & i\alpha\exp(i\alpha a) & -i\alpha\exp(-i\alpha a) \end{vmatrix} = 0$$

(B3.2-1-18)

となる．

 $(2,1)$ 成分を 0 にするために，第 2 行から第 1 行を引き，両辺に -1 を掛けると，

$$\begin{vmatrix} 1 & 0 & -\dfrac{\beta + i\alpha}{2\beta} & -\dfrac{\beta - i\alpha}{2\beta} \\ 0 & 1 & -\dfrac{\beta - i\alpha}{2\beta} & -\dfrac{\beta + i\alpha}{2\beta} \\ -\exp(ikl - \beta b) & -\exp(ikl + \beta b) & \exp(i\alpha a) & \exp(-i\alpha a) \\ -\beta\exp(ikl - \beta b) & \beta\exp(ikl + \beta b) & i\alpha\exp(i\alpha a) & -i\alpha\exp(-i\alpha a) \end{vmatrix} = 0$$

(B3.2-1-19)

となる．

 (B3.2-1-19)式左辺の行列は，(B3.2-1-2)式，(B3.2-1-3)式に対応するものである．先ほどの計算では，(B3.2-1-2)式，(B3.2-1-3)式を本文中の(3.2-1-35)式，(3.2-1-36)式に代入し，A_2, B_2 のみの式にしたが，これは，(B3.2-1-19)式で，$(3,1)$, $(3,2)$, $(4,1)$, $(4,2)$ 成分を 0 にすることに対応する．$(3,1)$, $(4,1)$ 成分を 0 にするために，第 1 行を $\exp(ikl - \beta b)$ 倍して第 3 行に加え，$\beta\exp(ikl - \beta b)$ 倍して第 4 行に加える．$(3,2)$, $(4,2)$ 成分を 0 にするためには，第 2 行を $\exp(ikl + \beta b)$ 倍して第 3 行に加え，$\beta\exp(ikl + \beta b)$ 倍して第 4 行から引けばよい．この操作を行うと，先の計算で出てきた，a_{33}, a_{34}, a_{43}, a_{44} を用いて，以下の式が得られる．

$$\begin{vmatrix} 1 & 0 & -\dfrac{\beta + i\alpha}{2\beta} & -\dfrac{\beta - i\alpha}{2\beta} \\ 0 & 1 & -\dfrac{\beta - i\alpha}{2\beta} & -\dfrac{\beta + i\alpha}{2\beta} \\ 0 & 0 & a_{33} & a_{34} \\ 0 & 0 & a_{43} & a_{44} \end{vmatrix} = 0 \quad \text{(B3.2-1-20)}$$

左辺はすぐに計算でき，(B3.2-1-11)式を得る．以降は，先ほどの計算と同じである．

問題 3.3-1

本文中の(3.3-28)式を ξ で微分すると，左辺は，

$$\frac{\partial S}{\partial \xi} = 2s \exp(-s^2 + 2s\xi) = 2s \sum_{n=0}^{\infty} \frac{H_n(\xi)}{n!} s^n = \sum_{n=0}^{\infty} \frac{2H_n(\xi)}{n!} s^{n+1} \quad \text{(B3.3-1-1)}$$

となり，右辺は，

$$\frac{\partial}{\partial \xi} \left(\sum_{n=0}^{\infty} \frac{H_n(\xi)}{n!} s^n \right) = \sum_{n=0}^{\infty} \frac{s^n}{n!} \frac{dH_n(\xi)}{d\xi} \quad \text{(B3.3-1-2)}$$

となる．s^n の係数を比較して，

$$\frac{2H_{n-1}(\xi)}{(n-1)!} = \frac{1}{n!} \frac{dH_n(\xi)}{d\xi}, \quad \therefore \frac{dH_n(\xi)}{d\xi} = 2nH_{n-1}(\xi) \quad \text{(B3.3-1-3)}$$

となる．次に，本文中の(3.3-28)式を s で微分すると，左辺は

$$\frac{\partial}{\partial s}\left(\exp(-s^2 + 2s\xi)\right) = (-2s + 2\xi)\exp(-s^2 + 2s\xi)$$

$$= (-2s + 2\xi)\sum_{n=0}^{\infty} \frac{H_n(\xi)}{n!} s^n$$

$$= \sum_{n=0}^{\infty} \frac{-2H_n(\xi)}{n!} s^{n+1} + \sum_{n=0}^{\infty} \frac{2\xi H_n(\xi)}{n!} s^n$$

$$= \sum_{n=1}^{\infty} \frac{-2H_{n-1}(\xi)}{(n-1)!} s^n + \sum_{n=0}^{\infty} \frac{2\xi H_n(\xi)}{n!} s^n \quad \text{(B3.3-1-4)}$$

となり,右辺は,

$$\frac{\partial}{\partial s}\left(\sum_{n=0}^{\infty} \frac{H_n(\xi)}{n!} s^n\right) = \sum_{n=1}^{\infty} \frac{H_n(\xi)}{(n-1)!} s^{n-1} = \sum_{n=0}^{\infty} \frac{H_{n+1}(\xi)}{n!} s^n \quad \text{(B3.3-1-5)}$$

となる. s^n の係数を比較して,

$$\frac{-2H_{n-1}(\xi)}{(n-1)!} + \frac{2\xi H_n(\xi)}{n!} = \frac{H_{n+1}(\xi)}{n!},$$

$$\therefore H_{n+1}(\xi) = 2\xi H_n(\xi) - 2n H_{n-1}(\xi) \quad \text{(B3.3-1-6)}$$

となる. (B3.3-1-6)式に, (B3.3-1-3)式を代入して,

$$H_{n+1}(\xi) = 2\xi H_n(\xi) - \frac{dH_n(\xi)}{d\xi} \quad \text{(B3.3-1-7)}$$

となり,さらに ξ で微分し,

$$\frac{dH_{n+1}(\xi)}{d\xi} = 2H_n(\xi) + 2\xi \frac{dH_n(\xi)}{d\xi} - \frac{d^2 H_n(\xi)}{d\xi^2} \quad \text{(B3.3-1-8)}$$

となる. これに(B3.3-1-3)式を左辺に代入し,

$$2(n+1)H_n(\xi) = 2H_n(\xi) + 2\xi\frac{\mathrm{d}H_n(\xi)}{\mathrm{d}\xi} - \frac{\mathrm{d}^2H_n(\xi)}{\mathrm{d}\xi^2} \quad \text{(B3.3-1-9)}$$

となり, すなわち,

$$\frac{\mathrm{d}^2H_n(\xi)}{\mathrm{d}\xi^2} - 2\xi\frac{\mathrm{d}H_n(\xi)}{\mathrm{d}\xi} + 2nH_n(\xi) = 0 \quad \text{(B3.3-1-10)}$$

となる.

問題 3.3-2

$\frac{\mathrm{d}y}{\mathrm{d}\xi} + 2\xi y = 0$ の両辺を 1 回微分すると,

$$\frac{\mathrm{d}^2y}{\mathrm{d}\xi^2} + 2\xi\frac{\mathrm{d}y}{\mathrm{d}\xi} + 2y = 0 \quad \text{(B3.3-2-1)}$$

となり, さらに n 回微分すると,

$$\frac{\mathrm{d}^2z}{\mathrm{d}\xi^2} + 2\xi\frac{\mathrm{d}z}{\mathrm{d}\xi} + 2(n+1)z = 0 \quad \text{(B3.3-2-2)}$$

となる. ただし,

$$z = \frac{\mathrm{d}^n y}{\mathrm{d}\xi^n} = C\frac{\mathrm{d}^n}{\mathrm{d}\xi^n}\exp(-\xi^2) \text{ と置く. ここで,}$$

$$z = H_n(\xi)\exp(-\xi^2) \quad \text{(B3.3-2-3)}$$

と置けば, $H_n(\xi)$ は ξ の多項式であることがわかる. (B3.3-2-3)式より,

$$\frac{\mathrm{d}z}{\mathrm{d}\xi} = \frac{\mathrm{d}H_n}{\mathrm{d}\xi}\exp(-\xi^2) - 2\xi H_n \exp(-\xi^2) \quad \text{(B3.3-2-4)}$$

$$\frac{d^2 z}{d\xi^2} = \left(\frac{d^2 H_n}{d\xi^2} - 4\xi \frac{dH_n}{d\xi} - 2H_n + 4\xi^2 H_n \right) \exp(-\xi^2) \quad \text{(B3.3-2-5)}$$

となるので，(B3.3-2-2)に代入し，

$$\frac{d^2 H_n}{d\xi^2} - 2\xi \frac{dH_n}{d\xi} + 2nH_n = 0 \quad \text{(B3.3-2-6)}$$

となる．これより，

$$H_n = C' \exp(\xi^2) \frac{d^n}{d\xi^n} \exp(-\xi^2) \quad \text{(B3.3-2-7)}$$

となる．$C' = (-1)^n$ と置けば，求める解となる．

問題 4.1-1

本文中の(4.1-18)式〜(4.1-20)式を利用して，始めに $\partial^2/\partial x^2$ を求める．本文中の(4.1-18)式を 2 回繰り返し，

$$\begin{aligned}
\frac{\partial^2}{\partial x^2} &= \sin\theta \cos\varphi \frac{\partial}{\partial r} \left(\sin\theta \cos\varphi \frac{\partial}{\partial r} + \frac{1}{r} \cos\theta \cos\varphi \frac{\partial}{\partial \theta} - \frac{1}{r} \frac{\sin\varphi}{\sin\theta} \frac{\partial}{\partial \varphi} \right) \\
&+ \frac{1}{r} \cos\theta \cos\varphi \frac{\partial}{\partial \theta} \left(\sin\theta \cos\varphi \frac{\partial}{\partial r} + \frac{1}{r} \cos\theta \cos\varphi \frac{\partial}{\partial \theta} - \frac{1}{r} \frac{\sin\varphi}{\sin\theta} \frac{\partial}{\partial \varphi} \right) \\
&- \frac{1}{r} \frac{\sin\varphi}{\sin\theta} \frac{\partial}{\partial \varphi} \left(\sin\theta \cos\varphi \frac{\partial}{\partial r} + \frac{1}{r} \cos\theta \cos\varphi \frac{\partial}{\partial \theta} - \frac{1}{r} \frac{\sin\varphi}{\sin\theta} \frac{\partial}{\partial \varphi} \right)
\end{aligned}$$
$$\text{(B4.1-1-1)}$$

となる．各行ごとに計算を進める．

1 行目は，

$$\sin^2\theta\cos^2\varphi\frac{\partial^2}{\partial r^2} - \frac{\sin\theta\cos\theta\cos^2\varphi}{r^2}\frac{\partial}{\partial\theta} + \frac{\sin\theta\cos\theta\cos^2\varphi}{r}\frac{\partial^2}{\partial r\partial\theta}$$
$$+ \frac{\sin\varphi\cos\varphi}{r^2}\frac{\partial}{\partial\varphi} - \frac{\sin\varphi\cos\varphi}{r}\frac{\partial^2}{\partial r\partial\varphi} \quad \text{(B4.1-1-2)}$$

となり,2 行目は,

$$\frac{1}{r}\cos^2\theta\cos^2\varphi\frac{\partial}{\partial r} + \frac{1}{r}\sin\theta\cos\theta\cos^2\varphi\frac{\partial^2}{\partial r\partial\theta} - \frac{1}{r^2}\cos\theta\sin\theta\cos^2\varphi\frac{\partial}{\partial\theta}$$
$$+ \frac{1}{r^2}\cos^2\theta\cos^2\varphi\frac{\partial^2}{\partial\theta^2} + \frac{1}{r^2}\frac{\cos^2\theta\cos\varphi\sin\varphi}{\sin^2\theta}\frac{\partial}{\partial\varphi}$$
$$- \frac{1}{r^2}\frac{\cos\theta\cos\varphi\sin\varphi}{\sin\theta}\frac{\partial^2}{\partial\theta\partial\varphi} \quad \text{(B4.1-1-3)}$$

となり,3 行目は,

$$\frac{1}{r}\sin^2\varphi\frac{\partial}{\partial r} - \frac{1}{r}\sin\varphi\cos\varphi\frac{\partial^2}{\partial r\partial\varphi} + \frac{1}{r^2}\frac{\cos\theta\sin^2\varphi}{\sin\theta}\frac{\partial}{\partial\theta}$$
$$- \frac{1}{r^2}\frac{\cos\theta\sin\varphi\cos\varphi}{\sin\theta}\frac{\partial^2}{\partial\theta\partial\varphi} + \frac{1}{r^2}\frac{\sin\varphi\cos\varphi}{\sin^2\theta}\frac{\partial}{\partial\varphi} + \frac{1}{r^2}\frac{\sin^2\varphi}{\sin^2\theta}\frac{\partial^2}{\partial\varphi^2}$$
$$\text{(B4.1-1-4)}$$

となる.

次に,$\partial^2/\partial y^2$ も同様に (4.1-19) 式から計算する.

$$\frac{\partial^2}{\partial y^2} = \sin\theta\sin\varphi\frac{\partial}{\partial r}\left(\sin\theta\sin\varphi\frac{\partial}{\partial r} + \frac{1}{r}\cos\theta\sin\varphi\frac{\partial}{\partial\theta} + \frac{1}{r}\frac{\cos\varphi}{\sin\theta}\frac{\partial}{\partial\varphi}\right)$$
$$+ \frac{1}{r}\cos\theta\sin\varphi\frac{\partial}{\partial\theta}\left(\sin\theta\sin\varphi\frac{\partial}{\partial r} + \frac{1}{r}\cos\theta\sin\varphi\frac{\partial}{\partial\theta} + \frac{1}{r}\frac{\cos\varphi}{\sin\theta}\frac{\partial}{\partial\varphi}\right)$$
$$+ \frac{1}{r}\frac{\cos\varphi}{\sin\theta}\frac{\partial}{\partial\varphi}\left(\sin\theta\sin\varphi\frac{\partial}{\partial r} + \frac{1}{r}\cos\theta\sin\varphi\frac{\partial}{\partial\theta} + \frac{1}{r}\frac{\cos\varphi}{\sin\theta}\frac{\partial}{\partial\varphi}\right)$$
$$\text{(B4.1-1-5)}$$

であり，この式の 1 行目は，

$$\sin^2\theta \sin^2\varphi \frac{\partial^2}{\partial r^2} - \frac{\sin\theta\cos\theta\sin^2\varphi}{r^2}\frac{\partial}{\partial\theta} + \frac{\sin\theta\cos\theta\sin^2\varphi}{r}\frac{\partial^2}{\partial r\partial\theta}$$

$$-\frac{1}{r^2}\sin\varphi\cos\varphi\frac{\partial}{\partial\varphi} + \frac{1}{r}\sin\varphi\cos\varphi\frac{\partial^2}{\partial r\partial\varphi} \quad \text{(B4.1-1-6)}$$

となり，2 行目は，

$$\frac{1}{r}\cos^2\theta\sin^2\varphi\frac{\partial}{\partial r} + \frac{1}{r}\sin\theta\cos\theta\sin^2\varphi\frac{\partial^2}{\partial r\partial\theta} - \frac{1}{r^2}\cos\theta\sin\theta\sin^2\varphi\frac{\partial}{\partial\theta}$$

$$+ \frac{1}{r^2}\cos^2\theta\sin^2\varphi\frac{\partial^2}{\partial\theta^2} - \frac{1}{r^2}\frac{\cos^2\theta\cos\varphi\sin\varphi}{\sin^2\theta}\frac{\partial}{\partial\varphi}$$

$$+ \frac{1}{r^2}\frac{\cos\theta\cos\varphi\sin\varphi}{\sin\theta}\frac{\partial^2}{\partial\theta\partial\varphi} \quad \text{(B4.1-1-7)}$$

となる．

3 行目は，

$$\frac{1}{r}\cos^2\varphi\frac{\partial}{\partial\varphi} + \frac{1}{r}\sin\varphi\cos\varphi\frac{\partial^2}{\partial r\partial\varphi} + \frac{1}{r^2}\frac{\cos\theta\cos^2\varphi}{\sin\theta}\frac{\partial}{\partial\theta}$$

$$+ \frac{1}{r^2}\frac{\cos\theta\sin\varphi\cos\varphi}{\sin\theta}\frac{\partial^2}{\partial\theta\partial\varphi} - \frac{1}{r^2}\frac{\sin\varphi\cos\varphi}{\sin^2\theta}\frac{\partial}{\partial\varphi} + \frac{1}{r^2}\frac{\cos^2\varphi}{\sin^2\theta}\frac{\partial^2}{\partial\varphi^2}$$

$$\text{(B4.1-1-8)}$$

となる．

$\partial^2/\partial z^2$ も同様に計算する．

$$\frac{\partial^2}{\partial z^2} = \cos\theta\frac{\partial}{\partial r}\left(\cos\theta\frac{\partial}{\partial r} - \frac{1}{r}\sin\theta\frac{\partial}{\partial\theta}\right)$$

$$-\frac{1}{r}\sin\theta\frac{\partial}{\partial\theta}\left(\cos\theta\frac{\partial}{\partial r} - \frac{1}{r}\sin\theta\frac{\partial}{\partial\theta}\right) \quad \text{(B4.1-1-9)}$$

であり，1 行目は，

$$\cos^2\theta \frac{\partial^2}{\partial r^2} + \frac{1}{r^2}\cos\theta\sin\theta \frac{\partial}{\partial \theta} - \frac{1}{r}\cos\theta\sin\theta \frac{\partial^2}{\partial r \partial \theta} \quad (B4.1\text{-}1\text{-}10)$$

となり，2 行目は，

$$\frac{\sin^2\theta}{r}\frac{\partial}{\partial r} - \frac{\sin\theta\cos\theta}{r}\frac{\partial^2}{\partial r \partial \theta} + \frac{\sin\theta\cos\theta}{r^2}\frac{\partial}{\partial \theta} + \frac{\sin^2\theta}{r^2}\frac{\partial^2}{\partial \theta^2}$$
$$(B4.1\text{-}1\text{-}11)$$

となる．

次に，$\partial^2/\partial x^2 + \partial^2/\partial y^2 + \partial^2/\partial z^2$ を求めるために，上記計算結果をすべて足し合わせる必要がある．そのため，各項ごとにその係数を計算する．

$\dfrac{\partial^2}{\partial r^2}$; $\sin^2\theta\cos^2\varphi + \sin^2\theta\sin^2\varphi + \cos^2\theta$

$$= 1 \quad (B4.1\text{-}1\text{-}12)$$

$\dfrac{\partial}{\partial r}$; $\dfrac{1}{r}\cos^2\theta\cos^2\varphi + \dfrac{1}{r}\sin^2\varphi + \dfrac{1}{r}\cos^2\theta\sin^2\varphi + \dfrac{1}{r}\cos^2\varphi + \dfrac{1}{r}\sin^2\theta$

$$= \frac{1}{r}\cos^2\theta + \frac{1}{r} + \frac{1}{r}\sin^2\theta$$
$$= \frac{2}{r} \quad (B4.1\text{-}1\text{-}13)$$

$\dfrac{\partial^2}{\partial r \partial \theta}$; $\dfrac{\sin\theta\cos\theta\cos^2\varphi}{r} + \dfrac{\sin\theta\cos\theta\cos^2\varphi}{r} + \dfrac{\sin\theta\cos\theta\sin^2\varphi}{r}$

$$+ \frac{\sin\theta\cos\theta\sin^2\varphi}{r} - \frac{1}{r}\sin\theta\cos\theta - \frac{1}{r}\sin\theta\cos\theta$$
$$= 0 \quad (B4.1\text{-}1\text{-}14)$$

$$\frac{\partial^2}{\partial r \partial \varphi} \; ; \quad -\frac{\sin \varphi \cos \varphi}{r} - \frac{\sin \varphi \cos \varphi}{r} + \frac{\sin \varphi \cos \varphi}{r} + \frac{\cos \varphi \sin \varphi}{r}$$

$$= 0 \tag{B4.1-1-15}$$

$$\frac{\partial^2}{\partial \theta^2} \; ; \quad \frac{1}{r^2} \cos^2 \theta \cos^2 \varphi + \frac{1}{r^2} \cos^2 \theta \sin^2 \varphi + \frac{1}{r^2} \sin^2 \theta$$

$$= \frac{1}{r^2} \tag{B4.1-1-16}$$

$$\frac{\partial}{\partial \theta} \; ; \quad -\frac{1}{r^2} \sin \theta \cos \theta \cos^2 \varphi - \frac{1}{r^2} \cos \theta \sin \theta \cos^2 \varphi + \frac{1}{r^2} \frac{\cos \theta \sin^2 \varphi}{\sin \theta}$$

$$-\frac{1}{r^2} \sin \theta \cos \theta \sin^2 \varphi - \frac{1}{r^2} \cos \theta \sin \theta \sin^2 \varphi + \frac{1}{r^2} \frac{\cos \theta \cos^2 \varphi}{\sin \theta}$$

$$+ \frac{1}{r^2} \cos \theta \sin \theta + \frac{\sin \theta \cos \theta}{r^2}$$

$$= -\frac{2}{r^2} \sin \theta \cos \theta + \frac{1}{r^2} \frac{\cos \theta}{\sin \theta} + \frac{2}{r^2} \cos \theta \sin \theta$$

$$= \frac{1}{r^2} \frac{\cos \theta}{\sin \theta} \tag{B4.1-1-17}$$

$$\frac{\partial^2}{\partial \theta \partial \varphi} \; ; \quad -\frac{1}{r^2} \frac{\cos \theta \cos \varphi \sin \varphi}{\sin \theta} - \frac{1}{r^2} \frac{\cos \theta \sin \varphi \cos \varphi}{\sin \theta}$$

$$+ \frac{1}{r^2} \frac{\cos \theta \sin \varphi \cos \varphi}{\sin \theta} + \frac{1}{r^2} \frac{\cos \theta \sin \varphi \cos \varphi}{\sin \theta}$$

$$= 0 \tag{B4.1-1-18}$$

$$\frac{\partial^2}{\partial \varphi^2} \; ; \quad \frac{1}{r^2} \frac{\sin^2 \varphi}{\sin^2 \theta} + \frac{1}{r^2} \frac{\cos^2 \varphi}{\sin^2 \theta}$$

$$= \frac{1}{r^2} \frac{1}{\sin^2 \theta} \tag{B4.1-1-19}$$

$$\frac{\partial}{\partial \varphi} ; \quad \frac{\sin \varphi \cos \varphi}{r^2} + \frac{1}{r^2} \frac{\cos^2 \theta \cos \varphi \sin \varphi}{\sin^2 \theta} + \frac{1}{r^2} \frac{\sin \varphi \cos \varphi}{\sin^2 \theta}$$
$$- \frac{1}{r^2} \sin \varphi \cos \varphi - \frac{1}{r^2} \frac{\cos^2 \theta \cos \varphi \sin \varphi}{\sin^2 \theta} - \frac{1}{r^2} \frac{\sin \varphi \cos \varphi}{\sin^2 \theta}$$
$$= 0 \qquad (B4.1\text{-}1\text{-}20)$$

以上をまとめると,

$$\Delta = \frac{\partial^2}{\partial r^2} + \frac{2}{r} \frac{\partial}{\partial r} + \frac{1}{r^2} \frac{\partial^2}{\partial \theta^2} + \frac{1}{r^2} \frac{\cos \theta}{\sin \theta} \frac{\partial}{\partial \theta} + \frac{1}{r^2 \sin^2 \theta} \frac{\partial^2}{\partial \varphi^2}$$
$$= \frac{\partial^2}{\partial r^2} + \frac{2}{r} \frac{\partial}{\partial r} + \frac{1}{r^2} \left(\frac{\partial^2}{\partial \theta^2} + \frac{\cos \theta}{\sin \theta} \frac{\partial}{\partial \theta} + \frac{1}{\sin^2 \theta} \frac{\partial^2}{\partial \varphi^2} \right)$$
$$= \frac{\partial^2}{\partial r^2} + \frac{2}{r} \frac{\partial}{\partial r} + \frac{1}{r^2} \Lambda(\theta, \varphi) \qquad (B4.1\text{-}1\text{-}21)$$

となる.ここで,

$$\Lambda(\theta, \varphi) = \frac{\partial^2}{\partial \theta^2} + \frac{\cos \theta}{\sin \theta} \frac{\partial}{\partial \theta} + \frac{1}{\sin^2 \theta} \frac{\partial^2}{\partial \varphi^2} \quad (B4.1\text{-}1\text{-}22)$$

と置いた.

問題 4.2-1

本文中の(4.2-26)式の左辺第 1 項を 1 回微分すると,

$$(1 - z^2) \frac{d^3 w}{dz^3} - 2z \frac{d^2 w}{dz^2} \qquad (B4.2\text{-}1\text{-}1)$$

となり,さらに 1 回微分すると,

$$(1-z^2)\frac{\mathrm{d}^4 w}{\mathrm{d}z^4} - 4z\frac{\mathrm{d}^3 w}{\mathrm{d}z^3} - 2\frac{\mathrm{d}^2 w}{\mathrm{d}z^2} \qquad \text{(B4.2-1-2)}$$

となる．もう 1 回微分して，

$$(1-z^2)\frac{\mathrm{d}^5 w}{\mathrm{d}z^5} - 6z\frac{\mathrm{d}^4 w}{\mathrm{d}z^4} - 6\frac{\mathrm{d}^3 w}{\mathrm{d}z^3} \qquad \text{(B4.2-1-3)}$$

を得る．これより j 回微分したときには，

$$(1-z^2)\frac{\mathrm{d}^{j+2} w}{\mathrm{d}z^{j+2}} - 2jz\frac{\mathrm{d}^{j+1} w}{\mathrm{d}z^{j+1}} - j(j-1)\frac{\mathrm{d}^{j} w}{\mathrm{d}z^{j}} \qquad \text{(B4.2-1-4)}$$

となることが推定できる．実際，上の式をさらに 1 回微分すると，

$$(1-z^2)\frac{\mathrm{d}^{j+3} w}{\mathrm{d}z^{j+3}} - 2z\frac{\mathrm{d}^{j+2} w}{\mathrm{d}z^{j+2}} - 2jz\frac{\mathrm{d}^{j+2} w}{\mathrm{d}z^{j+2}} - 2j\frac{\mathrm{d}^{j+1} w}{\mathrm{d}z^{j+1}} - j(j-1)\frac{\mathrm{d}^{j+1} w}{\mathrm{d}z^{j+1}}$$
$$\text{(B4.2-1-5)}$$

となり，これより，

$$(1-z^2)\frac{\mathrm{d}^{j+3} w}{\mathrm{d}z^{j+3}} - 2(j+1)z\frac{\mathrm{d}^{j+2} w}{\mathrm{d}z^{j+2}} - j(j+1)\frac{\mathrm{d}^{j} w}{\mathrm{d}z^{j}} \qquad \text{(B4.2-1-6)}$$

を得る．この式より，(B4.2-1-4)式の j が一つ増加している形になっていることがわかる．このことから，本文中の(4.2-26)式の第 1 項を j 回微分すると，(B4.2-1-4)式となる．

第 2 項については，

$$z\frac{\mathrm{d}^2 w}{\mathrm{d}z^2} + \frac{\mathrm{d}w}{\mathrm{d}z} \quad \text{(1 回微分)}, \quad z\frac{\mathrm{d}^3 w}{\mathrm{d}z^3} + 2\frac{\mathrm{d}^2 w}{\mathrm{d}z^2} \quad \text{(2 回微分)} \qquad \text{(B4.2-1-7)}$$

となるので，j 回微分すると，

$$z\frac{\mathrm{d}^{j+1}w}{\mathrm{d}z^{j+1}} + j\frac{\mathrm{d}^j w}{\mathrm{d}z^j} \tag{B4.2-1-8}$$

となる．実際に(B4.2-1-8)をさらに1回微分すると j が一つ増加している形になることが確かめられる．これらより，本文中の(4.2-26)式を j 回微分すると，

$$(1-z^2)\frac{\mathrm{d}^{j+2}w}{\mathrm{d}z^{j+2}} + 2(l-1-j)z\frac{\mathrm{d}^{j+1}w}{\mathrm{d}z^{j+1}} + \{2(l-1)j - j(j-1) + 2l\}\frac{\mathrm{d}^j w}{\mathrm{d}z^j} = 0 \tag{B4.2-1-9}$$

となる．特に $j = l$ の場合は，

$$(1-z^2)\frac{\mathrm{d}^{l+2}w}{\mathrm{d}z^{l+2}} - 2z\frac{\mathrm{d}^{l+1}w}{\mathrm{d}z^{l+1}} + l(l+1)\frac{\mathrm{d}^l w}{\mathrm{d}z^l} = 0 \tag{B4.2-1-10}$$

となることがわかる．よって，

$$v_l = \frac{\mathrm{d}^l w}{\mathrm{d}z^l} = \frac{\mathrm{d}^l}{\mathrm{d}z^l}(z^2 - 1) \tag{B4.2-1-11}$$

と置けば，

$$(1-z^2)\frac{\mathrm{d}^2 v_l}{\mathrm{d}z^2} - 2z\frac{\mathrm{d}v_l}{\mathrm{d}z} + l(l+1)v_l = 0 \tag{B4.2-1-12}$$

となる．これはルジャンドルの方程式である．

したがって，

$$P_l(z) = C_l \frac{\mathrm{d}^l}{\mathrm{d}z^l}(z^2 - 1)^l \tag{B4.2-1-13}$$

なので C_l は，$z = 1$ で $P_l(z) = 1$ という条件で決まる．$(z^2-1)^l = (z-1)^l(z+1)^l$ より，これを l 回微分すると，$l_1 + l_2 = l$ なる $l_1 \geq 0$，$l_2 \geq 0$ を用いて，$(z-1)^{l-l_1}(z+1)^{l-l_2}$ の項で形成される多項式になっている．

$z=1$ でも 0 にならないのは，$l = l_1$ のときのみで，

$$P_l(z=1) = C_l(z+1)^l \cdot l! \big|_{z=1} = C_l \cdot 2^l \cdot l! \quad \text{(B4.2-1-14)}$$

であるので，

$$C_l = \frac{1}{2^l \cdot l!}, \quad \therefore P_l = \frac{1}{2^l \cdot l!} \frac{d^l}{dz^l}(z^2-1)^l \quad \text{(B4.2-1-15)}$$

となる．

問題 4.3-1

本文中の (4.3-4) 式を 1 回微分すると，

$$\begin{aligned}\frac{dv}{dz} &= -\frac{m_l}{2}(1-z^2)^{-\frac{m_l}{2}-1}(-2z)w + (1-z^2)^{-\frac{m_l}{2}}\frac{dw}{dz} \\ &= m_l z(1-z^2)^{-\frac{m_l}{2}-1}w + (1-z^2)^{-\frac{m_l}{2}}\frac{dw}{dz} \quad \text{(B4.3-1-1)}\end{aligned}$$

となり，さらに 1 回微分すると，

$$\begin{aligned}\frac{d^2v}{dz^2} &= m_l(1-z^2)^{-\frac{m_l}{2}-1}w + (m_l z)\left(-\frac{m_l}{2}-1\right)(1-z^2)^{-\frac{m_l}{2}-2}(-2z)w \\ &\quad + m_l z(1-z^2)^{-\frac{m_l}{2}-1}\frac{dw}{dz} + \left(-\frac{m_l}{2}\right)(1-z^2)^{-\frac{m_l}{2}-1}(-2z)\frac{dw}{dz} \\ &\quad + (1-z^2)^{-\frac{m_l}{2}}\frac{d^2w}{dz^2} \\ &= m_l(1-z^2)^{-\frac{m_l}{2}-2}\{1+(m_l+1)z^2\}w + 2m_l z(1-z^2)^{-\frac{m_l}{2}-1}\frac{dw}{dz} \\ &\quad + (1-z^2)^{-\frac{m_l}{2}}\frac{d^2w}{dz^2} \quad \text{(B4.3-1-2)}\end{aligned}$$

となる．これらを本文中の(4.3-2)式に代入する．このとき，d^2w/dz^2, dw/dz, w の係数をそれぞれ計算すると以下となる．

d^2w/dz^2 :

$$(1-z^2)^{-\frac{m_l}{2}+1} \tag{B4.3-1-3}$$

dw/dz :

$$2m_l z(1-z^2)^{-\frac{m_l}{2}} - 2(m_l+1)z(1-z^2)^{-\frac{m_l}{2}}$$
$$= -2z(1-z^2)^{-\frac{m_l}{2}} \tag{B4.3-1-4}$$

w :

$$m_l(1-z^2)^{-\frac{m_l}{2}-1}\{1+(m_l+1)z^2\} - 2m_l(m_l+1)z^2(1-z^2)^{-\frac{m_l}{2}-1}$$
$$+ \{l(l+1) - m_l(m_l+1)\}(1-z^2)^{-\frac{m_l}{2}}$$
$$= \{-m_l^2 + l(l+1)(1-z^2)\}(1-z^2)^{-\frac{m_l}{2}-1} \tag{B4.3-1-5}$$

まとめると，以下の式を得る．

$$(1-z^2)^{-\frac{m_l}{2}+1}\frac{d^2w}{dz^2} - 2z(1-z^2)^{-\frac{m_l}{2}}\frac{dw}{dz}$$
$$+ \{l(l+1)(1-z^2) - m_l^2\}(1-z^2)^{-\frac{m_l}{2}-1}w = 0 \tag{B4.3-1-6}$$

両辺を $(1-z^2)^{-\frac{m_l}{2}}$ で割り算すると，本文中の(4.3-5)式を得る．

問題 4.4-1

本文中の(4.2-23)式において,

$$P_l(z) = \frac{1}{2^l l!} \frac{\mathrm{d}^l}{\mathrm{d}z^l}(z^2-1)^l = \frac{1}{2^l l!} \frac{\mathrm{d}^l w}{\mathrm{d}z^l}, \quad w = (z^2-1)^l \quad \text{(B4.4-1-1)}$$

と置く. このとき,

$$\int_{-1}^{1} \{P_l(z)\}^2 \mathrm{d}z = \frac{1}{(2^l \cdot l!)^2} \int_{-1}^{1} \frac{\mathrm{d}^l w}{\mathrm{d}z^l} \cdot \frac{\mathrm{d}^l w}{\mathrm{d}z^l} \mathrm{d}z \quad \text{(B4.4-1-2)}$$

なので, 右辺の積分部分のみ取り出して検討する. 部分積分を行うと,

$$\int_{-1}^{1} \frac{\mathrm{d}^l w}{\mathrm{d}z^l} \cdot \frac{\mathrm{d}^l w}{\mathrm{d}z^l} \mathrm{d}z = \left[\frac{\mathrm{d}^{l-1} w}{\mathrm{d}z^{l-1}} \cdot \frac{\mathrm{d}^l w}{\mathrm{d}z^l} \right]_{-1}^{1} - \int_{-1}^{1} \frac{\mathrm{d}^{l-1} w}{\mathrm{d}z^{l-1}} \cdot \frac{\mathrm{d}^{l+1} w}{\mathrm{d}z^{l+1}} \mathrm{d}z$$

$$= -\int_{-1}^{1} \frac{\mathrm{d}^{l-1} w}{\mathrm{d}z^{l-1}} \cdot \frac{\mathrm{d}^{l+1} w}{\mathrm{d}z^{l+1}} \mathrm{d}z \quad \text{(B4.4-1-3)}$$

となる. ここで, w を $l-1$ 回微分しても, $(z-1)(z+1)$ の因子が必ず残ることを利用した. これを繰り返すと,

$$\int_{-1}^{1} \frac{\mathrm{d}^l w}{\mathrm{d}z^l} \cdot \frac{\mathrm{d}^l w}{\mathrm{d}z^l} \mathrm{d}z = (-1)^l \int_{-1}^{1} \frac{\mathrm{d}^{l-l} w}{\mathrm{d}z^{l-l}} \cdot \frac{\mathrm{d}^{l+l} w}{\mathrm{d}z^{l+l}} \mathrm{d}z$$

$$= (-1)^l \int_{-1}^{1} (z^2-1)^l \cdot (2l!) \mathrm{d}z = (2l!) \int_{-1}^{1} (1-z)^l (1+z)^l \mathrm{d}z \quad \text{(B4.4-1-4)}$$

となる.

ここで, 右辺最後の積分を, $I(l,l)$ と置く. なお, $I(l,l)$ の始めの l は $(1-z)^l$ の l, 2番目の l は $(1+z)^l$ の l である. このとき,

$$
\begin{aligned}
I(l,l) &= \int_{-1}^{1} (1-z)^l (1+z)^l \mathrm{d}z \\
&= \left[\frac{-1}{l+1} (1-z)^{l+1} (1+z)^l \right]_{-1}^{1} + \frac{l}{l+1} \int_{-1}^{1} (1-z)^{l+1} (1+z)^{l-1} \mathrm{d}z \\
&= \frac{l}{l+1} I(l+1, l-1) \\
&\cdots \\
&= \frac{l(l-1)(l-2)\cdots 2\cdot 1}{(l+1)(l+2)\cdots (l+l)} I(l+l, l-l) \\
&= \frac{(l!)^2}{(2l)!} I(2l, 0) \quad\quad\quad\quad\quad\quad\quad\quad\quad\quad\quad (\text{B4.4-1-5})
\end{aligned}
$$

となる．最後の積分は，

$$
I(2l,0) = \int_{-1}^{1} (1-z)^{2l} \mathrm{d}z = \int_{0}^{2} t^{2l} \mathrm{d}t = \left[\frac{1}{2l+1} t^{2l+1} \right]_{0}^{2} = \frac{2^{2l+1}}{2l+1}
$$
$$
(\text{B4.4-1-6})
$$

となるので，

$$
\int_{-1}^{1} \{P_l(z)\}^2 \mathrm{d}z = \frac{1}{(2^l \cdot l!)^2} (2l)! \cdot \frac{(l!)^2}{(2l)!} \frac{2^{2l+1}}{2l+1} = \frac{2}{2l+1} \quad (\text{B4.4-1-7})
$$

を得る．

問題 4.4-2

まず，本文中の(4.3-1)式を z で微分すると以下の式になる．ただし，便宜上 $m_l(>0)$ を m と記述する．

$$
\frac{\mathrm{d}P_l^m}{\mathrm{d}z} = -mz(1-z^2)^{\frac{m}{2}-1} \frac{\mathrm{d}^m P_l}{\mathrm{d}z^m} + (1-z^2)^{\frac{m}{2}} \frac{\mathrm{d}^{m+1} P_l}{\mathrm{d}z^{m+1}} \quad (\text{B4.4-2-1})
$$

これに，$\sqrt{1-z^2}$ を乗じると

$$\sqrt{1-z^2}\frac{\mathrm{d}P_l^m}{\mathrm{d}z} = (1-z^2)^{\frac{m}{2}+1}\frac{\mathrm{d}^{m+1}P_l}{\mathrm{d}z^{m+1}} - mz(1-z^2)^{\frac{m-1}{2}}\frac{\mathrm{d}^m P_l}{\mathrm{d}z^m}$$

$$= P_l^{m+1}(z) - mz(1-z^2)^{-\frac{1}{2}}P_l^m(z) \quad \text{(B4.4-2-2)}$$

となる．

したがって，

$$P_l^{m+1} = (1-z^2)^{\frac{1}{2}}\frac{\mathrm{d}P_l^m}{\mathrm{d}z} + mz(1-z^2)^{-\frac{1}{2}}P_l^m \quad \text{(A4.4-2-3)}$$

となる．(B4.4-2-3)式の両辺を 2 乗し展開すると，

$$\{P_l^{m+1}\}^2 = (1-z^2)\left\{\frac{\mathrm{d}P_l^m}{\mathrm{d}z}\right\}^2 + 2mz\frac{\mathrm{d}P_l^m}{\mathrm{d}z}\cdot P_l^m + \frac{m^2z^2}{1-z^2}\{P_l^m\}^2$$

$$\text{(B4.4-2-4)}$$

となる．(B4.4-2-4)式の両辺を積分して，

$$\int_{-1}^{1}\{P_l^{m+1}\}^2\mathrm{d}z = \int_{-1}^{1}(1-z^2)\left\{\frac{\mathrm{d}P_l^m}{\mathrm{d}z}\right\}^2\mathrm{d}z$$

$$+ 2m\int_{-1}^{1}z\frac{\mathrm{d}P_l^m}{\mathrm{d}z}\cdot P_l^m \mathrm{d}z + m^2\int_{-1}^{1}\frac{z^2}{1-z^2}\{P_l^m\}^2\mathrm{d}z \quad \text{(B4.4-2-5)}$$

となる．(B4.4-2-5)式の右辺第 1 項は，部分積分を行うことで，

$$\int_{-1}^{1}(1-z^2)\left\{\frac{\mathrm{d}P_l^m}{\mathrm{d}z}\right\}^2\mathrm{d}z = \left[(1-z^2)\frac{\mathrm{d}P_l^m}{\mathrm{d}z}P_l^m\right]_{-1}^{1} - \int_{-1}^{1}\frac{\mathrm{d}}{\mathrm{d}z}\left\{(1-z^2)\frac{\mathrm{d}P_l^m}{\mathrm{d}z}\right\}P_l^m \mathrm{d}z$$

$$= -\int_{-1}^{1}\frac{\mathrm{d}}{\mathrm{d}z}\left\{(1-z^2)\frac{\mathrm{d}P_l^m}{\mathrm{d}z}\right\}P_l^m \mathrm{d}z$$

$$= \int_{-1}^{1}\left\{l(l+1) - \frac{m^2}{1-z^2}\right\}P_l^m\cdot P_l^m \mathrm{d}z \quad \text{(B4.4-2-6)}$$

を得る．ここで，(B4.4-2-6)式の最後の式変形は，本文中の(4.2-14)式を代入して得られたものである．(B4.4-2-5)式の第2項も部分積分して，

$$2m\int_{-1}^{1} z \frac{\mathrm{d}P_l^m}{\mathrm{d}z} P_l^m \mathrm{d}z = 2m\left\{\left[\frac{1}{2}z(P_l^m)^2\right]_{-1}^{1} - \frac{1}{2}\int_{-1}^{1}(P_l^m)^2 \mathrm{d}z\right\}$$
$$= -m\int_{-1}^{1}(P_l^m)^2 \mathrm{d}z \qquad (B4.4\text{-}2\text{-}7)$$

となる．これらの式を(B4.4-2-5)に代入すると，

$$\int_{-1}^{1}\{P_l^{m+1}\}^2 \mathrm{d}z = \int_{-1}^{1}\left\{l(l+1) - \frac{m^2}{1-z^2}\right\}\{P_l^m\}^2 \mathrm{d}z$$
$$\qquad - m\int_{-1}^{1}\{P_l^m\}^2 \mathrm{d}z + m^2 \int_{-1}^{1} \frac{z^2}{1-z^2}\{P_l^m\}^2 \mathrm{d}z$$
$$= \int_{-1}^{1}\{l(l+1) - m^2\}\{P_l^m\}^2 \mathrm{d}z - m\int_{-1}^{1}\{P_l^m\}^2 \mathrm{d}z$$
$$= (l-m)(l+m+1)\int_{-1}^{1}\{P_l^m\}^2 \mathrm{d}z \qquad (B4.4\text{-}2\text{-}8)$$

となる．(B4.4-2-8)式で，$m \to m-1$ とすることで，

$$\int_{-1}^{1}\{P_l^m\}\mathrm{d}z = (l-m+1)(l+m)\int_{-1}^{1}\{P_l^{m-1}\}\mathrm{d}z \quad (B4.4\text{-}2\text{-}9)$$

となる．これを続けて，

$$\int_{-1}^{1}\{P_l^m\}\mathrm{d}z = (l-m+1)(l+m)(l-m+2)(l+m-1)\cdots$$
$$= (l-m+1)(l-m+2)\cdots l \cdot (l+m)(l+m-1)\cdots(l+1)\int_{-1}^{1}\{P_l\}\mathrm{d}z$$
$$= \frac{l!}{(l-m)!} \cdot \frac{(l+m)!}{l!} \int_{-1}^{1}\{P_l\}\mathrm{d}z$$
$$= \frac{2}{2l+1}\frac{(l+m)!}{(l-m)!} \qquad (B4.4\text{-}2\text{-}10)$$

となる．

問題 5.4-1

ボーアモデルでは，円運動を仮定しているため，水素原子の基底状態，すなわちエネルギーが最低の状態（$n = 1$ の場合）では，$r = a_0$ の位置にしか電子が存在しないことになる．シュレディンガー方程式を満たす $n = 1$ の場合の波動関数は，本文中の(5.4-4)式で与えられているので，これと本文中の(5.2-41)式を用いて，電子が存在する確率が最大になる半径を求める．本文中の(5.2-41)式より，

$$P(r) = r^2 \exp\left(-\frac{2r}{a_0}\right) \quad \text{(B5.4-1-1)}$$

と置ける．なお，θ および φ についての積分，

$$\int_0^{2\pi} d\varphi \int_0^{\pi} \sin\theta d\theta = 4\pi \quad \text{(B5.4-1-2)}$$

を利用している．求める半径は，$P(r)$ を最大にする半径である．

$$\frac{dP}{dr} = 2r\exp\left(-\frac{2r}{a_0}\right) - \frac{2r^2}{a_0}\exp\left(-\frac{2r}{a_0}\right) = 0 \quad \text{(B5.4-1-3)}$$

となるので，これより，

$$r = a_0 \quad \text{(B5.4-1-4)}$$

となる．すなわち，電子の存在確率はボーア半径のところで最大になることがわかる．

次に，電子が存在する位置の半径，r の平均値を求めてみよう．半径が r となる確率が $|u_{1,0,0}|^2 r^2 \sin\theta\, drd\theta d\varphi$ で与えられるので，平均値は，

$$\bar{r} = \int_0^{2\pi} d\varphi \int_0^{\pi} \sin\theta d\theta \int_0^{\infty} r|u_{1,0,0}|^2 r^2 dr \quad \text{(B5.4-1-5)}$$

で計算される．これより，

$$\bar{r} = \frac{1}{a_0^3 \pi} \int_0^{2\pi} d\varphi \int_0^{\pi} \sin\theta d\theta \int_0^{\infty} r^3 \exp\left(-\frac{2r}{a_0}\right) dr$$

$$= \frac{4}{a_0^3} \frac{3!}{(2/a_0)^4} = \frac{3}{2} a_0 \quad \text{(B5.4-1-6)}$$

である．なお，(B5.4-1-6)式は以下の公式，

$$\int_0^{\infty} r^n \exp(-\alpha r) dr = \frac{n!}{\alpha^{n+1}} \quad \text{(B5.4-1-7)}$$

を利用している．(B5.4-1-7)式は，数学的帰納法を用いて，容易に証明することができる．なお，(B5.4-1-4)式，(B5.4-1-6)式から，電子の存在確率が最大になる場所と，電子位置の半径の平均値が必ずしも一致せず，ボーア半径は，確率が最大になる場所として与えられていることがわかる．

問題 6.2-1

任意の関数 $f(x)$ に対して，本文中の(6.2-2)式より，

$$\int_{-\infty}^{\infty} f(x) x \delta(x) dx = f(x) x |_{x=0} = 0 \quad \text{(B6.2-1-1)}$$

が成り立つ．これより，

$$x \delta(x) = 0 \quad \text{(B6.2-1-2)}$$

である．
また，(2) は，$t = ax$ と変換すると，

$$\int_{-\infty}^{\infty} f(x) \delta(ax) dx = \int_{-\infty}^{\infty} f\left(\frac{t}{a}\right) \delta(t) \frac{dt}{a} = \frac{1}{a} f(0) \quad \text{(B6.2-1-3)}$$

となる．よって，

$$\delta(ax) = \frac{1}{a}\delta(x) \qquad (\text{B6.2-1-4})$$

である.

(3) については,

$$\int_{-\infty}^{\infty} f(x)\delta(x^2 - a^2)\,\mathrm{d}x = \int_{-\infty}^{\infty} f(x)\delta((x-a)(x+a))\,\mathrm{d}x$$

$$= \int_{a-\varepsilon}^{a+\varepsilon} f(x)\delta((x-a)(x+a))\,\mathrm{d}x$$

$$+ \int_{-a-\varepsilon}^{-a+\varepsilon} f(x)\delta((x-a)(x+a))\,\mathrm{d}x \qquad (\text{B6.2-1-5})$$

と式変形する.これは,デルタ関数の積分は,引数部分が 0 になる近辺のみの問題であることからこのような式変形をした.このとき,ε は 0 ではない小さな正の値である.右辺最後の式の第 1 項のデルタ関数の引数は,$x \approx a$ より,

$$(x-a)(x+a) \approx 2a(x-a) \qquad (\text{B6.2-1-6})$$

として問題ないので,

$$\int_{a-\varepsilon}^{a+\varepsilon} f(x)\delta((x-a)(x+a))\,\mathrm{d}x = \int_{a-\varepsilon}^{a+\varepsilon} f(x)\delta(2a(x-a))\,\mathrm{d}x = \frac{1}{2a}f(a) \qquad (\text{B6.2-1-7})$$

である.第 2 項も同様に計算してすればよい.以上より,

$$\int_{-\infty}^{\infty} f(x)\delta(x^2 - a^2)\,\mathrm{d}x = \frac{1}{2a}\{f(a) + f(-a)\}$$

$$= \frac{1}{2a}\left\{\int_{-\infty}^{\infty} f(x)\delta(x-a)\,\mathrm{d}x + \int_{-\infty}^{\infty} f(x)\delta(x+a)\,\mathrm{d}x\right\} \qquad (\text{B6.2-1-8})$$

となる．これより

$$\delta(x^2 - a^2) = \frac{1}{2a}\{\delta(x-a) + \delta(x+a)\} \quad \text{(B6.2-1-9)}$$

が成り立つ．

問題 6.5-1

$$\begin{aligned}
\int \psi^* \hat{C}\varphi \mathrm{d}v &= -\mathrm{i}\int \psi^*(\hat{A}\hat{B} - \hat{B}\hat{A})\varphi \mathrm{d}v = -\mathrm{i}\left\{\int \psi^*\hat{A}\hat{B}\varphi \mathrm{d}v - \int \psi^*\hat{B}\hat{A}\varphi \mathrm{d}v\right\} \\
&= -\mathrm{i}\left\{\int (\hat{A}\psi)^*\hat{B}\varphi \mathrm{d}v - \int (\hat{B}\psi)^*\hat{A}\varphi \mathrm{d}v\right\} \\
&= -\mathrm{i}\left\{\int (\hat{B}\hat{A}\psi)^*\varphi \mathrm{d}v - \int (\hat{A}\hat{B}\psi)^*\varphi \mathrm{d}v\right\} \\
&= -\mathrm{i}\int \{(\hat{B}\hat{A} - \hat{A}\hat{B})\psi\}^*\varphi \mathrm{d}v \\
&= \int \{\mathrm{i}(\hat{B}\hat{A} - \hat{A}\hat{B})\psi\}^*\varphi \mathrm{d}v \\
&= \int \{\mathrm{i}(-\mathrm{i}\hat{C})\psi\}^*\varphi \mathrm{d}v \\
&= \int \{\hat{C}\psi\}^*\varphi \mathrm{d}v \quad \text{(B6.5-1-1)}
\end{aligned}$$

となる．よって $\hat{C}$ はエルミート演算子である．

問題 6.6-1

本文中の(6.6-6)式を参照すると，

$$\hat{A}\hat{A}^+ = \frac{M\omega}{2\hbar}\left(\hat{x} + \frac{\mathrm{i}}{M\omega}\hat{p}_x\right)\left(\hat{x} - \frac{\mathrm{i}}{M\omega}\hat{p}_x\right)$$

$$= \frac{M\omega}{2\hbar}\left(\hat{x}^2 - \frac{\mathrm{i}}{M\omega}[\hat{x}, \hat{p}_x] + \frac{1}{M^2\omega^2}\hat{p}_x{}^2\right)$$

$$= \frac{1}{\hbar\omega}\left(\frac{1}{2M}\hat{p}_x{}^2 + \frac{1}{2}M\omega^2\hat{x}^2\right) + \frac{1}{2} \quad (\text{B6.6-1-1})$$

である．これより，

$$[\hat{A}, \hat{A}^+] = \hat{A}\hat{A}^+ - \hat{A}^+\hat{A} = \frac{1}{2} - \left(-\frac{1}{2}\right) = 1 \quad (\text{B6.6-1-2})$$

である．

また，$[\hat{A}, \hat{A}] = 0$，$[\hat{A}^+, \hat{A}^+] = 0$ については，任意の演算子は自分自身と可換なので成り立つ．

問題 7.2-1

$$\hat{\ell}_+\hat{\ell}_- = (\hat{\ell}_x + \mathrm{i}\hat{\ell}_y)(\hat{\ell}_x - \mathrm{i}\hat{\ell}_y) = \hat{\ell}_x{}^2 + \mathrm{i}\hat{\ell}_y\hat{\ell}_x - \mathrm{i}\hat{\ell}_x\hat{\ell}_y + \hat{\ell}_y{}^2$$
$$= \hat{\ell}_x{}^2 + \hat{\ell}_y{}^2 - \mathrm{i}[\hat{\ell}_x, \hat{\ell}_y] = \hat{\ell}_x{}^2 + \hat{\ell}_y{}^2 + \hbar\hat{\ell}_z \quad (\text{B7.2-1-1})$$

$$\hat{\ell}_-\hat{\ell}_+ = (\hat{\ell}_x - \mathrm{i}\hat{\ell}_y)(\hat{\ell}_x + \mathrm{i}\hat{\ell}_y) = \hat{\ell}_x{}^2 - \mathrm{i}\hat{\ell}_y\hat{\ell}_x + \mathrm{i}\hat{\ell}_x\hat{\ell}_y + \hat{\ell}_y{}^2$$
$$= \hat{\ell}_x{}^2 + \hat{\ell}_y{}^2 + \mathrm{i}[\hat{\ell}_x, \hat{\ell}_y] = \hat{\ell}_x{}^2 + \hat{\ell}_y{}^2 - \hbar\hat{\ell}_z \quad (\text{B7.2-1-2})$$

(B7.2-1-1)式，(B7.2-1-2)式では，本文中の(6.4-16)式を利用した．(B7.2-1-1)式から(B7.2-1-2)式を引くと，

$$[\hat{\ell}_+, \hat{\ell}_-] = \hat{\ell}_+\hat{\ell}_- - \hat{\ell}_-\hat{\ell}_+ = 2\hbar\hat{\ell}_z \quad (\text{B7.2-1-3})$$

となり，これは，本文中の(7.2-5)式である．また，(B7.2-1-1)式に(B7.2-1-2)を加えると，

$$\hat{\ell}_+\hat{\ell}_- + \hat{\ell}_-\hat{\ell}_+ = 2(\hat{\ell}_x{}^2 + \hat{\ell}_y{}^2) \tag{B7.2-1-4}$$

となり，これより，

$$\frac{1}{2}(\hat{\ell}_+\hat{\ell}_- + \hat{\ell}_-\hat{\ell}_+) + \hat{\ell}_z{}^2 = \hat{\ell}_x{}^2 + \hat{\ell}_y{}^2 + \hat{\ell}_z{}^2 = \hat{\ell}^2 \tag{B7.2-1-5}$$

となる．これは，本文中の(7.2-6)式である．

問題 10-1

(1)

$$E_0^{(1)} = \int \psi_n^{*(0)} \hat{H}' \psi_0^{(0)} \mathrm{d}\nu \tag{B10-1-1}$$

なので，

$$\begin{aligned} E^{(1)} &= \int_{-\infty}^{\infty} \left(\frac{m_\mathrm{e}\omega}{\pi\hbar}\right)^{\frac{1}{4}} \exp\left(\frac{-m_\mathrm{e}\omega}{2\hbar}x^2\right) cx \left(\frac{m_\mathrm{e}\omega}{\pi\hbar}\right)^{\frac{1}{4}} \exp\left(\frac{-m_\mathrm{e}\omega}{2\hbar}x^2\right) \mathrm{d}x \\ &= c\left(\frac{m_\mathrm{e}\omega}{\pi\hbar}\right)^{\frac{1}{2}} \int_{-\infty}^{\infty} x \exp\left(\frac{-m_\mathrm{e}\omega}{2\hbar}x^2\right) \mathrm{d}x \\ &= 0 \end{aligned} \tag{B10-1-2}$$

したがって，この系では1次摂動エネルギーによる補正はない．

(2)

1 次摂動エネルギーによる補正がない系では，一般的に 2 次摂動エネルギーによる補正が重要である．エルミート多項式を含んだ波動関数は次式のようになる．

$$\psi_i(x) = A_i H_i(\xi) \exp\left(-\frac{\xi^2}{2}\right) \tag{B10-1-3}$$

ここで，規格化定数 A_i は，

$$A_i = \sqrt{\frac{\alpha}{2^n \pi^{\frac{1}{2}} n!}}, \ \alpha = \sqrt{\frac{m_e \omega}{\hbar}} \quad \text{(B10-1-4)}$$

である．

また，$\xi = \alpha x$ なので，

$$\int_{-\infty}^{\infty} \psi_n{}^*(x) c x \psi_i(x) \mathrm{d}x = c \frac{A_n A_i}{\alpha^2} \int_{-\infty}^{\infty} \xi H_n(\xi) H_i(\xi) \exp(-\xi^2) \mathrm{d}\xi \quad \text{(B10-1-5)}$$

となる．

ここで，(3.3-32)式より，

$$\xi H_j(\xi) = \frac{1}{2}(H_{j+1}(\xi) + 2j H_{j-1}(\xi)) \quad \text{(B10-1-6)}$$

なので，

$$\int_{-\infty}^{\infty} \psi_n{}^*(x) c x \psi_i(x) \mathrm{d}x$$
$$= c \frac{A_n A_i}{\alpha^2} \int_{-\infty}^{\infty} H_i(\xi) \left[\frac{1}{2} H_{n+1}(\xi) + n H_{n-1}(\xi)\right] \exp(-\xi^2) \mathrm{d}\xi \quad \text{(B10-1-7)}$$

となる．

上の式は，$i \neq n \pm 1$ のときには，0になるので，隣の量子数への遷移しか生じないことを示す．

まず，1項目を計算する．

1項目は，

$$c \frac{A_n A_i}{\alpha^2} \int_{-\infty}^{\infty} H_i(\xi) \frac{1}{2} H_{n+1}(\xi) \exp(-\xi^2) \mathrm{d}\xi \quad \text{(B10-1-8)}$$

である．

1項目が有限の値をもつことから，$i = n + 1$ である．

(3.3-34)式より，

$$\int_{-\infty}^{\infty} H_i(\xi) H_n(\xi) \exp(-\xi^2) d\xi = 2^n n! \sqrt{\pi} \delta_{i,n} \quad \text{(B10-1-9)}$$

となるので，この式の n を $n+1$ とする．また，$i = n+1$ なので，

$$\int_{-\infty}^{\infty} H_i(\xi) H_{n+1}(\xi) \exp(-\xi^2) d\xi = 2^{n+1}(n+1)!\sqrt{\pi} \quad \text{(B10-1-10)}$$

を得る．

ここで，

$$A_i = \sqrt{\frac{\alpha}{\pi^{\frac{1}{2}} 2^n n!}} \quad \text{(B10-1-11)}$$

であるから，1 項目は，

$$\frac{c}{\alpha^2}\frac{1}{2}\sqrt{\frac{\alpha}{2^n n!\sqrt{\pi}}}\sqrt{\frac{\alpha}{2^{n+1}(n+1)!\sqrt{\pi}}}2^{n+1}(n+1)!\sqrt{\pi}$$

$$= c\sqrt{\frac{n+1}{2}}\frac{1}{\alpha} \quad \text{(B10-1-12)}$$

となる．

同様に求めると，2 項目は，

$$= c\frac{A_n A_i}{\alpha^2}\int_{-\infty}^{\infty} H_i(\xi) n H_{n-1}(\xi) \exp(-\xi^2) d\xi$$

$$= \frac{c}{\alpha^2} n \sqrt{\frac{\alpha}{\sqrt{\pi}2^n n!}}\sqrt{\frac{\alpha}{\sqrt{\pi}2^{n-1}(n-1)!}} 2^{n-1}(n-1)!\sqrt{\pi}$$

$$= c\sqrt{\frac{n}{2}}\frac{1}{\alpha} \quad \text{(B10-1-13)}$$

となる．

1 項目，2 項目の計算より，

$$\int_{-\infty}^{\infty} \psi_n{}^*(x) cx \psi_i(x) \mathrm{d}x$$
$$= c\sqrt{\frac{n+1}{2}}\frac{1}{\alpha}\int_{-\infty}^{\infty}\psi_{n+1}{}^*(x)\psi_i(x)\mathrm{d}x + c\sqrt{\frac{n}{2}}\frac{1}{\alpha}\int_{-\infty}^{\infty}\psi_{n-1}{}^*(x)\psi_i(x)\mathrm{d}x \quad \text{(B10-1-14)}$$

となる．ここで，右辺の積分はクロネッカーのデルタに相当する．

したがって，$i = n + 1$ のとき，第1項の積分は1であり，第2項は0なので，

$$\int_{-\infty}^{\infty}\psi_n{}^*(x)cx\psi_i(x)\mathrm{d}x = c\sqrt{\frac{n+1}{2}}\frac{1}{\alpha} \quad \text{(B10-1-15)}$$

となる．

また，$i = n - 1$ のとき，第1項=0であり，第2項の積分は1なので，

$$\int_{-\infty}^{\infty}\psi_n{}^*(x)cx\psi_i(x)\mathrm{d}x = c\sqrt{\frac{n}{2}}\frac{1}{\alpha} \quad \text{(B10-1-16)}$$

となる．

さらに，$i \neq n \pm 1$ のとき，

$$\int_{-\infty}^{\infty}\psi_n{}^*(x)cx\psi_i(x)\mathrm{d}x = 0 \quad \text{(B10-1-17)}$$

である．

これらの結果より，

$$E_n{}^{(2)} = \sum_{i \neq n} \frac{|\langle n|\hat{H}'|i\rangle|^2}{E_n{}^{(0)} - E_i{}^{(0)}}$$
$$= \frac{|\langle n|cx|n-1\rangle|^2}{E_n{}^{(0)} - E_{n-1}{}^{(0)}} + \frac{|\langle n|cx|n+1\rangle|^2}{E_n{}^{(0)} - E_{n+1}{}^{(0)}} \quad \text{(B10-1-18)}$$

となる．

上の式の分母は，隣り合う状態間のエネルギーなので，調和振動子の場合，

$\hbar\omega$ である.

これを考慮すると,

$$E_n{}^{(2)} = \left[\frac{c^2 n}{2\alpha^2} - \frac{c^2(n+1)}{2\alpha^2}\right]/\hbar\omega$$

$$= -\frac{c^2}{2\alpha^2 \hbar\omega} \qquad (\text{B10-1-19})$$

を得る.

また, $\alpha = \sqrt{\dfrac{m_e \omega}{\hbar}}$ より, $E_n{}^{(2)}$ は

$$E_n{}^{(2)} = -\frac{c^2}{2m_e \omega^2} \qquad (\text{B10-1-20})$$

となる.

問題 10-2

$\varphi(x)$ は規格化されている必要があるので,

$$\int_{-\infty}^{\infty} \varphi(x)^* \varphi(x) \mathrm{d}x = 1, \quad \therefore \int_{-\infty}^{\infty} A^2 \exp(-2ax^2) \mathrm{d}x = 1 \qquad (\text{B10-2-1})$$

である.

ここで,

$$\int_{-\infty}^{\infty} \exp(-ax^2) \mathrm{d}x = \sqrt{\frac{\pi}{a}} \qquad (\text{B10-2-2})$$

を用いると, A の値を得る.

$$A^2 \sqrt{\frac{\pi}{2a}} = 1, \quad A^2 = \sqrt{\frac{2a}{\pi}}, \quad \therefore A = \left(\frac{2a}{\pi}\right)^{\frac{1}{4}} \qquad (\text{B10-2-3})$$

一方,

$$\hat{H}\varphi = A\left(-\frac{\hbar^2}{2m_e}\frac{d^2}{dx^2} + \frac{1}{2}m_e\omega^2 x^2\right)\exp(-ax^2)$$

$$= A\left[-\frac{\hbar^2}{2m_e}\frac{d}{dx}\{-2ax\exp(-ax^2)\} + \frac{1}{2}m_e\omega^2 x^2 \exp(-ax^2)\right]$$

$$= A\left[-\frac{\hbar^2}{2m_e}\{-2a\exp(-ax^2)\} - \frac{\hbar^2}{2m_e}\{4a^2 x^2 \exp(-ax^2)\} + \frac{1}{2}m_e\omega^2 x^2 \exp(-ax^2)\right]$$

$$= A\exp(-ax^2)\left\{\frac{a\hbar^2}{m_e} + x^2\left(\frac{1}{2}m_e\omega^2 - \frac{2a^2\hbar^2}{m_e}\right)\right\} \quad \text{(B10-2-4)}$$

であるから, E は以下の計算で得られる.

$$E = \int_{-\infty}^{\infty} \varphi(x)^* \hat{H}\varphi(x)\,dx$$
$$= A^2 \int_{-\infty}^{\infty} \exp(-2ax^2)\left\{\frac{a\hbar^2}{m_e} + x^2\left(\frac{1}{2}m_e\omega^2 - \frac{2a^2\hbar^2}{m_e}\right)\right\}dx \quad \text{(B10-2-5)}$$

ここで,

$$A^2 = \sqrt{\frac{2a}{\pi}} \quad \text{(B10-2-6)}$$

であること,ならびに与えられた公式を利用し,

$$E = \sqrt{\frac{2a}{\pi}}\left\{\frac{a\hbar^2}{m_e}\sqrt{\frac{\pi}{2a}} + \left(\frac{1}{2}m_e\omega^2 - \frac{2a^2\hbar^2}{m_e}\right)\frac{1}{4a}\sqrt{\frac{\pi}{2a}}\right\}$$
$$= \frac{a\hbar^2}{m_e} + \frac{m_e\omega^2}{8a} - \frac{a\hbar^2}{2m_e}$$
$$= \frac{m_e\omega^2}{8a} + \frac{a\hbar^2}{2m_e} \quad \text{(B10-2-7)}$$

を得る.

$E(a)$ 極小の条件は，$\dfrac{\mathrm{d}E(a)}{\mathrm{d}a} = 0$ なので，これにより，

$$a = \frac{m_\mathrm{e}\omega}{2\hbar} \tag{B10-2-8}$$

となる．

したがって，

$$E_\mathrm{min} = \frac{1}{2}\hbar\omega \tag{B10-2-9}$$

となる．変分法をうまく使うとエネルギーの極小値を容易に求めることができる．

問題 10-3

始めに $\vec{r}_2$ を固定して，$\vec{r}_1$ に関する積分を実行する．極座標を用いるが，そのときの z_1 軸は，図 B10-3-1 のように $\vec{r}_2$ の方向にとるとする．

このとき，余弦定理より，

$$r_{12}{}^2 = |\vec{r}_1 - \vec{r}_2|^2 = r_1{}^2 + r_2{}^2 - 2r_1r_2\cos\theta_1 \tag{B10-3-1}$$

となるので，問題の積分を，まず θ_1 から積分を行うとする．

$$\mathrm{d}v_1 = r_1{}^2 \sin\theta_1 \mathrm{d}r_1 \mathrm{d}\theta_1 \mathrm{d}\varphi_1 \tag{B10-3-2}$$

なので，

$$\begin{aligned}
I &= \iint \frac{1}{r_{12}} \exp\left[-\alpha(r_1 + r_2)\right] \mathrm{d}v_1 \mathrm{d}v_2 \\
&= \int \exp(-\alpha r_2)\mathrm{d}v_2 \int_0^{2\pi}\mathrm{d}\varphi \int_0^\infty \exp(-\alpha r_1)r_1{}^2 \mathrm{d}r_1 \int_0^\pi \frac{\sin\theta_1\,\mathrm{d}\theta_1}{\sqrt{r_1{}^2 + r_2{}^2 - 2r_1r_2\cos\theta_1}}
\end{aligned} \tag{B10-3-3}$$

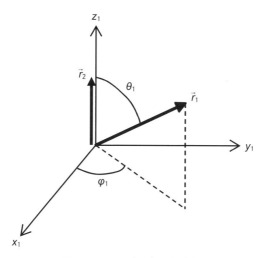

図 B10-3-1　$\vec{r}_1$, $\vec{r}_2$ と極座標

である．ここで，$\cos\theta_1 = t$ と置くと，θ_1 に関する積分は，

$$
\int_0^\pi \frac{\sin\theta_1 \, d\theta_1}{\sqrt{r_1^2 + r_2^2 - 2r_1 r_2 \cos\theta_1}} = \int_{-1}^1 \frac{dt}{\sqrt{r_1^2 + r_2^2 - 2r_1 r_2 t}}
$$

$$
= \left[-\frac{1}{r_1 r_2} \sqrt{r_1^2 + r_2^2 - 2r_1 r_2 t} \right]_{-1}^1
$$

$$
= \frac{1}{r_1 r_2} \left\{ \sqrt{r_1^2 + r_2^2 + 2r_1 r_2} - \sqrt{r_1^2 + r_2^2 - 2r_1 r_2} \right\}
$$

$$
= \frac{1}{r_1 r_2} \left\{ \sqrt{(r_1 + r_2)^2} - \sqrt{(r_1 - r_2)^2} \right\}
$$

$$
= \begin{cases} \dfrac{2}{r_1} & (r_1 > r_2) \\ \dfrac{2}{r_2} & (r_1 < r_2) \end{cases} \quad \text{(B10-3-4)}
$$

となる．次に，(B10-3-4)式を(B10-3-3)式に代入し，r_1 についての積分

を実行すると，以下の式を得る．

$$\int_0^{r_2} r_1{}^2 \exp(-\alpha r_1) \frac{2}{r_2} \mathrm{d}r_1 + \int_{r_2}^{\infty} r_1{}^2 \exp(-\alpha r_1) \frac{2}{r_1} \mathrm{d}r_1$$

$$= \frac{2}{r_2} \int_0^{r_2} r_1{}^2 \exp(-\alpha r_1) \mathrm{d}r_1 + 2\int_{r_2}^{\infty} r_1 \exp(-\alpha r_1) \mathrm{d}r_1$$

$$= \frac{2}{r_2} \left[-\left(\frac{r_1{}^2}{\alpha} + \frac{2r_1}{\alpha^2} + \frac{2}{\alpha^3} \right) \exp(-\alpha r_1) \right]_0^{r_2} + 2\left[-\left(\frac{r_1}{\alpha} + \frac{1}{\alpha^2} \right) \exp(-\alpha r_1) \right]_{r_2}^{\infty}$$

$$= 2\left\{ \frac{2}{\alpha^3} \frac{1}{r_2} - \left(\frac{1}{\alpha^2} + \frac{2}{\alpha^3} \frac{1}{r_2} \right) \exp(-\alpha r_2) \right\} \qquad (\text{B10-3-5})$$

(B10-3-5)式の積分では，以下の式を利用している．まず，

$$\int \exp(-at) \mathrm{d}t = -\frac{1}{a} \exp(-at) + C \qquad (\text{B10-3-6})$$

を利用する．ここに，C は積分定数である．両辺を a で微分して，

$$\int t \exp(-at) \mathrm{d}t = -\left(\frac{t}{a} + \frac{1}{a^2} \right) \exp(-at) \qquad (\text{B10-3-7})$$

が得られ，さらに微分して，

$$\int t^2 \exp(-at) \mathrm{d}t = -\left(\frac{t^2}{a} + 2\frac{t}{a^2} + \frac{2}{a^3} \right) \exp(-at) \qquad (\text{B10-3-8})$$

を得る．これらの式を利用すればよい．φ_1 に関しての積分は，(B10-3-5)式が φ_1 に依存しないのですぐにできる．

次に，$\vec{r}_2$ に関しての積分を実行すると，(B10-3-3)式は，

$$\begin{aligned}
I &= \int_0^{2\pi} \mathrm{d}\varphi_2 \int_0^{\pi} \sin\theta_2 \, \mathrm{d}\theta_2 \int_0^{\infty} r_2{}^2 \exp(-\alpha r_2) \mathrm{d}r_2 \int_0^{2\pi} \mathrm{d}\varphi_1 2\left\{\frac{2}{\alpha^3}\frac{1}{r_2}\right. \\
&\quad \left. -\left(\frac{1}{\alpha^2}+\frac{2}{\alpha^3}\frac{1}{r_2}\right)\exp(-\alpha r_2)\right\} \\
&= (4\pi)^2 \int_0^{\infty} \left\{\frac{2r_2}{\alpha^3}\exp(-\alpha r_2) - \frac{r_2{}^2}{\alpha^2}\exp(-2\alpha r_2) - \frac{2r_2}{\alpha^3}\exp(-2\alpha r_2)\right\} \mathrm{d}r_2 \\
&= (4\pi)^2 \left\{\frac{2}{\alpha^3}\int_0^{\infty} r_2 \exp(-\alpha r_2) \mathrm{d}r_2 - \frac{1}{\alpha^2}\int_0^{\infty} r_2{}^2 \exp(-2\alpha r_2) \mathrm{d}r_2\right. \\
&\quad \left. -\frac{2}{\alpha^3}\int_0^{\infty} r_2 \exp(-2\alpha r_2) \mathrm{d}r_2\right\} \\
&= (4\pi)^2 \left\{\frac{2}{\alpha^3}\frac{1}{\alpha^2} - \frac{1}{\alpha^2}\frac{2}{(2\alpha)^3} - \frac{2}{\alpha^3}\frac{1}{(2\alpha)^2}\right\} \\
&= \frac{20\pi^2}{\alpha^5} \quad\quad\quad\quad\quad\quad\quad\quad\quad\quad\quad\quad\quad\quad\quad (\text{B10-3-9})
\end{aligned}$$

となる．これは，(10.1.2-19)式である．なお，(B10-3-9)式では，以下を利用している．

$$\int_0^{\infty} \exp(-at) \mathrm{d}t = \frac{1}{a} \quad\quad (\text{B10-3-10})$$

の両辺を a で微分し，

$$\int_0^{\infty} t \exp(-at) \mathrm{d}t = \frac{1}{a^2} \quad\quad (\text{B10-3-11})$$

が得られ，さらに微分することで，

$$\int_0^{\infty} t^2 \exp(-at) \mathrm{d}t = \frac{2}{a^3} \quad\quad (\text{B10-3-12})$$

が得られる．

付録C　参考書

量子力学の基本的概念や具体的問題など

1) 原島鮮『初等量子力学』裳華房（1986 年）
2) 小出昭一郎『量子力学（改訂版）』(1, 2) 裳華房（1990 年）
3) 中島貞雄『量子力学』（Ⅰ，Ⅱ）岩波書店（Ⅰ：1983 年，Ⅱ：1984 年）
4) ファインマン，レイトン，サンズ（著）砂川重信（訳）『ファインマン物理学Ⅴ　量子力学』岩波書店（1986 年）
5) ディラック（著），朝永振一郎，玉木英彦，木庭二郎，大塚益比古，伊藤大介（訳）『量子力学（原書第 4 版改訂版）』岩波書店（2017 年）
6) 朝永振一郎『量子力学（第 2 版)』（Ⅰ，Ⅱ）みすず書房（Ⅰ：1967 年，Ⅱ：1997 年）
7) 原田勲，杉山忠男『量子力学Ⅰ』講談社（2009 年）
8) 二宮正夫，杉野文彦，杉山忠男『量子力学Ⅱ』講談社（2010 年）
9) 砂川重信『量子力学』岩波書店（1991 年）
10) 砂川重信『量子力学の考え方』岩波書店（1993 年）
11) 猪木慶治，川合光『量子力学 1』講談社（1994 年）

量子力学の応用，固体物理学など

12) チャールズ・キッテル（著）宇野良清，津屋昇，新関駒二郎，森田章，山下次郎（訳）『キッテル固体物理学入門（第 8 版)』（上・下）丸善出

版（2005 年）
13) 黒沢達美『物性論―固体を中心とした―（改訂版）』裳華房（2002 年）
14) 永田一清『物性物理学』裳華房（2009 年）
15) 太田恵造『磁気工学の基礎』（Ⅰ：磁気の物理, Ⅱ：磁気の応用）共立全書（Ⅰ，Ⅱとも 1973 年）
16) 原田義也『量子化学』（上巻）裳華房（2007 年）

その他

17) 高橋武彦（著），吉田武（監修）『量子論の発展史』筑摩書房（2002 年）
18) トランスナショナル カレッジ オブ レックス編『量子力学の冒険』ヒッポファミリークラブ（1991 年）
19) 伊達宗行『新しい物性物理』講談社（2005 年）

索 引

あ 行

アインシュタインの光子説　2, 7, 291
イオン化エネルギー　204
異常ゼーマン効果　175
位置演算子　13
1次元調和振動子　58
1次独立　123
1次の摂動エネルギー　230
井戸型ポテンシャル　74
ウイーンの式　287
上向きスピン　203
運動量演算子　12
s-d 相互作用　272
n 型半導体　259
エネルギーギャップ　57
エルミート演算子　122
エルミート共役　126
エルミート行列　156
エルミート多項式　64
オブザーバブル　29

か 行

可換　132
角運動量演算子　13, 133
重ね合わせの原理　31
完全系　29
規格化　22
期待値　30, 130
軌道角運動量　176
球面調和関数　94

極座標　80
許容帯　55
禁制帯　55
空洞放射　285
クーパー対　273
空乏層　259
矩形型ポテンシャル　68
クレブシュ-ゴルダン係数　185
クローニッヒ-ペニーモデル　50
クロネッカーのデルタ　32
結晶構造因子　277
結晶場　266
交換子　132
光電効果　289
個数演算子　149
コペンハーゲン解釈　30
固有関数　28
固有値　28
コンプトン効果　2

さ 行

時間に依存しない摂動法　225
時間に依存する摂動論　241
時間を含まないシュレディンガー方程式　11
時間を含むシュレディンガー方程式　10
磁気双極子モーメント　170
識別不可能性　190
磁気量子数　94
試行関数　250
仕事関数　290
自己無撞着場　193

下向きスピン　203
実在波　17
周期的境界条件　40
周期律表　204
縮退　27, 42
シュタルク効果　237
シュテルン-ゲルラッハの実験　175
主量子数　106
シュレディンガー方程式　10
昇降演算子　163
消滅演算子　149
水素原子のスペクトル　294
水素原子の波動関数　114
スピン1重項　204
スピン角運動量　176
スピン角運動量演算子　177
スピン軌道相互作用　178
スピン3重項　204
スピン磁気量子数　176
スピン量子数　176
スレイター行列式　203
スレイター-ポーリング曲線　270
正孔　259
生成演算子　149
整流作用　260
ゼーマン効果　174
摂動項　226
摂動法　225
遷移確率　244
遷移の選択則　245, 246
全角運動量演算子　177
走査型トンネル電子顕微鏡　279
走査型トンネル分光法　280

た 行

多重項　208
超伝導　273
超伝導エネルギーギャップ　275

直交化　29
つじつまの合う場　193
デルタ関数　127
電子殻　204
電子のスピン　176
動径波動関数　110
トンネル効果　73
トンネルダイオード　261

は 行

ハートリー近似　193
ハートリー-フォック近似　203
ハイゼンベルグのハミルトニアン　224
ハイトラー-ロンドン法　212
パウリの原理　45, 200
波数　6
波束の収縮　19
発光ダイオード　260
パッシェン系列　296
波動関数　6
ハミルトニアン　10
バルマー系列　296
半導体　257
半導体レーザー　263
p-n接合　259
p型半導体　259
BCS理論　276
ビオ-サバールの法則　169
非可換　132
フェルミエネルギー　273
フェルミ粒子　46
不確定性原理　35, 139
負性抵抗　262
物質波　6, 301
ブラケット記法　124
プランク定数　7
プランクの放射式　287
プランクの量子仮説　287

ブロッホの定理　49
分散関係　6
フントの規則　209
平均場近似　193
ベーテ-スレイター曲線　264
変分法　250
方位量子数　94
ボーア磁子　171
ボーアの量子化条件　298
ボーア半径　110, 298
ボーズ凝縮　275
ボーズ粒子　46
ボルツマン因子　288
ボルツマン定数　287
ボルンの解釈（ボルンの確率解釈）　19, 21

ら　行

ライマン系列　296
ラゲールの多項式　107
ラゲールの陪多項式　109
ラッセル-サンダースの記号　208
ラプラシアン　9
ランデの g 因子　265
量子化軸　162
量子化の手続き　15
量子数　26
ルジャンドルの多項式　87, 89
ルジャンドルの陪多項式　92
レイリー-ジーンズの式　287

執筆者紹介

掛下 知行（かけした ともゆき）

1952 年　北海道 札幌市生まれ．
1976 年　北海道大学理学部物理学科卒業
1978 年　北海道大学大学院理学研究科物理学専攻修士課程修了
1979 年　大阪大学大学院基礎工学研究科物理系専攻博士後期課程中退
　　　　　大阪大学産業科学研究所文部教官教育職
1983 年　大阪大学産業科学研究所助手
1987 年　理学博士（物理）（大阪大学）
1993 年　大阪大学大学院工学研究科助教授（准教授）
2000 年　大阪大学大学院工学研究科教授
2018 年　大阪大学名誉教授

糟谷 正（かすや ただし）

1957 年　秋田県秋田市生まれ．
1980 年　東京大学工学部物理工学科卒業
1982 年　東京大学大学院工学系研究科物理工学修士課程修了
　　　　　新日本製鐵㈱（新日鐵住金㈱）入社
1996 年　博士（工学）（大阪大学）
2010 年　大阪大学大学院工学研究科特任教授
2014 年　東京大学大学院工学系研究科上席研究員

中谷 亮一（なかたに りょういち）

1959 年　東京都立川市生まれ．
1982 年　名古屋大学工学部鉄鋼工学科卒業
1984 年　名古屋大学大学院工学研究科博士前期課程
　　　　　金属および鉄鋼工学専攻修了
　　　　　㈱日立製作所中央研究所入所
1990 年　博士（工学）（名古屋大学）
1999 年　大阪大学大学院工学研究科助教授
2003 年　大阪大学大学院工学研究科教授

理工系の量子力学

2018年4月2日　初版第1刷発行　　　　［検印廃止］

著　者　掛下 知行，糟谷　正，中谷 亮一

発行所　大阪大学出版会
　　　　代表者　三成 賢次
　　　　〒565-0871　大阪府吹田市山田丘2-7
　　　　　　　　　　大阪大学ウエストフロント
　　　　TEL 06-6877-1614
　　　　FAX 06-6877-1617
　　　　URL：http://www.osaka-up.or.jp

装　丁　遠藤正二郎

印刷・製本　尼崎印刷株式会社

© Tomoyuki KAKESHITA et al. 2018
　　　　　　　　　　　　　　　　　　Printed in Japan
ISBN 978-4-87259-608-3 C3042

JCOPY 〈出版者著作権管理機構 委託出版物〉

本書の無断複製は著作権法上での例外を除き禁じられています。複製される場合は、その都度事前に、出版者著作権管理機構（電話 03-3513-6969、FAX 03-3513-6979、e-mail：info@jcopy.or.jp）の許諾を得てください。